GRUNDBEGRIFFE DES STÄDTEBAUES

VON

K. A. HOEPFNER

O. PROFESSOR AN DER TECHNISCHEN HOCHSCHULE DANZIG

ZWEITER BAND

MIT 120 TEXTABBILDUNGEN

BERLIN

VERLAG VON JULIUS SPRINGER

1928

ISBN-13:978-3-642-89857-0 e-ISBN-13:978-3-642-91714-1
DOI: 10.1007/978-3-642-91714-1

Vorwort.

Mein Vorwort zum ersten Band leitete ich mit den Worten ein: „Es soll ein Anfang sein.“ In Wirklichkeit war es mehr ein Versuch. Ich wollte zusehen, was die Fachgenossen des Städtebaues und alle, die ihm Interesse entgegenbringen, zu dieser Art der Behandlung sagen würden, die von sehr einfachen Fragen ausging und sich mit ihnen in primitiver Weise ziemlich eingehend und breit auseinandersetzte. Heute würde ich sagen: Der erste Band sollte der erste Versuch sein, eine Lehre vom Städtebau auszuarbeiten, die es bisher meines Erachtens noch nicht gibt. Deshalb griff ich eine Reihe sehr einfacher Fragen heraus, an denen nach meiner Erfahrung der Studierende oder sonstige Anfänger stockt, wenn er an die Bearbeitung einer einfachen Aufgabe herantreten soll. Die allermeisten anderen Bücher aus dem Gebiet des Städtebaues bringen viel Schönes und Interessantes darüber, was man früher gemacht hat oder heute alles machen kann und könnte. Aber erstens steht vielfach der rein ästhetische Gesichtspunkt zu sehr im Vordergrund und zweitens findet der Anfänger keine Antwort auf seine Frage: Was muß ich tun, womit beginnen und von welchen Gedankengängen muß ich ausgehen, wenn ich einen Bebauungsplan oder eine sonstige städtebauliche Aufgabe nicht nur so bearbeiten will, wie man sie lösen könnte, sondern wie man sie lösen muß, um etwas beweisbar möglichst Gutes zu schaffen.

Ich gehe dabei von einem Standpunkt aus, der sich meiner Ansicht nach am kürzesten dadurch kennzeichnen läßt, wenn ich „Städtebau“ gleich „Stadtkonstruktion“ setze. Ich erkenne die Bedeutung der Stadtschönheit uneingeschränkt an. Aber die Stadt ist kein Werk der freien Kunst. Intuition und Gefühl genügen nicht, um aus ihnen heraus die Anordnung und Formen zu entwickeln. Eine Stadt ist vielmehr ein Zweckgebilde. Es gilt also: „Das, was gemacht werden muß, schön zu machen“, d. h. erst muß die Grundform zweckentsprechend gestaltet, dann ihm Schönheit gegeben werden. Für die zweckentsprechende Lösung aber müssen Regeln, Systeme, Gesetze aus der Erforschung der Bedürfnisse und aus den Zusammenhängen zwischen ihnen und der Gestaltung der körperlichen Gebilde, die wir Städte nennen, sich logisch und beweisbar entwickeln lassen. Erst wenn wir klar überblicken, welche Bedürfnisse der Menschen und Wirtschaft in den Städten erfüllt werden müssen, damit sie gute Siedlungsstätten sind, und welche Vor- und Nachteile der Befriedigung der vielfachen Bedürfnisse je nach der Art erwachsen, in denen man die Gestaltung der Stadt und ihrer Einzelteile löst, erst dann haben wir eine Lehre und eine Wissenschaft vom Städtebau.

Auf dem Wege zur Schaffung dieses — sehr großen und schweren — Werkes sollte der erste Band meiner Grundbegriffe ein erster tastender Schritt und Beitrag sein. Die Kritik, die er fand, war eine sehr freundliche. Einige Besprechungen zeigten, daß sie meine Absicht auch ohne weitere Erläuterung sogleich erfaßt hatten und auch private Zuschriften ermunterten mich, auf dem eingeschlagenen Wege fortzufahren. Ich selbst aber habe mich nie darüber getäuscht, daß jener erste Versuch noch recht mangelhaft ausgefallen war, so wie das bei den ersten Schritten und Anfängen eben zu sein pflegt. Immerhin können andere oder vielleicht auch ich selbst in fernerer Arbeit auf dem erstmals Gegebenen weiter aufbauen, es verbessern und ausgestalten.

Daß der erste Band ein Versuch, nicht aber in jedem Sinne des Wortes ein „Anfang" war, muß ich jetzt deshalb aussprechen, weil der zweite Band keine Fortführung ist, sondern den ersten gewissermaßen unterlegt. Ich habe mit ihm, bildlich ausgedrückt, zunächst einen Schritt rückwärts gemacht, um erst einmal festen und ganz sicheren Boden zu gewinnen, einen Stützpunkt, von dem ich ausgehen und Exkursionen machen und zu dem ich immer wieder zurückkehren kann, um erneut Ausschau zu halten, was nun zu unternehmen ist.

Infolge mancherlei äußerer Umstände und Behinderungen ist dieses Buch sehr langsam entstanden. Sogar die Drucklegung der ersten Teile liegt bereits zwei Jahre zurück und ich möchte nicht unterlassen, bei dieser Gelegenheit dem Verleger zu danken für seine Geduld und sein Entgegenkommen, mit dem er mir immer wieder neue Fristen für die Fertigstellung bewilligte. Es steckt viele Arbeit und ehrliches Ringen in diesem Buch. Aber ich gebe es nicht froh heraus. Der große Kreis der praktisch arbeitenden Fachgenossen wird, wie ich fürchte, nicht das in ihm finden, was er sucht. Manches mag ihm zu breit, zu wenig bestimmt erscheinen und nicht die direkte Anleitung geben, die er sich wünscht. Mit einem Wort: Ich fürchte, man wird es für zu akademisch ansprechen.

Aber trotzdem ich selbst es in vieler Hinsicht für sehr verbesserungsfähig halte, habe ich mich doch zu seiner Herausgabe entschlossen, weil etwas Unvollkommenes immer noch besser ist als gar nichts und weil ich das, was dieser zweite Band bringt, für notwendig halte, damit auf der damit geschaffenen Grundlage eine Lehre und Wissenschaft des Städtebaues weiter aufbauen kann. Im übrigen wurde ich in dem

Entschluß, das, was ich mir erarbeitete, nicht in den Akten zu begraben, sondern zu veröffentlichen, bestärkt durch die Ausführungen von Dr. Karl Brunner-Wien in seiner Schrift „Baupolitik" und von Baurat Sierks in seinem Buch „Wirtschaftlicher Städtebau und angewandte kommunale Verkehrswissenschaft", das übrigens, wenn ich mich nicht täusche, in vielem auf den ersten Band meiner Grundbegriffe aufbaut und Gedanken, die ich dort aussprach, weiter ausführt und durch praktische Beispiele belegt. Beide Bücher jedenfalls bewegen sich vielfach in gleichen Gedankengängen, wie ich sie ausspreche und beweisen mir, daß ernste Männer mit gleichen Problemen ringen und deren Klärung als notwendig erachten.

Zur Erleichterung des Verständnisses dieses zweiten Bandes der „Grundbegriffe" muß folgendes gesagt werden:

Mein Lebensweg hat mich aus praktischer Arbeit im Städtebau auf den Lehrstuhl geführt. Auf einen Lehrstuhl, der im Gegensatz zu anderen — wie denen des Eisenbahnwesens, Wasserbauwesens usw. — damals noch keinen Namen hatte, bei dem aber Städtebau und städtischer Tiefbau zu meinem Lehrauftrag gehörte. Will man nun in der Vorbildung der jungen Ingenieure — in diesem Bande führe ich näher aus, daß und weshalb ich zu ihnen auch die Architekten rechne — einen möglichst hohen Grad der Vollkommenheit erstreben, so muß man zunächst Klarheit darüber gewinnen:

> Was ein Ingenieur sein soll, was er für Aufgaben zu erfüllen hat und wie er zu diesem Zweck auszubilden und zu lehren ist.
>
> Welche Gebiete im besonderen zu lehren sind, damit unser Nachwuchs der Bewältigung der Aufgaben gewachsen sein kann, die die Städte und sonstigen Siedlungsstätten ihnen bieten.
>
> Worin das Wesen der „Wissenschaft" und der „wissenschaftlichen" Vorbildung besteht, die er erhalten muß, um tatsächlich als akademisch gebildeter Ingenieur ins Leben zu treten, und die zu geben die Aufgabe der Hochschule ist im Unterschied zu anderen Lehranstalten und Lernmöglichkeiten.

Mit diesen Fragen suche ich mich im ersten Teil dieses zweiten Bandes auseinanderzusetzen.

Wenn mir nun die Leser vorhalten, daß dieses rein akademische Erörterungen seien, so gebe ich ihnen recht. Wenn sie dagegen weiter folgern, daß solche Gedankengänge für die Praktiker wenig Wert hätten, so bin ich freilich anderer Meinung. Denn wie der Akademiker den Boden unter den Füßen verliert, sobald er — soweit es sich um Ingenieurwesen handelt — außer Fühlung mit der Praxis kommt, ebenso wird der Praktiker der akademischen Grundlagen und Denkweise nicht ohne Schaden entraten können. Beides gehört zusammen. Ich halte es für einen großen Schaden, daß in Wirklichkeit so häufig eine Kluft, wenn nicht gar Feindseligkeit und Mißachtung, zwischen beiden besteht. Ich hoffe, daß einige Praktiker doch Anregungen und Hilfen aus meinen Darlegungen gewinnen können und ich die Wege ebne, auf denen meinen Fachgenossen die Leistung wertvoller Arbeiten auf akademischer Grundlage erleichtert wird. Als Hochschullehrer und Wissenschaftler muß man dringend wünschen, daß die Praktiker weit mehr als bisher am Aufbau einer Lehre und Wissenschaft vom Städtebau und den anderen Teilfächern des Stadtbauwesens Anteil nehmen und tätige Mitarbeit leisten. Ich glaube auch, daß die Neigung hierzu wohl häufig genug besteht, daß aber die Begriffe und Ziele bislang zu unklar und verschwommen waren und mancher nicht die klare Richtung für die Arbeit fand, die zu leisten er geneigt war. Auch auf anderen Gebieten hat sich gezeigt, daß eine Systematik und feste Definitionen unentbehrlich sind, wenn man Regeln und Gesetze im Rahmen eines Wissensgebietes entwickeln und klar und beweisbar herausarbeiten will.

Ich hoffe also, daß das auch anderen nützen wird, was ich für mich als unentbehrlich empfand, wenn ich nicht in Phrasen und Allgemeinheiten bei meiner Lehrtätigkeit steckenbleiben wollte.

Manches freilich mag gar zu breit auseinandergesetzt sein, manches nicht klar genug und nicht bis zum letzten Schluß genügend scharf herausgearbeitet. Aber es muß jetzt erst einmal so herausgehen, wie es seinerzeit niedergeschrieben wurde. Mein Bestreben war, nicht nur meine Ansicht zu sagen, sondern sie so zu begründen, daß der Leser nachprüfen kann, ob ich das Richtige treffe oder nicht und weshalb das Gesagte richtig oder falsch ist.

Die Schwierigkeit der Schaffung eines Lehrgebäudes und einer Wissenschaft vom Städtebau liegt wohl darin, daß es für Ingenieure nicht genügt, wenn sie allerhand wissen, sondern man muß ihnen das Wissen als Werkzeug in die Hand geben, damit sie durch seine Handhabung gestaltend zu schaffen befähigt sind. Sie sollen schöpferisch Neues und stets Besseres zu schaffen vermögen. Also muß man über das Wissen um Früheres und Bestehendes weit hinaus ihren Blick auf künftige Ziele lenken, diese in ihrem Wesen und ihrer Bedeutung klarstellen und dann die Frage erörtern, wie wohl diese Ziele erreichbar sind. Dadurch entstehen für unsere Wissenschaft und Lehre ganz andere Anforderungen und Schwierigkeiten als auf anderen Gebieten. Deshalb müssen ferner andere Wege beschritten werden als bei den sogenannten rein geistigen Wissenschaften, deren Wechselwirkung mit dem Wohl und Wehe der Menschheit meist geringer und mindestens nicht so unmittelbar ist.

Für diese neuen Wege suchte ich im ersten Teil dieses Buches einen festen Ausgangspunkt.

Im zweiten Teil setze ich mich dann mit der Frage auseinander, was wohl der Städtebauer von der Vergangenheit und Geschichte des Städtebaues wissen muß. Es ist eine Skizze, die in manchen Punkten unvollkommen sein mag. Aber meiner Ansicht nach haben sich das Wesen und die Aufgaben unserer Städte gegenüber der Vorzeit so stark gewandelt, daß wir aus früheren Zeiten und ihren Bildungen nur wenig Verwertbares entnehmen können. Ich mußte vielmehr versuchen, vom Vergangenen und noch aus früheren Zeitläuften her Bestehenden fort die Blicke den neuen Aufgaben zuzuwenden und auf diese wenigstens einen Ausblick zu öffnen.

Gewisse Kenntnisse des historischen Städtebaues gehören freilich nicht nur zur allgemeinen und fachlichen Bildung, sondern sind auch nötig, um Altüberkommenes richtig zu verstehen, seine Gründe und Ursachen zu erkennen und daran zu prüfen, ob gleiche Lösungen unter Zugrundelegung heutiger Verhältnisse und Bedürfnisse noch angebracht sind. Besondere historische Studien der Körperbildung einzelner Städte ferner sind von großem Wert, weil eine solche Analyse die individuellen Tendenzen der Entwicklung des betreffenden Stadtorganismus und ihrer dementsprechenden Formbildung erkennen läßt, denen bei Neuplanung sorgsam Rechnung zu tragen der Städtebauer nicht versäumen darf. Über ersteres glaube ich das Notwendigste gebracht zu haben, soweit es im engen Rahmen zur Einführung nötig ist. Für die Heranziehung der individuellen Entwicklung einer Stadt enthält der erste Band ein Beispiel.

Im übrigen aber hat die Durcharbeitung dieser Fragen mich in meiner Anschauung bestärkt, daß wir künftig im städtebaulichen Gestalten fast alles aus den Bedürfnissen der Gegenwart und Zukunft heraus neu entwickeln müssen, also schöpferisches Gestalten im wahren Sinne des Wortes zu treiben und reinste Ingenieuraufgaben zu lösen haben.

Damit ist uns eine Aufgabe gestellt von einer Vielseitigkeit, einem Umfang und einer Bedeutung, die meiner Überzeugung nach auf keinem anderen Gebiet des Ingenieurwesens eine Parallele findet. Ich bin gewohnt bei jeder Frage, der ich Gedanken und Arbeit zu widmen beginne, zuvorderst Klarheit über ihre Bedeutung zu suchen. Forscht man der Bedeutung des Städtebaues nach und legt man dabei den Begriff der richtigen Stadtkonstruktion zugrunde, so muß man meines Erachtens unfehlbar zu dem Schluß kommen, daß von der richtigen und besten Lösung der hier gestellten Probleme tatsächlich in entscheidender Weise das Wohl und Wehe unseres Volkes und Vaterlandes abhängt. Auch von anderer Seite ist schon verschiedene Male festgestellt, wie eng die Stadtform mit allen wirtschaftlichen, kulturellen, verwaltungstechnischen und ethischen Verhältnissen zusammenhängt. Man muß sich aber bewußt sein, daß die Stadtform durch diese Beziehungen nicht nur als Objekt beeinflußt wird, sondern auch ihrerseits subjektiv die wichtigsten Einflüsse ausübt. Ich wiederhole nochmals, daß ich die Bedeutung der Schaffung schöner Städte voll und ganz anerkenne. Aber das ist eine Selbstverständlichkeit. Man sollte nicht zuviel von der „schönen Stadt" reden. Denn was man gemeinhin darunter versteht, dünkt vielen Menschen nicht wichtig genug, um ihr Interesse zu tatbereitem Wollen und Handeln von solcher Stoßkraft und Zähigkeit aufzustacheln, wie es die wahre und viel tiefer greifende Bedeutung des Städtebaues unabweisbar erheischt, wenn das geleistet werden soll, was nötig ist.

Ich habe mich bemüht, die Neuheit und Bedeutung der städtebaulichen Aufgaben und ihre Wechselbeziehung mit allen Gebieten des Lebens und Wirkens im Volksdasein wenigstens anzudeuten. Immer wieder habe ich dabei schmerzlich empfunden, wie schwer es mir wird, das in Worten zum Ausdruck zu bringen, was in meinem Gefühl und Erkennen klar und deutlich vor mir steht. Ich werde zufrieden sein, wenn es mir gelungen ist, einen Grund- oder auch nur einen Baustein zu liefern, unter dessen Nutzung andere weiterschaffen können.

Den Unvollkommenheiten gegenüber bitte ich meinen guten Willen mit in die Wagschale werfen zu dürfen.

Danzig, August 1928.

K. A. Hoepfner.

Inhaltsverzeichnis.

Erster Teil.

Vom Stadtbauwesen und Städtebau als eigene Disziplin der Ingenieurwissenschaft und als Lehrfach.

1. Vom Standpunkt der Betrachtungen.

„Städtebau“ ist ein sehr schwieriges und außerordentlich vielseitiges Gebiet. Darüber soll jedermann sich von vornherein klar sein. Auch jene, die auf einem besonderen Fleckchen des großen Areals, das der „Städtebau“ umfaßt, ihr Rößlein tummeln, sollten nicht unterlassen, zunächst einmal das Gesamtgebiet ins Auge zu fassen und es recht eingehend in seiner ganzen Ausdehnung zu betrachten. Andernfalls verfallen sie in den Fehler, einer Teilfrage gar zuviel Gewicht beizumessen und andere bedeutende Gesichtspunkte zu übersehen oder mindestens nicht genügend zu berücksichtigen und sich somit Blößen zu geben. Deshalb müssen auch die folgenden Ausführungen von einer allgemeinen Betrachtung des Städtebaues und seiner Probleme und von einem gesamten Überblick über die Fragen und Aufgaben ausgehen, die in dieses Gebiet gehören.

Damit zu beginnen, ist auch aus einem andern Grunde unerläßlich.

Wenn man sich Anderen in der Erörterung weitgreifender und mitunter reichlich verzwickter Probleme ganz verständlich machen und ihnen die Richtigkeit von Erkenntnissen beweisen will, so ist es von höchster Wichtigkeit, daß man mit ihnen zunächst einmal denselben Standpunkt einnimmt, um von ihm aus den Gegenstand der Erörterung zu beschauen. Einen gemeinsamen festen und völlig gleichen Standpunkt festzulegen, ist desto notwendiger, wenn die Erörterung nicht in persönlicher Aussprache vor sich geht, wobei man Divergenzen sogleich festzustellen und auszugleichen in der Lage ist, sondern wenn man sich schriftlich verständlich machen muß. Und es ist weiter noch viel notwendiger, wenn man sich gleichzeitig an viele wendet, welche oft von ganz anderen, und zwar den verschiedensten Richtungen her und aus den verschiedensten Interessen heraus an den

Gegenstand herantreten, hinsichtlich dessen man selbst mit ihnen zu gleichen Schlüssen und Anschauungen gelangen will.

Nun muß man aber bei Behandlung städtebaulicher Fragen damit rechnen, daß Ingenieure, Volkswirtschaftler, Hygieniker und noch viele andere daran beteiligt sind.

Ganz unentbehrlich ist vor allen Dingen das Ausgehen von einem absolut gleichen, klaren und festen Standpunkt, wenn man seine Leser nicht nur dazu bringen will, daß sie dasjenige „glauben", was man sagt, ohne selbst klar zu „wissen", ob und weshalb es unbedingt richtig ist, sondern wenn man vielmehr bestrebt sein will, den Gegenstand so darzulegen, daß jeder Leser in der Lage ist, selbst das Problem in allen seinen Winkeln und Verzweigungen zu durchschauen und an Hand der Ausführungen so weit zu durchdenken, daß er nicht zu sagen braucht: ich „halte" das für richtig, weil nämlich der oder jener es sagt, sondern ich selbst „weiß", daß es nur so und nicht anders sein kann und bin in der Lage, alle Einwände zu widerlegen.

Zu voller Klarheit und Wahrheit zu kommen, muß aber das Endziel aller „wissenschaftlichen" Arbeiten und Ausführungen sein.

Ich will über Fragen des „Städtebaus" sprechen, und zwar will ich mich bestreben, sie „wissenschaftlich" zu bearbeiten, und ich will den Städtebau behandeln vom Standpunkt des „Ingenieurs". Der Erörterung dieser drei Begriffe: des Städtebaues, nämlich worum es sich dabei handelt und was er umfaßt, der Wissenschaftlichkeit, die oft mißverstanden wird, und des Ingenieurs — ein Begriff, der wenigen klar ist und dessen rechte Erfassung für alle folgenden Ausführungen von grundlegender Bedeutung ist —, will ich mich zunächst zuwenden.

Dazu will ich vorgreifend sogleich einige Bemerkungen anknüpfen.

Unter Betrachtung „vom Standpunkt des Ingenieurs" verstehe ich, daß ich mich bemühen will, stets gleichzeitig den Gesamtkomplex aller sich kreuzenden Fragen, also vornehmlich sowohl das Ziel, wie die sich daraus ergebende Form, die zu erstreben ist, als endlich die Durchführung des Werkes nebeneinander im Auge zu behalten.

Wie ich zu diesem Ausdruck und zu seiner Deutung komme und was der tiefere Sinn im einzelnen ist, werde ich im nächsten Abschnitt näher auseinandersetzen.

Um darin aber nicht mißverstanden zu werden, will ich gleich zwei Deutungen ablehnen, die einer irrtümlichen Auffassung dieser Worte entspringen könnten.

Bemerken will ich zunächst, daß eine „Bearbeitung *vom Standpunkt* des Ingenieurs" *nicht* besagen soll, daß das Buch nur oder auch nur in erster Linie *für Ingenieure bestimmt* sei. Ich möchte vielmehr wünschen, daß dieses Buch so geschrieben sei, daß auch recht viele andere: Juristen und Verwaltungsmänner, Feldmesser und Hygieniker, Volkswirtschaftler und überhaupt alle, die mit Städtebau irgendwie zu tun haben, es lesen. Aber nicht nur diese, auch sonstige Kreise der Allgemeinheit mögen es lesenswert finden, die ein Interesse daran haben, unter welchen Verhältnissen sie leben und arbeiten, und daran, daß diese Verhältnisse so seien, daß sie nicht in ihnen zu verkümmern brauchen, sondern gedeihen an Körper und Geist und Wohlstand. Städtebau ist eine Frage, die nicht nur alle Städter, sondern die bei der Bedeutung der städtischen Bevölkerung für unser Volkstum das ganze Volk nahe angeht und für die sich jedermann im Volke interessieren sollte, gerade wie jedes Familienglied Anteil nehmen soll an der Gestaltung der gemeinsamen Wohnung.

Etwa ferner den Städtebau so zu behandeln, daß nur die Fragen besprochen werden, die auf „technischem" Gebiet liegen, wäre falsch. Da verwaltungstechnische, volkswirtschaftliche, hygienische und bauliche Fragen in engster Wechselbeziehung stehen, verträgt der Städtebau eine solche Einseitigkeit nicht, ohne schwerem Schaden ausgesetzt zu sein. In diesem Sinne kann es also nicht gemeint sein, wenn ich sage, ich will vom Ingenieurstandpunkt aus schreiben.

Vielmehr bin ich der Ansicht, daß ein Ingenieur alle Fragen und Probleme in einer besonderen Weise ansehen und anpacken wird, in einer Weise, deren Eigentümlichkeit aus der Eigenart des Ingenieurberufes hervorgeht. Ich werde alsbald zeigen, daß das Wirken eines Ingenieurs sich dadurch kennzeichnet, daß er sich nicht damit begnügt, eine Notwendigkeit, einen Mangel oder ein Bedürfnis als Tatsache zu erkennen, sondern daß sich sofort als Folgerung dieser Erkenntnis sein Geist automatisch mit der Frage befaßt, was nun zu geschehen habe, und daß er nicht ruht, bis er eine entsprechende Gestaltungslösung gefunden und die Mittel und Wege zur Verwirklichung seiner Konstruktion geklärt und geschaffen hat. Das Schaffen steht im Mittelpunkt seines Denkens. Alle Erkenntnis der Wissenschaft, alle Ausführungspolitik wird er stets im Hinblick darauf betrachten, daß er etwas schaffen will. Sie sind für ihn Mittel zur Tat! Und aus diesem Willen zur schaffenden Tat, aus diesem Streben, die reine Erkenntnis, mit der sich andere Wissenschaften an sich begnügen, auszunutzen und der Verwertung zuzuführen, wird die Besprechung gleicher Themen durch einen Ingenieur andere Gedankengänge, Fassungen und eine andere Behandlung aufweisen als bei Bearbeitung von anderer Seite.

Nur wenn er stets alle Betrachtungen diesem Willen zur schaffenden Tat ein- und unterordnet, kann der Ingenieur zur vollen Leistung gelangen. Und von dieser Denkweise des Ingenieurs muß auch der Verwaltungsmann, der Volkswirtschaftler, der Hygieniker und alle anderen, die im Städtebau schaffend mitarbeiten wollen, ein gut Stück in sich haben.

Gar nicht davon zu reden, daß etwa „Ingenieur" irgendwie im Gegensatz stünde zu „Architekt" oder dergleichen. Erstens ist auch der Architekt ein „Ingenieur" in dem Sinne, in dem ich diese Bezeichnung gebrauche und die ich in Gegensatz stelle zum „Techniker". Man darf nicht Ingenieur schlechtweg und „Bauingenieur" verwechseln. Es scheint mir nichts kläglicher, als dieser zuweilen geradezu kindische Streit, ob der Architekt oder Bauingenieur oder sonst jemand zum Städtebau „berufen" sei. Meinetwegen kann jemand von Haus aus sein, was er will. Jedermann wird aber erst im Städtebau etwas Rechtes leisten, wenn er sich mit heißem Bemühen darin vertieft und, was er auch bis dahin getrieben haben mag, erst einmal „Städtebauer", d. h. etwas Neues und Besonderes wird gegenüber seiner früheren Tätigkeit.

Freilich kann jedermann aus irgendeinem Berufe heraus gewisse Beobachtungen über städtebauliche Fragen anstellen und auf diesem oder jenem Gebiete gewisse Feststellungen machen, ohne das Gesamtproblem vollständig zu beherrschen. So wertvoll das aber auch oft sein kann, so bleibt es doch nur Vor- oder Hilfsarbeit, vielleicht Materialbeschaffung oder dergleichen. Städtebauliche Vollarbeit leistet nur und somit betätigt sich erst derjenige eigentlich als Städtebauer, der die praktische Verwendbarkeit seiner Erkenntnisse und Feststellungen richtig angibt, also die Folgerungen für die schaffende Tätigkeit prüft und dabei alle die vielen Abhängigkeiten und Zusammenhänge berücksichtigt, die im Städtebau ineinanderwirken.

Da sich nun aber leider in der letzten Vergangenheit der Zustand herausgebildet hat, daß viele den Städtebau in seiner allgemeinen Umfassung des ganzen Stadtkörpers mit jenem Teilgebiet verwechseln, für welches sich neuerdings gerade in Kreisen beteiligter Künstler und Kunstverständiger die Sonderbezeichnung „Stadtbaukunst" herausgebildet hat, so will ich mich sogleich hier mit der Rolle, die die Pflege der rein äußeren Gewandung des Stadtbildes im Städtebau spielt, etwas näher auseinandersetzen.

Unbestreitbar wirken die im Laufe der vergangenen Jahrzehnte entstandenen Stadtgebilde häßlich. Das kann zweierlei gänzlich verschiedene Ursachen haben: Entweder kann ein Gebilde an sich wohl durchgebildet, harmonisch und zweckmäßig gestaltet sein und somit „technische" Schönheit aufweisen, aber entstellt sein z. B. durch Ungeschicklichkeiten in seiner äußeren Ausstattung, wie durch unpassende Farbenzusammenstellung oder falsch angebrachte äußere Ornamente. Oder aber es kann im Gegenteil zwar äußerlich künstlerisch einwandfrei behandelt sein, aber doch abstoßend wirken durch innere Unschönheit, also durch falsche Grundform oder durch falsche, unnatürliche und innerlich unwahre Gestaltung im ganzen oder in einzelnen Teilen oder durch unzweckmäßige Zusammensetzung an sich richtig gestalteter Einzelteile.

Diese letztgenannten inneren Fehler und Unvollkommenheiten sind nun tatsächlich in erster Linie dasjenige, was uns jedes Wohlgefühl und Behagen in neueren Stadtanlagen benimmt. Sie sind so stark, daß sie selbst da, wo man sie hinter einer geschickt aufgeputzten Fassade zu verstecken versucht hat, dem aufmerksamen Beobachter nicht entgehen. Das mußte einerseits auf den Künstler besonders kraß wirken und ihn zum Wortführer des allgemeinen Eindrucks machen, und ebenso in der breiten Öffentlichkeit die Meinung erwecken, als könne der Künstler und Architekt durch neue Methoden der äußeren Behandlung des Stadtbildes das Übel beheben.

Unbestreitbar ist nun in der Tat von Männern, die aus der Kunst und Architektur hervorgegangen sind, Vortreffliches für den Städtebau geleistet worden. Aber wohlgemerkt nicht von denen, die meinen: es genüge, durch Zwang, Schema, Schablonisierung, Farbe und Zierat das äußere Gewand der Städte in eine bestimmte Richtung zu drängen, ohne nach tiefer liegenden Gründen zu forschen. Vielmehr haben gerade die besten Kunstkreise, soweit sie die Probleme selbst praktisch angegriffen haben, sehr wohl erkannt, daß zunächst der zu behandelnde Körper in seinen Einzelteilen, in deren Anordnung zueinander und in seinem Gesamtbilde vollkommen zweckentsprechend gestaltet und durchgebildet (konstruiert) sein muß. Dann erst mag man darangehen, durch Feinheiten in der Einzelausbildung, Gruppierung und Schmückung die Schönheit zu heben. Diese Voraussetzung liegt bei neuzeitlichen Stadtgebilden aber zunächst meistens durchaus noch nicht vor. Einzelteile, Anordnung und Gesamtwerk sind voll von Problemen der Zweckmäßigkeit. Deshalb muß man sich zunächst mit der Grundgestalt aller dieser Dinge beschäftigen, ehe man die rein künstlerische Seite in Angriff nimmt.

Wenn man also überhaupt in diesem Zusammenhang den Standpunkt des Architekten in irgendeinen Gegensatz zu dem des Ingenieurs stellen wollte, so kann dieses nur in dem Sinn geschehen, daß die „Architektur" nur einen Teil des Gebietes bildet, der Ingenieur aber das Gesamtfeld bearbeiten muß. Dagegen sollen meine Worte nicht besagen, daß der Architekt nicht zum Städtebauer werden könne. Dazu kann er sich vielmehr ebenso entwickeln wie der Bauingenieur, der Landmesser u. a. Keiner aber von allen ist bereits Städtebauer von Haus aus oder hierzu durch seine bisherige Fachausbildung besser als andere vorgeeignet. Vielmehr werden wir sehen, daß man bei genauer Betrachtung der zu lösenden Aufgaben zu dem Schlusse kommen muß, daß die Städtebauer eine neue, einerseits zwar mit den bestehenden Ingenieurgruppen dadurch verwandte Kategorie bilden, daß sie nämlich auch Ingenieure sind, andererseits aber eine von allen verschiedene Gruppe darstellen, weil das Wesen dieses Gebietes sich mit keinem der anderen zur Deckung bringen läßt.

Der Städtebau ist ein Fach für sich. Wenn man es in seinem innersten Wesen voll erfaßt hat, so weiß man, daß man auf sehr vielen Gebieten zu Hause sein muß, wenn man den Ehrentitel eines „Städtebauers" verdienen will. Wegen dieser Vielseitigkeit der Gesichtspunkte, denen man gerecht werden muß, darf man den Städtebau als die Krone der Ingenieurfächer bezeichnen.

Um diese Eigenart des „Städtebaus" ganz zu erfassen, muß ich mich im folgenden zunächst einmal mit der Frage auseinandersetzen, was, ganz allgemein genommen, ein „Ingenieur" und „Ingenieurwesen" ist und was der Ingenieur für Aufgaben zu lösen hat.

Ich sehe den Beruf des Ingenieurs darin, daß er die körperliche Welt und die durch körperliche Bildungen beeinflußbaren Verhältnisse zielbewußt zu „gestalten" hat. Dabei ist der Begriff des Gestaltens, das die drei Stufen: der Fassung einer Idee auf Grund der Erkenntnis einer bestehenden Unvollkommenheit, die konstruktive Findung der Form und drittens die Beherrschung und Schaffung der Mittel und Wege zur Verwirklichung des Geplanten, sämtlich als Einheit in sich schließt, für die Eigenart der Betätigung des Städtebauers von ganz besonderer Wichtigkeit.

Die Aufgaben des Städtebauers lassen sich aber nur erfüllen mit der Ausbildung einer Wissenschaft. Aus der Eigenart des Ingenieurwesens im allgemeinen und des Städtebaues im besonderen entwickeln sich ganz bestimmte Forderungen, denen die Städtebauwissenschaft gerecht zu werden hat.

Als Aufgabe aller Wissenschaft erkenne ich die: Klarheit zu schaffen. Wir Ingenieure brauchen aber nicht allein klare Erkenntnis von Tatsachen, sondern auf Grund der Erkenntnis der Tatbestände, die uns nicht Endzweck, sondern erst Rohstoff sind, bedürfen wir vor allem Klarheit des Willens und Handelns und Klarheit der Methoden, also nicht Erkenntnis des Bestehenden, sondern Gesetze zur Formung dessen, was erst noch werden soll.

Um durch Wissenschaft zur Klarheit des Handelns zu gelangen auf einem Teilgebiet, wie dem des Städtebaues, gehört nun in erster Linie, daß wir das Gebiet und seine Aufgaben zunächst einmal eindeutig begrenzen und durchschauen. Wir müssen ganz erfassen, ob und inwiefern der Städtebau ein Sondergebiet des Ingenieurwesens ist und worin die Eigenart seines Stoffes und seines Wesens besteht. Deshalb ist es nötig, auch die bestehenden Teilgebiete des Maschinen- und Bauingenieurwesens und der Architektur in ihrem Wesen zu durchschauen. Ihnen ist sodann der Städtebau als Sonderfach in seiner Eigenart gegenüberzustellen und entsprechend seinem Wesen sind seine Grenzen festzustellen.

Unmöglich kann der Städtebau alle Aufgaben einschließen, die Ingenieure in der Stadt zu lösen haben.

Auch nicht alle Aufgaben, die der städtische Ingenieur zu lösen hat. Diesen bereits etwas engeren Kreis nenne ich das „städtische Bauwesen". Sein Gebiet und sein Wesen ist unbestimmt begrenzt und je nach den örtlichen Verhältnissen wechselnd, schließt außerdem eine Menge allgemeiner Ingenieuraufgaben in sich und kann daher auch das Sondergebiet des Städtebaues nicht bilden.

Aus dem allgemeinen Gebiet des städtischen Bauwesens scheidet sich aber wieder ein Aufgabenkreis aus, der sich in seinen Gegenständen der Betätigung und in der Eigenart der an den Ingenieur herantretenden Ansprüche von allen anderen Aufgaben abhebt, und zwar dadurch, daß es dabei darauf ankommt, die Stadt in ihrem ganzen konstruktiven Auf- und Ausbau zu einer Siedlungsstätte höchster Vollkommenheit zu machen und mit allem auszustatten, was für die Einwohnerschaft in ihrem persönlichen Befinden förderlich und nötig ist. Allen anderen Ingenieurgruppen — mit einer gewissen Ausnahme der Architekten — tritt hiermit der „Siedlungsingenieur" als Sonderfachmann gegenüber insofern, als er in erster Linie den Menschen in seinem rein menschlichen Gedeihen zu fördern sucht, während jene anderen dem Werk, dem Betrieb und zunächst immer einem finanziellen Effekt zu dienen streben, weswegen ich sie auch im Gegensatz zum Siedlungsingenieur unter der Bezeichnung der Werkingenieure zusammenfasse.

Alles nun, was zur Hebung der inneren menschlichen Leistungsfähigkeit durch Gestaltung der Stadt als Siedlungsstätte dient, nenne ich das Stadtbauwesen.

Daneben gehört zum Siedlungswesen außer dem eben genannten Aufgabenkreis der Stadtgestaltung auch noch ein anderes Gebiet, nämlich das der Einzelsiedelungen in Stadt, Dorf und Land. Es bedarf besonderer Betrachtung und Behandlung, weil in ihm die Einzelelemente zu gestalten sind, während das Stadtbauwesen deren Zusammenfassung und Ergänzung zur Ausbildung eines vollkommenen Organismus zur Aufgabe hat.

Auf diese Weise wird also in dem weiteren Begriff des Siedlungswesens das Stadtbauwesen, d. h. die Gestaltung der Stadt, mit dem anderen Zweiggebiet, der Gestaltung der Einzelsiedlung, zu einem größeren und entsprechend seinem Wesen und seinen Ansprüchen an die Fähigkeiten des Ingenieurs eigenartigen größeren Fachkreis zusammengeschlossen.

Teilt man das Stadtbauwesen aber andererseits in seine Einzelaufgaben auf, so findet man nunmehr eine Reihe besonderer Untergebiete, und unter diesen grenzt sich ganz von selbst und — wie ich meine — klar und eindeutig der „Städtebau" ab.

Damit bin ich dann endlich am Ziel. Ein etwas langer Weg, aber er muß einmal gegangen werden. Ohne diese Klärung ist eine Wissenschaft vom Städtebau kaum oder mindestens nur unendlich viel schwerer und auf langwierigen Wegen erzielbar. Deshalb erschien es mir besser, die an sich nicht gerade erfreuliche und manchem wohl zunächst undankbar erscheinende Erörterung in Angriff zu nehmen, die den ersten Teil dieses Buches füllt.

Ich hoffe, daß sich dieser Umweg, als der er erscheinen mag, endlich doch als segensreich erweisen und Fortschritte zeugen wird Ohne diese Darlegungen scheint mir das nicht möglich, was gerade ich erstrebe, nämlich den Städtebau wissenschaftlich zu betrachten und zu behandeln.

Der soeben gegebene kurze Überblick aber mag erwünscht sein und wurde eingefügt, um bei den scheinbar zuweilen abschweifenden folgenden Erörterungen das Ziel und den Faden der Erörterung nicht aus den Augen zu verlieren.

2. Begriff und Wesen des „Ingenieurberufes".

Wenn ich den Städtebau vom Standpunkt des Ingenieurs aus darlegen will, wie ich oben sagte, muß ich mir zunächst darüber klar sein, was ein Ingenieur ist.

Diese Frage ist auch sonst keine müßige.

Als ich einst das Studium begann, war ich selbst mir nicht klar darüber, was ein Ingenieur recht sei. Ich glaube, es geht den meisten jungen Menschen ebenso, und viele sterben als alte Leute, ohne es je gewußt zu haben. Erst allmählich habe ich mir einen bestimmten Begriff darüber gebildet, und damit hat sich dann für mich auch eine klare Einteilung des gesamten Ingenieurwesens und eine feste Umgrenzung des Teilgebietes ergeben, das den „Städtebau" bildet.

Schon als Student berührte mich peinlich sowohl die gewisse Geringschätzung, die von manchen Seiten für das Studium des Ingenieurs empfunden wird, als auch die Unkenntnis sonst gut gebildeter Menschen über Wesen und Wert dieses Berufes, wie endlich auch mein eigenes Unvermögen, sie kurz und treffend aufzuklären, sofern sie einmal redlich und offen darüber Auskunft erbaten, warum ich denn nicht Offizier oder Jurist, sondern gerade „Techniker" geworden sei, wie man leider meist fälschlich sagt. Diese Unkenntnis über das Wesen des Ingenieurberufes erstreckt sich bis weit in die Kreise der Verwaltungsmänner und sonstigen hochstehenden Geistesarbeiter hinein, deren Wirken mit dem Ingenieurwesen in engster innerer Fühlung stehen müßte. Freilich wird sie nach außen hin meistens ängstlich verschleiert — denn sie ist in der Tat blamabel —. Nicht die schlechtesten sind es, die sie hier oder da einmal in einer offenen Frage aussprechen. Aber auch bei denen, die uns Gerechtigkeit zu geben wünschen, besteht die Meinung, daß unser Beruf zwar ein sehr ehrenwerter und wichtiger, aber doch an Bedeutung zweitklassiger wäre, weil unser Wirken kein grundlegendes, fundamentales für das Volksleben und die Kultur der Menschheit sei. Dieses Empfinden legt immer wieder die Frage nahe, inwieweit und inwiefern sich unser Beruf an Wichtigkeit mit anderen, im Publikum weit angeseheneren, messen kann. Als ich dann auf die Professur berufen wurde, konnte ich der Frage nicht mehr ausweichen: was ein Ingenieur sei, in welcher Weise er also im allgemeinen und auf dem mir zugefallenen Sondergebiet des Stadtbauwesens und im Rahmen desselben wieder des Städtebaues auszubilden sei. Der Hochschullehrer, der wissenschaftlich arbeiten und lehren will, sollte sich über diese Frage als allererste klar sein.

Ich habe vielfach die Studenten, junge und ältere, gefragt: „Weshalb sind Sie Ingenieur geworden?" Der eine hatte einen Verwandten, der es ihm geraten, der andere erhoffte guten Verdienst, und allerhand andere äußere Gründe wurden angeführt. Kein einziger hat aber mir je gesagt, daß das Wesen des Ingenieurberufes ihn gereizt hätte. Diese Antwort bekam ich nie, die ich mir wünschte, um an sie die Frage anknüpfen zu können: Was ist denn das „Wesen des Ingenieurberufes"? Daß sich über diese Frage nur so wenige klar sind, ist aber ein schwerer Fehler! Wo sollen wir den Stolz[1]) auf unseren Beruf und die darin begründete Arbeitsfreudigkeit hernehmen, einen Stolz, der uns tief in unserem Innern erfüllt? Wie sollen wir den Bestrebungen anderer begegnen, uns Aufgaben fortzunehmen und das Recht auf Wirksamkeit in Fragen zu beschränken, welche in unser Gebiet gehören? Wie können wir unser Berufsgebiet zu einem wohldurchgebildeten wissenschaftlichen Bau gestalten, wenn wir sein Wesen und seinen Bereich nicht kennen?

Wenige können also die vielen, die uns fühlen lassen, daß sie sich als etwas Wichtigeres und Besseres ansehen, mit einer klaren und zugkräftigen Definition für unser Wirkungsgebiet ad absurdum führen. Das lastet auf uns und erschwert uns das Dasein. Wenn wir allzuoft und allzu weit verbreitet einer falschen und zu niederen Einschätzung

[1]) An Stelle dieses Stolzes, der alle Anfeindungen verlacht, schelten so viele auf „Juristen" und andere, ohne in wohlbegründeter Weise ihnen unser Recht auf Gleich- oder Überordnung kurz und klar darlegen zu können.

unseres Berufes begegnen, besteht auch die Gefahr, daß uns unser Selbstgefühl und der Schwung unseres Strebens durch unangebrachte Bescheidenheit gehemmt und gelähmt werden, daß schließlich die hohen Ziele zurücktreten und hinter dem Alltäglichen, Vulgären verschwimmen, und wir schließlich selbst nicht mehr vom richtigen Standpunkt und mit dem rechten Idealismus an unsere Aufgaben herantreten. Deshalb ist es nötig, daß immer wieder die hohe Aufgabe des Ingenieurberufes allen Fachgenossen ins Gedächtnis gerufen wird.

Ja, wir selbst bezeichnen uns als „Techniker", ohne zu bedenken, daß wir damit viel zu bescheiden sind. Der Maler, der nur seine Technik beherrscht, ist kein Künstler. Wer nur die Redetechnik beherrscht, kann wohl zündend und mitreißend wirken, ist aber unproduktiv. Wer nur die Bautechnik kennt, ohne selbst die Idee zu gebären, bleibt nur ausführender Zweiter, mag er eine noch so wichtige Hilfskraft sein. Er bleibt einem anderen, der ihn geistig führt, untergeordnet. Es wäre sogar ein Unglück, wenn es nicht so wäre. Deshalb kann man den Kampf, den wir darum führen, im Bereich unserer Belange selbst die obersten Stellen zu bekleiden und die höchste Verantwortung zu tragen, allen anderen Berufen gleichgeordnet, aber nicht nur Bearbeiter ihrer Ideen zu sein, in die Forderung fassen: nicht nur Techniker, sondern Ingenieure zu sein.

Ich möchte ausdrücklich betonen, daß ich den Techniker ungemein hoch achte. Er hat Ungeheures zu leisten und leistet es. Aber er ist eben etwas anderes als der Ingenieur, und der Ingenieur hat andere Aufgaben zu lösen. Vielleicht nicht höhere, aber andere!

Alle Berufe haben ihre Technik und ihre Glieder sind bis zu einem gewissen Grade Techniker. Viele Verwaltungsbeamte, Juristen und Männer in allen sonstigen Ständen und Berufen sind „Techniker", oft allzusehr nur Techniker. Ist nicht der Jurist auf seine „formale" Schulung stolz? Heißt das etwas anderes, als daß er die Technik der Form beherrscht?

Fraglos ist er aber nicht genügend, nur die Form zu beherrschen.

So muß gewiß der Ingenieur auch seine Technik beherrschen. Aber liegt darin sein eigentlicher Beruf?

Ist er nur der „akademisch gebildete" Techniker, der also nur über ein reicheres und feineres geistiges Rüstzeug verfügt und vermöge dessen etwa die schwierigeren Aufgaben, sonst aber gleicher Gattung, wie der Techniker zu bewältigen hat? Wäre dem so, so schiene mir die Grenze wenig scharf, und in dieser falschen Auffassung liegt wohl der Grund, weshalb es nicht gelingen will, den Ingenieurtitel in Deutschland rechtlich zu schützen. In der Tat wäre nicht einzusehen, weshalb in diesem Falle ein von Hause aus fähiger und sich ständig fortbildender Techniker seine geringere Vorbildung nicht früher oder später ausgleichen und dem akademisch gebildeten Durchschnittsingenieur gleichkommen oder ihn gar überflügeln sollte.

Oder sind es vielleicht doch ganz andere Aufgaben, die der „Ingenieur" zu lösen hat? Liegt da vielleicht ein Beruf vor, in den etwa der ja noch junge Stand der Ingenieure erst noch voll hineinwachsen muß?

Sofern sich ergibt, daß es auch auf unserem Betätigungsfeld Technik gibt und daß somit Techniker notwendig sind, daß aber andererseits außerdem noch andere Aufgaben zu lösen sind und daß diese ein besonderes Arbeitsgebiet für Ingenieure darstellen, löst sich der Kampf und die Disharmonie zwischen diesen beiden Schwestergruppen, unter denen wir bisher leiden. Sie treten dann nach reinlicher Scheidung nebeneinander zu gemeinsamem Kampf, und das Ingenieurwesen erhält genügend Freiheit und Stoßkraft zur Erfüllung seiner Sonderaufgabe.

Jeder andere Stand rühmt sich einer hohen Aufgabe, eines „Berufes", die er in der Welt zu leisten habe, und dieses Bewußtsein erfüllt alle seine Glieder vom jüngsten und niedrigsten bis zum höchsten mit Stolz. So spricht man vom Nähr- und Wehrstand. So sorgen die einen für das Recht in der Welt, „pereat mundus, fiat justitia" rufen sie stolz. Andere wieder vermitteln den Warenverkehr mit den fernsten Weltteilen und machen die Erzeugnisse der entlegensten Erdenwinkel allen Menschen zugänglich und nutzbar.

Worin hat nun im Vergleich damit der Ingenieur seinen Weltberuf zu erblicken, d. h. das, wozu er in der Welt „berufen" ist? Was ist der Beruf des Ingenieurs?

Eines will ich vorweg mit aller Entschiedenheit betonen: wenn ich von Ingenieuren spreche, so denke ich dabei nicht im entferntesten an jene vielen, die heute berechtigter- oder unberechtigterweise diesen Titel führen, der an sich etwas so Hohes bedeutet, aber vielen verliehen ist, die ihre Titelsucht befriedigen oder sich den Schein hoher Vorbildung und Leistungsfähigkeit geben wollen. Dagegen schließe ich andere, in deren Berufsbezeichnung das Wort „Ingenieur" gar nicht vorkommt, mit ein, z. B. die Architekten, wie ich bereits erwähnte.

Was ist also ein Ingenieur?

Wir müssen uns auf den Urbegriff des Ingenieurs besinnen, um uns recht zu verstehen.

Nur langsam hat sich die Entwicklung vollzogen, daß die Menschen nicht die bestehenden Verhältnisse als etwas Unabänderliches hinnahmen, sondern sie mehr und mehr nach ihren Bedürfnissen zu „gestalten" suchten. Noch in der neueren Zeit ist diese Entwicklung teilweise in Konflikt mit der Religion getreten: es wurde eingewandt, man setze sich damit in Widerspruch zu Gottes Fügung. Wie lange hat man z. B. Krankheit und Seuchen als ein unabwendbares Geschick willenlos über sich ergehen lassen, ehe man lernte, durch Sauberkeit, medizinische und hygienische Maßnahmen sie zu bekämpfen.

Aber gerade dieses „Gestalten" schafft Kultur, und hat nicht die Bibel gesagt, wir sollen wuchern mit unserem Pfund, d. h. mit unserem Verstand uns selbst helfen? Das nennt man Kultur schaffen.

Die „Gestaltung" der Verhältnisse, unter denen wir leben und arbeiten, kann auf rein geistigem Gebiet liegen, wie z. B. der Philosophie und der Organisation des Staatslebens usw., oder auf körperlichem, materiellem. Die Gestaltung der körperlichen Verhältnisse in unserer Umgebung ist in sehr hohem Maße Trägerin unserer Kulturentwicklung. Das muß man sich klar machen, um ihrer Herabsetzung zu begegnen, die von jenen Seiten droht, die nur Theater, schöne Künste, sogenannte Bildung usw. als Kulturfaktoren zu bewerten und der Allgemeinheit nahezubringen belieben und so tun, als seien sie Generalpächter der Kultur und diese gehe unter, wenn sie nicht wären.

Kein Einsichtiger wird leugnen, daß Wissen und Künste aller Art für die Geisteskultur von sehr hoher Bedeutung sind. Ein Unglück wäre es aber, wenn man vergäße, daß die Gestaltung der körperlichen Welt sowohl für die Kultur im allgemeinen wie auch für die reine Geisteskultur im besonderen von gleicher Wichtigkeit ist.

Freilich muß man sich darüber klar sein, was man unter „Kultur" zu verstehen hat.

Literaturkenntnis, Schönheitsempfinden und vor allem das, was man landläufig allgemeine Bildung nennt, ist noch keine Kultur, kann vielmehr ein Kulturfaktor sein.

Denn was bedeutet das Wort „Kultur"? Man kultiviert einen Acker, indem man durch sorgsame und geschickte Behandlung, wie Reinhaltung von Unkraut, rechtzeitiges Pflügen usw., seine Ertragsfähigkeit steigert, ohne seine Substanz durch Wegnahme oder Hinzufügen beträchtlicher Bestandteile zu ändern. Dementsprechend trägt alles zur Menschheitskultur bei, bildet also einen Kulturfaktor, was die Leistungsfähigkeit der Menschen hebt und steigert.

Wer anerkennt, daß Tat und Leistung höchste menschliche Pflicht sind, muß in Erreichung und Schaffung hoher Kultur die höchste Ehre erblicken.

Diese Steigerung menschlicher Leistungsfähigkeit kann nun erfolgen durch Pflege der geistigen und sittlichen Menschenkräfte. Ebenso aber kann sie bedingt sein in seiner physischen Gesundheit, und schließlich in nicht minderem Maß und Umfang durch die äußeren Verhältnisse und deren mehr oder minder vollkommen durchgebildete Gestaltung. Daß innerhalb dieses letzten Belanges die körperlichen oder materiellen Verhältnisse eine sehr bedeutsame Rolle spielen, steht außer Frage.

Sicherlich kann unter den einfachsten, ärmlichsten, primitivsten Verhältnissen ein einzelner Mensch auch zu hoher Kultur kommen.

Diese Bezeichnung verdient er, wenn er vermöge seelischen und ethischen Hochstandes, bester Geistesschulung und Tüchtigkeit ein Höchstmaß von Leistung zu vollbringen vermag.

Mögen nun aber auch einzelne unter ungünstigen äußeren Verhältnissen, in „unkultivierter" Umgebung, zu relativ hoher Kultur gelangen können, so doch nur in sehr seltenen Ausnahmefällen zu absolut hoher Kultur. Goethe wäre z. B. fraglos auch in ärmlichen Verhältnissen ein großer Mensch geworden, aber er hätte nicht entfernt das leisten und schaffen können, was er geleistet hat. Auch werden deren nur sehr wenige sein. Die Menschheit als ganze dagegen hängt fraglos in ihrer Leistungsfähigkeit und „Kultur" sehr stark von den Verhältnissen ab, unter denen ihre Glieder leben. Die Leistungsfähigkeit der Menschheit, der Masse, ihre Fähigkeit, ihre Geistes- und Wirtschaftskräfte in höchstem Grade nutzbar werden zu lassen, wird sehr gehemmt, wenn man unter unbequemen, unerfreulichen Verhältnissen lebt und wirkt, umgekehrt aber über Erwarten gesteigert, wenn Umstände und Hilfsmittel günstig sind. Gerade im Städtebau findet man hierfür sprechende Belege. Wer sich in seiner Wohnung, in deren Umgebung wohlfühlt, wer geeignete Geschäfts- und Werkräume hat, wer günstige Umstände für den Verkehr mit Geschäftsfreunden und Behörden vorfindet usw., wird viel leistungsfähiger sein und arbeiten und qualitativ Besseres leisten können als unter widrigen Verhältnissen. Gar nicht davon zu reden, daß mit wachsendem Wohlstand und Freiheit von drückender Sorge, die auch in vieler Hinsicht eine Folge günstiger körperlicher, materieller, meinetwegen „technischer" Gestaltungen sind, Sauberkeit und Zivilisation sich heben. Wer wollte bezweifeln, daß darin ebenfalls ein sehr bedeutsamer Kulturfaktor zu erblicken ist.

So trägt sehr vieles, was in der körperlichen Welt vollkommen gestaltet zu werden vermag, in hohem Grade zur Kultivierung sowohl der einzelnen Menschen, wie vor allem der Menschheit im ganzen bei und bildet oft die Voraussetzung dafür, daß die reine Geisteskultur ein Feld findet, auf dem sie gedeihen und wirken kann.

Mit Recht feierten im Altertum die Völker höchster Kultur in den schönsten Blüten ihrer Poesie die Männer, die das Feuer nutzbar gemacht (Heizung und Speisebereitung ermöglicht) und die ersten Werkzeuge ausgebildet hatten (vgl. die Sagen von Herkules usw.). Sie erkannten sehr wohl, daß darin die Voraussetzung allen Aufstieges, aller Kultur lag. Vielleicht ist es eine Eigentümlichkeit des Christentums, daß es vornehmlich die gesetzgeberisch-organisatorischen und ethischen Kulturfaktoren in Rücksicht zieht, während die Griechen dagegen gerade die „Ingenieure" mit göttlichen Ehren bedachten. Denn jene, die das Feuer zu nutzen und der Menschheit die ersten Werkzeuge zu schaffen wußten, was waren sie anders, als die Urväter der Ingenieure?

Mir sind gelegentlich einige Definitionen für den Begriff des Ingenieurs bekanntgeworden: er meistere die Naturkräfte und so ähnlich. Mag sein! Aber das trifft nicht scharf den Kern unseres Berufes. Noch weniger ist es zutreffend, wenn man lediglich im Bauen, im Berechnen oder in der Anwendung überlieferter Konstruktion das sehen wollte, was den Ingenieur ausmacht.

Ich meine, der Ingenieurberuf ist am besten gekennzeichnet, wenn man sagt: „Der Ingenieur gestaltet die körperliche Welt.“ Er will die Welt und Körper, Dinge und die Verhältnisse, unter denen wir leben, zu allgemeinem Nutzen schöpferisch bewußt gestalten.

Um das ganz klar zu erfassen, muß man sich mit dem Begriff des Gestaltens auseinandersetzen. Er leistet das, worauf Goethe seinen Prometheus so geradezu gottlos stolz rufen läßt: „Mußt mir meine Erde doch lassen stehen und meine Hütte, die du nicht gebaut, und meinen Herd, um dessen Glut du mich beneidest.“ Prometheus ist nicht der „Vorbedacht“. Er ist der Mensch, der sich selbst schaffte, was die Natur nicht bot. Der Mensch im Unterschied zum hilflosen Tier. Er ist der Ingenieur!

Das ist wohl unbestreitbar, daß zunächst alles, womit wir uns als „Ingenieure“ befassen, körperlich, d. h. Materie ist. Freilich fällt in unseren Bereich nur die Materie, an der oder mit der eine Gestaltung zielbewußt vorgenommen wird, und so lange Gestaltung getrieben wird.

Den Begriff des Gestaltens machen wir uns am besten klar durch Festlegung seiner drei Funktionen. Es gehört dazu, daß man erst einmal klarlegt, wo und in welcher Richtung ein Fortschritt dadurch geschaffen werden kann, daß ein Gegenstand eine zunächst noch zu findende Form erhält, und daß man also eine Idee faßt und sich ein Programm stellt.

Nebenbei erhellt daraus, daß unser Beruf durchaus nicht im Widerspruch mit Idealen steht, sondern daß auch er „ideal“, d. h. auf Erfüllung einer Idee hin, arbeitet[1]). Freilich begnügen wir uns nicht damit, Ideen zu verkünden, unbekümmert um die Möglichkeit

---

[1]) Sonderbarerweise verfallen nicht wenige der Verwechslung, daß wir Ingenieure materiell seien, weil wir mit Materie uns befassen. Ingenieurwesen ist nicht nur auch Idee und Verwirklichung von Idee und arbeitet nicht nur mindestens ebenso ideal wie andere rein geistige Berufe. Es ist auch voller Poesie. Man lese einmal nach, was Rudolf Herzog in den „Wiskottens“, Seite 21 bis 24, über Poesie und Arbeit sagt. Ich führe hier nur einen Absatz an: „Hier im Wuppertal sind unsere großen Arbeiter unsere größten Dichter. Ein Künstler muß ein Schaffender sein. Herrgott, schau zu, wie der Gustav schafft. Was geht in seinem Kopf alles um an Schöpfergedanken, mit denen er eisern ringt, bis sie Taten geworden sind, bis sie neues Leben schaffen und Brot für das neue Leben. Ach nein, die Genies sitzen nicht nur auf dem Parnaß.“

ihrer Verwirklichung. Wir verlieren uns nicht in Ideen und vermeiden deshalb leichter die Gefahr, in Utopien zu verfallen.

Aber wir fassen nicht nur diese Ideen. Vielmehr verlangt unser Beruf, nämlich der des Gestaltens, daß sich unmittelbar an dessen eben genannte erste Funktion nun die zweite schließt, nämlich entsprechend der Idee auch die Form zu entwickeln, die der körperliche Gegenstand erhalten muß, um seinen Zweck zu erfüllen. Das nennen wir „Konstruktion".

Die dritte Funktion des Gestaltens ist aber, stets auch die Ausführbarkeit des Körpers in Frage und Rücksicht zu ziehen und je nach den hierfür vorhandenen oder auffindbaren Möglichkeiten die Gestaltung zu wandeln.

Erst die Vereinigung dieser drei Tätigkeiten macht „das Gestalten" im ganzen aus.

In diesem Sinne sage ich: „Der Ingenieur gestaltet die körperliche Welt."

Ein ganz einfaches Beispiel bringt vielleicht die beste Klärung: Sagen wir einmal, jemand sieht, wie ein Kranker sich mühen muß, in liegender Stellung aus der gewöhnlichen Tasse zu trinken, und er sagt sich, man müsse eine Tasse mit schnabelartigem Ansatz bilden (erste Funktion: Fassen der Idee). Er fertigt sodann ein Modell oder eine Zeichnung an (zweite Funktion: Festlegung der Form) und gibt schließlich die Fabrikationsmethode an (dritte Funktion: Verwirklichung des Körpergebildes). So macht alles dieses die Gestaltung aus und stellt, so einfach es an sich sein mag, ein „Ingenieurwerk" dar.

Durch stetig fortschreitende Gestaltungstätigkeit entwickelt sich allmählich aus dem Hebebaum, mit dem Herkules die Steine wuchtete, der Dampfkran, der ganze Schiffe hebt, aus dem Einbaum der Ozeandampfer, aus der Lehmhütte das 52stöckige Hochhaus.

Derjenige war ein Ingenieur, der das Gewebe ersann und zuerst herstellte, um uns damit zu kleiden, und der, welcher an Stelle des Gänsekiels die Stahlfeder setzte, weil er jene für verbesserungsfähig erkannte, und der, welcher Leinwand präparierte und darauf das erste Gemälde darstellte, um Gesehenes und Gedachtes festzuhalten und anderen zu übermitteln, und der Erbauer des ersten Luftschiffes, wenn er sich auch nicht Ingenieur nannte. Auf diesem Gebiete durchdachter körperlicher Formbildung gibt es nichts von der Stecknadel bis zum größten Ozeandampfer, was der „Ingenieur" nicht grundlegend beeinflußt hätte. Kennzeichnend für die Tätigkeit des Ingenieurs ist die schöpferisch formende und die verwirklichende Tat.

Damit scheidet gleichzeitig alles das Körperliche aus, was ohne menschlich bewußt regelnde Tat bestimmte Formen annimmt, z. B. Pflanzen und Bäume usw.

Ferner scheidet aber aus der eigentlichen Ingenieurtätigkeit alles das aus, was nach bekannten Grundsätzen und Verfahren und in bereits bekannten Formen hergestellt wird. Diese Tätigkeit ist „Technik“. Es muß scharf betont werden, daß sie etwas anderes als Ingenieurwirken ist, und, wie bereits gesagt, beschränkt sich „Technik“ nicht allein auf die körperliche Welt (Sprachtechnik, Verwaltungstechnik und vieles andere). Der Techniker auf unserem Gebiet kennt die Formen, die der Ingenieur entwickelt hat, und wendet sie an.

Freilich muß der Ingenieur die Technik in umfassender Weise kennen und beherrschen, um auf bereits Vorhandenem aufbauen zu können. Über ihr steht er aber dadurch, daß und sofern er ihr Pfadfinder und Bahnbrecher ist. Darin ist erst seine Überordnung begründet.

Daran wird nichts dadurch geändert, daß viele, die sich Ingenieure nennen, oft nur Techniker, vielleicht besonders hochstehende, sind. Sogar wird gar mancher Ingenieur einen großen Teil seines Wirkens mit Technik ausfüllen. Voll verdient ist die Ingenieurbezeichnung aber nur, wenn er stets wägt und prüft, ob die hergebrachte Technik in jeder Hinsicht alle Bedürfnisse, die er somit auf das genaueste studieren muß, auch erfüllt, und wenn er dort, wo seine unablässige Kritik auf Mängel oder Gelegenheit zu Fortschritten stößt, neue Gestaltungsformen zu finden vermag.

Ingenieurwesen ist suchend und geistig produzierend, Technik reproduktiv.

Sogar wer zwar neue Gestaltungen findet oder herstellt, aber nicht selbst die Idee dazu faßt, wer also die erste Funktion des Gestaltens nicht ausübt, sondern einen anderen braucht, der ihn in dieser Hinsicht anleitet, ist nach meiner Auffassung mindestens kein Ingenieur höchsten Grades. Gerade die Fassung der Idee, des Gedankens, das Auffinden des Punktes, wo sein Wirken einsetzen kann, und die eigene richtige Problemstellung sind von besonderer Bedeutung. Wer nicht dazu fähig ist, kann nicht Anspruch machen, die ersten Führerstellen in der Menschheit zu bekleiden.

Stellen wir das „Gestalten“ ins Zentrum und Ziel unseres Berufsbewußtseins, so erhalten wir für vieles, was unsicher und verschwommen war, eine feste und klare Grundlage. Dem Laien können wir sagen: Mögen andere Verdienst und Geschäft an erster Stelle erstreben oder andere alle Dinge lediglich unter dem Gesichtswinkel des Rechtes betrachten oder das in Regeln und Rechtsformen kleiden und einordnen, was ohnehin entsteht, oder mögen andere nach Regeln der Technik produzieren, bauen und fabrizieren, so sehen wir Ingenieure demgegenüber, ohne jene vorgenannten Aufgaben zu vernachlässigen, doch unsere erste und wichtigste Aufgabe darin, stets durch neue Gestaltung dahin zu wirken, daß an Stelle des Hergebrachten Besseres und Vollkommeneres tritt. Wir sind konstruktiv.

Und dieses Ziel schöpferischer Gestaltung gibt uns wohl das Recht, stolz zu sein auf unseren Beruf und für unser Wirken freie Bahn zu beanspruchen.

Ich bin überzeugt, daß bei uns Deutschen gerade konstruktive Kräfte am nötigsten sind und besonders gepflegt und in ihrem Bestreben zur Auswirkung gefördert werden sollten gegenüber jenen des reinen Wissens, der Betrachtung und der Verwaltung des Bestehenden. Wir brauchen Menschen mit frischem und starkem „Wollen"[1]. Ingenieurtätigkeit aber ist gleichbedeutend mit Wollen und Nicht-Ruhen bis zur Sicherstellung der Vollbringung. Wir wollen nicht resigniert hinnehmen, was die Welt uns bietet, sondern Neues und Besseres erzeugen. Wir wollen es auch nicht nur so machen wie die Väter und Großväter in dem, was geschehen muß, und deren Technik anwenden. Wir suchen den Problemen neue Seiten abzugewinnen und neue Möglichkeiten zu finden und ruhen nicht, bis dasteht, was wir wollen.

Diese Zusammenfassung aller drei Funktionen des Gestaltens zu einer lückenlosen geistigen Einheit ist dasjenige, was den Unterschied ergibt in der Behandlung einer Frage vom Standpunkt des Ingenieurs zu derjenigen vom Standpunkt des Verwaltungsmannes oder Juristen, des Historikers und Philosophen, des Kaufmannes usw. und auch von dem des Technikers.

Je intensiver ich mich in das Problem der Behandlung und Lehre (Pädagogik) des Ingenieurwesens im allgemeinen und des Städtebaus im besonderen hineinzuarbeiten suchte, desto klarer erkannte ich, daß das Wesen unseres Berufes zu einer eigenen Art der Gedankengänge führt. Das muß ganz besonders klar hervortreten und beachtet werden auf einem Gebiet, wie dem des Städtebaues, mit dem sich außer dem Ingenieur der Jurist, der Verwaltungsmann, der Volkswirtschaftler, der Mediziner oder Hygieniker und viele andere befassen müssen. Bei Behandlung an sich gleicher Themen wird das Denken und die Darstellung des Ingenieurs einen anderen Ausgangspunkt und einen anderen Lauf nehmen und anderen Zielen und Ergebnissen zustreben, als wenn Angehörige anderer Berufsklassen sich damit befassen.

Der Naturwissenschaftler und Philosoph z. B. beschränkt sich auf die Aufklärung des Bestehenden, der Naturgesetze, auf Betrachtungen. Er findet sein Genügen im Erkennen. „Nihil flere, nihil ridere, nihil

[1]) Das heißt nicht „Begehren", sondern Wille zur Tat.

admirari, sed intellegere." Die Verwertung des Erkennens überläßt er anderen. Er ist kein Mann der Tat und des Willens.

Der Historiker legt die Entwicklung der Dinge klar: was und wie es wurde. Er lebt in der Vergangenheit.

Der Geschäftsmann betrachtet die Dinge vom Standpunkt aus, ob sich dabei Geschäfte machen, ob sich Umsatz erzielen und verdienen läßt. Wo dieses nicht der Fall ist, hat er kein Interesse.

Der Jurist und der Verwaltungsmann betrachten die Dinge von dem Standpunkt aus, ob sie sich in die bestehende Ordnung einfügen. Sie suchen zu erhalten und zu ordnen, neuer Erscheinungen und Verhältnisse Herr zu werden. Sofern sie nicht gar dem Neuen abgeneigt sind, so suchen sie doch sicher nicht, es zu schaffen, sondern lassen es allenfalls entstehen.

Der Techniker lebt auch ganz im Hergebrachten und sucht es dort, wo sich eine Gelegenheit bietet, anzuwenden. Er geht also von der Frage aus: „Wie ist es bisher gemacht", nicht: „Was gibt es neuzugestalten?"

Der Ingenieur dagegen ist der Mann des vorwärtsdrängenden Willens und der schaffenden Tat. Sein Denken geht nicht aus von dem, was in der Vergangenheit war und in der Gegenwart ist, sondern von dem, was in Zukunft werden soll. Er fragt sich zunächst: Was soll für ein Ziel erreicht werden auf dem Gebiet, mit dem ich mich befasse, was soll sein und wie erreiche ich dieses Ergebnis? Er muß zunächst erkennen, was erstrebenswert ist, dann erst fragt er sich, wie sich dazu das Bestehende und Gewesene verhält. Das Erkennen des Früheren und Jetzigen ist für ihn nicht etwa weniger wichtig als für die anderen, aber es ist für ihn nur Mittel und Werkzeug, nicht Selbstzweck und Ziel. Die Erkenntnis des Früheren und Bestehenden erhält erst Leben und vollen Wert für ihn, wenn er es zu dem, was er will, in Beziehung setzen und auf Grund der gewonnenen Klarheit über sein Wollen das daraus ziehen kann, was für die Erreichung seines Zieles von Bedeutung ist, was er verwerten kann und was er vermeiden oder als unwesentlich außer acht lassen kann.

Daraus ergibt sich also der Sinn der von mir gebrauchten Redewendung: Ich wollte den Städtebau vom Standpunkt des Ingenieurs behandeln. Nachdem das Gebiet und der Aufgabenkreis, den der Städtebau umfaßt, festgelegt und begrenzt sein wird, werde ich Klarheit darüber zu suchen haben, welchen Ansprüchen die innerhalb dieser Gebietsgrenzen liegenden Gestaltungen zu genügen und welche Bedürfnisse sie zu erfüllen haben. Daraus sollen sich die Gestaltungsidee und das Ziel ergeben. Sodann wird sich zweitens die Frage einstellen, wie man die Körperformen entwickelt, die in bester Weise den gestellten Anforderungen entsprechen. Wir müssen also gewissermaßen die notwendigen Körperformen aus den durch das Bedürfnis gegebenen Gesichtspunkten heraus zu konstruieren lernen. Drittens aber müssen wir Klarheit darüber suchen, ob, inwieweit und wie es möglich ist, die gewünschten Gestaltungen tatsächlich zu verwirklichen, d. h. die ideale Lösung zu realisieren, welche Wege, Mittel und Handhaben uns hierzu zur Verfügung stehen oder geschaffen werden müssen und wie sie zu gebrauchen sind. Oder umgekehrt — und dieses ist ebenso wichtig — wir werden uns ganz feste und klare Begriffe darüber zu bilden haben, wo die Grenzen dessen liegen, was man erreichen kann, worauf man dagegen, mag es vom ideellen Standpunkt aus noch so erstrebenswert sein, schlechterdings verzichten muß, weil andere noch wichtigere Gründe, die vielleicht auf anderen Gebieten liegen, dem entgegenstehen und uns zwingen, unsere Wünsche unterzuordnen, oder weil beispielsweise die erforderlichen Handhaben aus politischen oder sonstigen Gründen nicht geschaffen werden können, deren wir bedürfen würden, um unsere ideale Forderung zu verwirklichen.

Alle diese Punkte müssen wir gleichzeitig nebeneinander im Auge behalten.

Denn darin liegt ja die Eigenart der Ingenieurarbeit und seine Überlegenheit gegenüber anderen Fachleuten: daß wir erstens nicht nur Bedürfnisse feststellen und Forderungen aufstellen, sondern gleichzeitig die entsprechende Form anzugeben vermögen, vor allem aber, daß wir dabei, fest auf dem Boden der Wirklichkeit stehend, im Rahmen des Erreichbaren bleiben und nicht durch überspannte Ideen ins Reich der Utopie uns fortreißen lassen.

Wir werden sehen, daß die klare Erkenntnis und wertende Einschätzung der Bedürfnisse, die Formung und die Durchführung im Städtebau ganz eigenartige und sehr verwickelte Probleme in sich schließen und daß nur der auf Erfolg rechnen kann, der sie alle gleichzeitig meistert.

Alle diese Fragen und Probleme zu einer Einheit und einem Ganzen zusammenzufassen, sowohl die Erkenntnis der Bedürfnisse, die es zu befriedigen gilt, wie auch daraus folgend die Entwicklung der Form, die diesen Anforderungen Rechnung trägt, und endlich die Mittel und Wege, mit deren Hilfe wir unsere Planungen durchführen und verwirklichen können usw., in ihrer Abhängigkeit und Bedingtheit zu erörtern, das ist der Sinn des von mir gebrauchten Ausdrucks: Ich wolle den Städtebau vom Standpunkt des Ingenieurs behandeln. Diese Punkte alle zu überblicken und zu beherrschen, ist notwendig, wenn wir nicht als Techniker Früheres wiederholen und wieder anwenden, sondern als Ingenieure Neues und Besseres gestalten wollen.

3. Das Wesen der „wissenschaftlichen“ Behandlung von Fragen des Ingenieurwesens.

Der Begriff der Wissenschaft ist nicht allgemein klar, und sogar die Wissenschaftler selbst verstehen darunter nicht durchweg dasselbe.

Es ist bekannt, daß die technischen Hochschulen einen schweren Kampf zu bestehen hatten, um als gleichberechtigt mit den alten Stätten der Wissenschaften, den Universitäten, anerkannt zu werden. Dieser Streit ist erst zum Teil entschieden. Man erkennt wohl den Wert und die Wichtigkeit der technischen Hochschulen an, aber man ist noch durchaus nicht überall der Überzeugung, daß sie ebenso hochwertige wissenschaftliche Institute sind wie die Universitäten.

Ich teile aber die Überzeugung derer, die meinen, die Universitäten, (deren Name ja davon stammt, daß sie die Universitas omnium litterarum in sich vereinigen sollen) hätten es versäumt, hier sich einen Zweig am Stamme der litterarum anzugliedern, weil sie, zeitweilig zu fern dem wirklichen Leben stehend, nicht erkannten, was da Neues und Wichtiges am großen Stamm der Wissenschaften sproßte und heranwuchs. Denn ich bin durchaus der Meinung, daß es sehr wohl auch eine Wissenschaft oder Wissenschaften des Ingenieurwesens gibt, die also eigentlich in die Universitas hineingehören.

Indessen findet man noch heute Wissenschaftler der alten Disziplinen genug, die allen Ernstes behaupten, es gäbe keine Wissenschaft oder Wissenschaften des Ingenieurwesens oder, wie es heißt, der „Technik“. Vielleicht haben sie recht, wenn sie wissentlich von Technik sprechen, aber sie haben bestimmt Unrecht, wenn sie Technik sagen und Ingenieurwesen meinen.

Jedenfalls ist es notwendig, dieser Frage einige Betrachtungen zu widmen.

Der hier zutage tretende Zwiespalt der Ansichten beruht letzten Endes auf der Stellungnahme zu der Frage, ob Wissenschaften lediglich der Erkenntnis an sich oder ob sie auch praktischen Zwecken zu dienen haben.

Man kann den Standpunkt der alten „reinen“ Wissenschaftler bis zu einem gewissen Grade verstehen, wenn man von jenem Zwiespalt der Ansichten über „Wissenschaft“ ausgeht, von dem Werner von Siemens in seinen Lebenserinnerungen spricht: Er erzählt von seiner Ernennung zum ordentlichen Mitglied der Berliner Akademie der Wissenschaften und wie er, dem naturwissenschaftliche Forschung seine erste, seine Jugendliebe gewesen und als solche auch standgehalten habe bis ins hohe Alter, daneben immer den Drang gefühlt habe, die naturwissenschaftlichen Errungenschaften dem praktischen Leben nutzbar zu machen.

Das habe er auch in seiner Antrittsrede ausgedrückt, „indem ich den Satz entwickelte, daß die Wissenschaft nicht ihrer selbst wegen bestehe zur Befriedigung des Wissensdranges der beschränkten Anzahl ihrer Bekenner, sondern daß ihre Aufgabe die sei, den Schatz des Wissens und Könnens des Menschengeschlechts zu vergrößern und dasselbe dadurch einer höheren Kulturstufe zuzuführen. „Es war bezeichnend," fährt Siemens in seiner Erzählung fort, „daß Freund Du Bois[1]) in der Beantwortung meiner Rede mich schließlich willkommen hieß ‚im Kreise der Akademie, welche die Wissenschaft nur ihrer selbst wegen betreibe'. In der Tat darf wissenschaftliche Forschung nicht Mittel zum Zweck sein. Gerade der deutsche Gelehrte hat sich von jeher dadurch ausgezeichnet, daß er die Wissenschaft ihrer selbst wegen, zur Befriedigung seines Wissensdranges betreibt und in diesem Sinne habe auch ich mich stets mehr den Gelehrten wie den Technikern beizählen können, da der zu erwartende Nutzen mich nicht oder doch nur in vereinzelten Fällen bei der Wahl meiner wissenschaftlichen Arbeiten geleitet hat."

Der Standpunkt von Du Bois-Reymond und derer, die sich ihn zu eigen machen, ist mir voll verständlich, aber trotzdem ist das Zugeständnis, das W. v. Siemens in seinen angeführten Sätzen diesem Standpunkt macht und der Anschein, daß er sich ihm beugt, bedauerlich und nicht richtig.

Diejenigen, die auf dem Standpunkt von Du Bois-Reymond stehen, nehmen eine zu selbstherrliche Stellung ein und außerdem ist die Deutung, die sie dem Begriff „Wissenschaft" und „wissenschaftlich" geben, — wenigstens meiner Ansicht nach — logisch nicht zu halten. Indessen könnte man sich damit vielleicht noch stillschweigend abfinden. Wichtiger scheint mir aber die Tatsache zu sein, daß bei allgemeiner Einnahme dieses Standpunktes der Aufgabenkreis der Wissenschaften zu eng gefaßt wird und daß dadurch die Gefahr entsteht, daß Zweige der Wissenschaften in ihrer Entwicklung gehemmt werden und verkümmern müssen, die von größter Bedeutung sind. Dadurch entstünden nicht nur Schäden für die Allgemeinheit, sondern das Ansehen der Wissenschaften selbst und aller wissenschaftlichen Arbeit müßte darunter leiden.

Du Bois Reymond und mit ihm viele Wissenschaftler sind der Meinung, daß Wissenschaft nur der „Erkenntnis an sich" zu dienen habe, daß die Wissenschaftler also nur bestrebt sein dürften und sich damit begnügen müßten, etwas zu erkennen und als Tatsachen festzustellen, lediglich um den Schatz der Erkenntnis und des Wissens zu mehren,

---

[1]) Du Bois-Reymond, der als präsidierender Sekretarius Siemens' Antrittsrede beantwortete.

daß sie aber nicht nach dem Nutzen und nicht nach den Folgerungen für das „praktische Leben“ suchen und diese ziehen dürfen.

Hätten sie damit recht, so wäre das für die Frage, ob es Wissenschaften des Ingenieurs gibt, von tiefgreifender Bedeutung.

Denn das ganze Wollen und Streben der Ingenieure ist ja nicht und soll und darf nicht gerichtet sein allein auf das Erkennen, es darf sich nicht begnügen mit der Feststellung von Tatsachen, sondern wir wollen und müssen gerade die Folgerungen ziehen. Wir wollen handeln, Taten tun, Neues und Nützliches schaffen. Wir dürfen uns nicht mit dem Wissen begnügen nur um des Wissens willen. Die Ingenieure und ihre technischen Hochschulen müssen Diener körperlicher Gestaltung sein. Und wenn wir deshalb zehnmal ausgeschlossen wären vom Ruhm der „Wissenschaft“, immer wieder würde ich diese Aufgabe wählen, würde ich freudig rufen: „Des Mannes Ehre ist die Tat!“ Ist es denn nicht ebenso bedeutsam, nach dem rechten Wege für unser Tun und Handeln zu forschen, als Klarheit der reinen Erkenntnis über die Gestirne, über vergangene Weltepochen und vieles andere zu finden?

Hätten jene recht, so gäbe es einerseits „Wissenschaften“, die sich lediglich die Erkenntnis von Tatsachen zur Aufgabe machen, und ihnen stünde andererseits gegenüber das, was man etwa „Praxis“ nennen kann, die lediglich die Folgerung für das tätige und schaffende Leben zu ziehen hätte.

Eine Wissenschaft des praktischen Lebens oder eine Wissenschaft der Tat aber gäbe es nicht und somit auch keine Wissenschaften des Ingenieurwesens. Es sei denn allenfalls als solche bezeichnet unser Wissen um die historische Entwicklung der Technik, die aber eigentlich nur ein Zweig der Geschichtswissenschaft wäre.

Eine Ingenieurfrage vom wissenschaftlichen Standpunkte aus betrachten, hieße dann nur und nichts anderes, als die Ergebnisse der Wissenschaften und dessen, was andere Wissenschaftler erkannt und als Tatsache festgestellt zu haben meinen, nutzbar zu machen.

Das kann und darf aber nicht sein. Damit zöge sich die Wissenschaft selbst Grenzen, die ihr Ansehen schmälern und sie verleiten müßten, wichtige Arbeitsgebiete zu vernachlässigen und deren Beackerung zu unterbinden.

Ich will mich deshalb einmal fragen, ob es das Kennzeichen wahrer Wissenschaft sein kann, daß sie das Wissen nur um seiner selbst willen betriebe.

Glücklich derjenige, der diesem Standpunkt leben kann, ganz seiner Neigung nachgeht und dem nachforscht, was ihm „interessant“ erscheint.

Ich kann nicht sagen, was ihm wissens**wert** erscheint. Denn „wert sein“ ist ja schon ein Nutzen und Zweck. Interessant dagegen nennen wir das, was uns fesselt an sich, uns freut oder in Erstaunen setzt, ohne daß wir zugleich etwas damit anzufangen wissen, es sei denn, daß es uns zu neuem Denken anregt. Ich verstehe jenen Standpunkt durchaus und möchte seine Anhänger ganz und gar nicht missen, erkenne vielmehr ihre Bedeutung voll und ganz an. Wenn aber jemand behauptet, nur diese Wirksamkeit verdiene den Ehrentitel wissenschaftlicher Arbeit, so muß ich als Ingenieur und Wissenschaftler dagegen schärfste Verwahrung einlegen.

Ich denke an folgendes: Es sei jeder, der „Wissenschaft um ihrer selbst willen betreibt“, meinethalben ein „Wissenschaftler“. So ist er doch gewiß, je nachdem, ein solcher verschiedenen Grades. Woran mißt sich nun der Unterschied vom Stümper bis hinauf zur Koryphäe? Jedenfalls doch nicht nur an der Art der Behandlung seines Gegenstandes, sondern auch an dessen Wert.

Was ist ferner überhaupt „Wissenschaft“, die man nur ihrer selbst willen betreiben soll? Nur das Nichtdenken an den Nutzen der Arbeit kann das Kennzeichen wohl nicht sein. Es muß doch auch ein positives Charakteristikum geben. Eine Beschäftigung mit einer Sache, eine Arbeit, ist doch noch keine wissenschaftliche, weil der Betreffende an den Nutzen — sei es der persönliche Vorteil, sei es der allgemeine Nutzen, der Fortschritt — nicht denkt. Wie viele, deren Ruf als Wissenschaftler unbestritten fest- und hochsteht, haben an den Nutzen für die Menschheit, für die praktische Verwertung und oft genug auch für sich selbst gedacht! Und sei es nur, um zu einem höheren Grad der Wissenschaftler, zu höherer Anerkennung emporzusteigen.

Man sieht jedenfalls, daß man mit dieser Deutung der „Wissenschaft“, daß sie nur um ihrer selbst willen da sein und nicht von der Absicht ausgehen dürfe, Nutzen zu schaffen, oder, gröber ausgedrückt, daß sie nicht praktischen Zwecken dienen dürfe, zu allerhand Tüfteleien verführt wird und logisch zu keinem klaren Schluß kommt. Wenn man auch das Wissen nur mehren wollte um der Hebung des Wissensschatzes willen, so ist doch das Wissen selbst schon ein Wert und Nutzen, den man zu schaffen sucht.

Zuzugeben ist ohne weiteres, daß eine Arbeit eine wissenschaftlich unbestreitbar hochwertige sein **kann**, auch wenn sie keinen unmittelbaren praktischen Nutzen stiftet. Jemand kann sogar ein Problem verfolgen und dabei eine wissenschaftlich hochstehende Leistung vollbringen, auch wenn er schließlich zu dem Schluß kommt, daß eine Hypothese, auf welcher sein Denkgebäude fußt, falsch sein muß, weil ihre konsequente Verfolgung zu einem Widerspruch, einem Unsinn führt. Übrigens kann auch diese Arbeit sehr wohl von Nutzen sein, weil sie eine Aufklärung gibt, ja sie kann mit der Absicht unternommen sein, diese negative Aufklärung zu bringen und viele von unnützer Arbeit und falschen Gedankengängen abzuhalten.

Weshalb ist nun aber die eine Arbeit dieser Art wissenschaftlich, eine andere in gleicher Richtung liegende und mit demselben Problem befaßte unwissenschaftlich? Woran messe ich den Grad der Güte? Zum Teil vielleicht an ihren Methoden, an der Geläufigkeit der logischen Deduktionen, an der Darstellung usw., aber das ist mehr oder weniger doch nur Gewand, äußerer Schmuck. Auch wo sie fehlen, kann eine Arbeit höchste wissenschaftliche Beurteilung erfahren.

Was aber nie fehlen darf, ist das: daß die Arbeit zur Klarheit führt. Das, was sie bringt, muß logisch unanfechtbar abgeleitet, gegen alle Einwände geschützt und, soweit die Problemstellung es vorsieht, unanfechtbar und restlos bewiesen sein.

Somit finde ich das Kennzeichen der Wissenschaft darin, daß sie dem Erkennen der Wahrheit dient und die Aufgabe hat, restlos Klarheit zu schaffen. Dieses scheint mir die einzige Definition für „Wissenschaft“ zu sein, die haltbar ist.

Geht man von ihr aus, so gibt es auch Wissenschaften des Ingenieurwesens.

Hierüber Klarheit zu gewinnen, ist deshalb wichtig, weil damit die Daseinsberechtigung und Tätigkeit unserer Hochschulen und der Arbeitsplan und die Arbeitsart (Methode) der Lehrstühle auf das engste zusammenhängen. Nur auf Grund dieser Klärung können sich die technischen Hochschulen und deren Disziplinen zu dem entwickeln, wozu sie bestimmt sind.

Denn die technischen Hochschulen sind doch geschaffen worden, um durch „Wissenschaftlichkeit“ das Ingenieurwesen zu heben und zu fördern. Man muß aber natürlich zu ganz anderen Ergebnissen des Aufbaues und der Betätigung kommen, je nachdem, was man darunter versteht:

entweder, daß der Ingenieur sich nur gründliche Kenntnisse der alten Wissenschaften, wie die Universitäten sie pflegen, aneignen muß,

oder, daß auch seine Betätigung eine eigene wissenschaftliche Pflege und besonderer wissenschaftlicher Methoden bedarf, deren Entwicklung zu eigenen Wissenschaften führt.

Gehen wir also einmal von dieser Begriffsdeutung aus, daß Wissenschaft die Aufgabe hat, möglichst unanfechtbare Klarheit zu schaffen, und daß die „wissenschaftliche“ Behandlung einer Frage heißt: Nicht nach dem Gefühl zu arbeiten, sondern seine Folgerungen zu ziehen aus streng und ernst und restlos erwogenen Zusammenhängen und somit möglichst lückenlos geklärten und erwiesenen Gründen heraus. Dann fragt es sich, worüber ist Klarheit zu schaffen, welches Ziel setzt sich in unserem Falle die so gedeutete Wissenschaft.

Soll nur das Bestehende erkannt, soll lediglich darüber Klarheit geschaffen werden, was ist und was war?

Oder gilt es, auch Klarheit zu schaffen, was werden muß, was und nach welchen Gesichtspunkten, Regeln und Gesetzen wir zu handeln haben, wenn wir Neues schaffen, wenn wir gestalten wollen?

Ich glaube, die Fragestellung schließt die Antwort in sich.

Wir müssen demnach zwei Arten von Wissenschaften unterscheiden.

Die eine klärt Tatsachen und Zustände auf, stellt lediglich Bestehendes fest. Sie braucht sich dabei nicht darum kümmern, ob diese Feststellungen vom Standpunkt des augenblicklichen Standes des praktischen Lebens aus gerade hoch verwertbar ist. Diese Beschränkung würde uns Ingenieure arm machen und vieles würde verlorengehen oder nicht gefunden werden, was von größter Wichtigkeit und Wert ist.

Die andere Art oder Klasse der Wissenschaft aber muß gerade vom entgegengesetzten Pol ausgehen, nämlich vom Bedarf, den jene bewußt außer acht läßt, und den Mitteln und Wegen zu seiner Befriedigung. Nicht von dem, was ist, sondern von dem, was werden soll. Sie gibt nicht Klarheit und Sicherheit des Wissens, sondern des Handelns, nicht Feststellungen, sondern Gesetze des Wirkens.

Hier in diese Klasse fallen die Wissenschaften des Ingenieurwesens.

Ich spreche freilich nicht von einer Wissenschaft der Technik. Technik ist Anwendung von Bekanntem. Die Technik zu beherrschen, kann eine ungeheure Menge von „Wissen" erfordern und ist ohne Frage eine hohe Leistung. Ob es aber eine „Wissenschaft" der Technik gibt, das will ich nicht untersuchen und weder bejahend noch verneinend dazu Stellung nehmen.

Ingenieurwesen dagegen ist, wie schon gesagt, etwas anderes als Technik! Das Ingenieurwesen hat seine eigene Wissenschaft! Diese soll die Klarheit bringen, was zu geschehen hat, was gestaltet werden soll, warum es so und nicht anders gestaltet werden muß, wo die Grenzen des Erreichbaren liegen und wie man das Erreichbare tatsächlich erreichen kann, während das Wissen der Technik uns nur sagt, wie eine Gestaltung sein kann oder einmal war.

Was ist nun die Folgerung, die aus der obigen Feststellung zu ziehen ist? Was hat die Wissenschaft des Ingenieurwesens zu leisten und welche Methoden hat sie anzuwenden?

Um zu der Klarheit der rechten Tat zu kommen, müssen zwar auch Tatbestände festgestellt werden. Das kann geschehen, indem der Ingenieur den „reinen" Wissenschaftlern, die teils nicht an Zukunft und Anwendung denken wollen, teils auch nicht dazu geschaffen, nicht in dieser Richtung befähigt sind, die auftretenden Fragen zur Feststellung der Tatbestände zuweist und die Ergebnisse ihrer Arbeiten verfolgt. Oder es kann geschehen, indem er auch selbst die erforderlichen Feststellungen macht. Tut er dieses, so leistet er zunächst dem Wesen der Arbeit nach noch nichts anderes als die Wissenschaftler der erstgenannten Klasse. Er tritt damit in ihre Reihe. Eine Eigenart seines Wirkens ist in diesem Falle nicht vorhanden.

Eine Eigenart seiner Tätigkeit liegt aber bereits in beschränktem Maße in der Auswertung der Feststellungen, d. h. in der Auswahl der zur Zeit wichtigen Feststellungen und in ihrer Verarbeitung. Diese Tätigkeit kann man freilich auch „angewandte“ Wissenschaft nennen. Das, was jene erforschen und was ihnen Selbstzweck ist, ist hierbei Mittel zum Zweck und Rohstoff oder Werkzeug.

Ein ganz neuartiges Wirkensfeld ergibt sich aber, wenn man auf wissenschaftlichem Wege danach strebt, nach allen Richtungen hinsichtlich ihrer Vertretbarkeit, Gültigkeit und Maßgeblichkeit geklärte Regeln und Gesetze zu finden, die den Maßnahmen der Praktiker schnell und unfehlbar Richtung und Sicherheit geben.

Diese Klärung der Gesetze des Handelns sind der eigentliche Kern der „Ingenieurwissenschaften“.

Diese Tätigkeit stellt nun ganz andere Ansprüche als die reine Erkenntnis.

Man kann sich dabei nicht auf ein enges Gebiet beschränken, sondern muß z. B. gerade auf dem Arbeitsfelde des Städtebaues unendlich viele Einflüsse, Rücksichten und Erkenntnisse aus allen Wissensgebieten in Betracht ziehen und alle physischen, psychischen und ethischen, menschlichen und wirtschaftlichen Konsequenzen ins Auge fassen und wägen.

Durch Wissenschaftlichkeit seiner Arbeitsweise in diesem Sinne unterscheidet sich der Ingenieur vom Techniker.

Dem Techniker ist es lieb, wenn man sagt: Man nehme in diesem Falle dieses, tue in jenem Falle jenes und im anderen Falle etwas anderes. Der Ingenieur, der wissenschaftlich Arbeitende, muß alles verfolgen, im Notfall selbst erforschen, möglicherweise auch durch andere, denen er die Probleme an die Hand gibt, erforschen lassen; er muß jedenfalls aber stets nach Klarheit und Wahrheit streben über das, was für seine Gestaltungsidee grundlegend und förderlich ist und sie beeinflussen kann. Er muß sich stets fragen: Warum wurde es früher so und nicht anders gemacht, warum muß es in Zukunft in dieser oder jener Weise gemacht werden, welche Gesichtspunkte sprechen dafür, welche dagegen? Er darf erst zur Tat schreiten, wenn er beweisen kann, daß seine Planung die richtigste und beste ist, die sich finden läßt.

Dieser Klärung will ich mich also in allen folgenden Ausführungen befleißigen, weil der wissenschaftlich gebildete Ingenieur und die Leser überhaupt, für die dieses Buch bestimmt ist, in der Lage sein müssen, nicht nur Vieles zu kennen und anzuwenden, sondern voll und ganz aus innerer Überzeugung für die Güte und Richtigkeit der Gestaltungslösung einzutreten, die sie vorschlagen, und sie gegen alle Einwände zu verteidigen.

Wenn ich nun sage, ich will die Fragen des Städebaues wissenschaftlich behandeln, so heißt das demnach: Ich will aus dem Bedarf die Form abzuleiten mich bestreben, ich will die Vorzüge und Nachteile der Lösungen in Betracht ziehen, ich will die Bedeutung der maßgebenden Gesichtspunkte werten und Gesetze suchen, nach denen man aus der Erkenntnis der vorliegenden Verhältnisse heraus leicht, schnell und sicher die erweisbare beste Lösung zu finden vermag. Ich will stets die Antwort suchen auf die Frage: Warum muß die Lösung im vorliegenden Fall so und nicht anders sein?

Um diese wissenschaftliche Methode anzuwenden, ist es aber notwendig, scharf zu umreißen, innerhalb welcher Grenzen die einzelnen Maßnahmen des Städtebaues zu betrachten sind, was innerhalb und was außerhalb „städtebaulichen Interesses" liegt und welches das Ziel des Städtebaues ist.

4. Eigenart und Gebiet der bestehenden Fachrichtungen im Ingenieurwesen.

Die einzelnen Funktionen des Gestaltens treten nicht bei jeder Ingenieurtätigkeit mit gleichem Schwergewicht in Erscheinung und ihre Ausübung stellt verschiedenartige Ansprüche an die Einsicht der Ingenieure und liegt auf verschiedenen Denkgebieten. Daraus ergibt sich die Einteilung des Ingenieurwesens in verschiedene Zweiggebiete.

Ich möchte deren drei unterscheiden:

Werkzeug im weitesten Sinn des Wortes bis zu den verwickeltsten Gebilden zu schaffen ist das Gebiet derer, die wir Maschineningenieure nennen.

Ihnen wird oft die Aufgabe durch einen einzelnen Auftraggeber gestellt, oder sie wird sich innerhalb eines Gesamtgetriebes, in dem eine Einzelbildung neuzugestalten ist, klar und eindeutig, gleichsam von selbst, ergeben. Ebensooft aber wird er den Betrieb prüfend beobachten[1]), mindestens aber die Idee des Auftraggebers nachprüfen und zweifelnd durchdenken müssen.

Die zweite Tätigkeit des Gestaltens, die Formausbildung (Konstruktion), wird indessen beim Maschineningenieur sehr oft besonders stark

---

[1]) In dieser Hinsicht stehen den Ingenieuren noch weite Gebiete offen, um ihre Tätigkeit nach der Breite und vor allem auch nach der Höhe oder Vertiefung zu entwickeln: z. B. soll der Maschineningenieur den Betrieb, die Aufgaben der Fortschrittsmöglichkeiten des Ackerbaues eingehend studieren, sich ganz hineinversetzen in das Wesen der Ackerkultur, der Zusammenhänge zwischen den Bearbeitungsweisen des Bodens und dem Pflanzenwuchs und dem Ertrag der Äcker und Wiesen, um danach neue fortschrittliche Verfahren und die Werkzeuge zu ersinnen und auszubilden. Dasselbe gilt von allen anderen Gebieten, auf denen das Ingenieurwesen beteiligt ist.

im Vordergrund seiner Tätigkeit stehen. Bezeichnend für sein Wirken ist aber vor allen Dingen, daß er beim Fassen und der Entwicklung seiner Idee gemeinhin nur mit mechanischen, also unwandelbaren, ewig gleichen Naturgesetzen unterworfenen Kräften und Wirkungen zu rechnen hat. Das gibt seinem Wirken eine feste, mathematisch und mechanisch gesicherte Grundlage. Eigentümlich für seine gestaltende Betätigung ist ferner, daß er jeweils sein Augenmerk auf einen einzigen, verhältnismäßig kleinen und einem einzigen ganz bestimmten Zwecke dienenden Gegenstand beschränken kann. Mag ein Werkzeug, eine Maschine auch noch so verwickelt, noch so peinlich ausgebildet werden müssen, die Aufgabe ist klar und begrenzt.

In den Gesamtbegriff der Ingenieure gehören auch die Architekten. Man stellt zwar vielfach „Ingenieur" und „Architekt" geradezu in Gegensatz zueinander, meint aber damit den Gegensatz zum Maschineningenieur und Bauingenieur.

„Ingenieur" ist auch der Architekt. Denn auch er gestaltet.

Seine gestaltende Tätigkeit und ihre Anforderungen sind einesteils denen des Maschineningenieurs ähnlich, andererseits genau entgegengesetzt. Gleich insofern, als er Einzelwerke schafft, einzelne Gebäude für Mensch, Betrieb, Wirtschaft. Seine Überlegungen beschränken sich also ebenfalls auf einen räumlich verhältnismäßig engbegrenzten Gegenstand und auf ein eindeutig klar feststellbares Bedürfnis. Denn es ist ein bestimmter Auftraggeber, für den er gestaltet, sei es eine Person oder ein Betrieb oder ein Unternehmer. Es greifen nicht viele Belange ineinander und streiten miteinander.

Darin aber andererseits ist die Grundlage seines Gestaltens derjenigen des Maschineningenieurs, die man auch die mechanische Fachrichtung nennt, geradezu entgegengesetzt, als er die Form und Lösung der Aufgabe nicht mathematisch entwickeln und ihre Zweckmäßigkeit nicht mathematisch — immer natürlich mit Ausnahme der Kosten — beweisen kann. Allenfalls kann er die Hilfswissenschaft der Statik benutzen, um die Standsicherheit und Haltbarkeit seiner Konstruktion nachzuweisen. Das gibt ihm eine gewisse Grundlage, und aus neuen statischen Möglichkeiten erhält er neue Anregungen zur Gestaltung neuer Formen und einer neuen reicheren oder anderen Ausdrucksweise in seiner Formensprache. Die statischen Berechnungen beeinflussen wohl auch seine Pläne. Aber die Berechnung ist bei seinen Gestaltungen nicht das Wesentliche. Ausschlaggebend für die Formgebung sind bei ihm allgemeine Überlegungen und das Gefühl oder Empfinden. Ziel der Gestaltungstätigkeit ist beim Architekten ausgesprochenermaßen die Schönheit. Unwin sagt: „Der Architekt habe das, was gemacht werden muß, schön zu machen." Der Zweck soll also auch erfüllt sein, vor allem aber will der Architekt für die Schönheit sorgen. Künstlerische

Gestaltung, Zweck und Gedanken in Formen zum Ausdruck zu bringen, das ist Erziehungs- und Wirkensziel der Architekten.

Man sagt wohl, das widerspreche dem Wort Sempers: „Die Baukunst kennt nur einen Herrn, das Bedürfnis!" Aber ist Schönheit nicht auch ein Bedürfnis? Ist es nicht hocherfreulich, daß man sie pflegt und sollen wir nicht froh sein über die großen Fortschritte, die unsere Architekten in dieser Richtung gemacht, über die hervorragenden Werke, die sie in neuerer Zeit wieder geschaffen haben, die sich alten Meisterwerken an die Seite stellen lassen, an denen sich jedermann erfreut?

Freilich gibt es wichtige Aufgaben, die dabei ungelöst bleiben, wenn der Architekt bei den Bauten, an welchen er mitwirkt, sich auf die Pflege der Schönheit und Ausdrucksform beschränkt.

Man macht vielerseits und gern die Architekten dafür verantwortlich und wirft ihnen vor, daß sie sich mit anderen sogenannten praktischen Fragen, die mit der Gestaltung der Gebäude in mehr oder weniger engem Zusammenhang stehen, nicht genügend befassen. Dabei geht man von der rein äußerlichen Einteilung aus, nach der der Architekt Gebäude, sogenannte Hochbauten, der Bauingenieur dagegen „Tiefbauten" zu schaffen hat, nämlich Verkehrsanlagen, Straßen, Eisenbahnen, Wasserwege, Brücken usw. Abgesehen davon, daß nicht erkennbar ist, weshalb z. B. Brücken „Tief"-Bauten sind, und daß der Bauingenieur mehr und mehr auch bei Hochbauten mitwirken muß, liegt in dieser Einteilung der Fehler, daß sie, wie schon gesagt, ganz äußerlich ist und nicht vom Wesen der Sache und den Ansprüchen ausgeht, die die Gestaltungstätigkeit auf den verschiedenen Gebieten an die Vorbildung und geistige Einstellung des Gestaltenden stellt. Wenn man vom Wesen der Sache ausgeht, so ergibt sich eben, daß dem reinen Architekten im allgemeinen das rein Praktische, die reine aus dem harten Alltagsleben und Daseinskampf sich ergebende Zweckmäßigkeit und das scharfe Beobachten und trockene Denken, das hierzu notwendig ist, nicht liegt und nicht liegen kann, weil bei ihm das Empfinden eine zu große Rolle spielt.

Ebensogut und teilweise mit mehr Recht kann man den Bauingenieuren den Vorwurf machen, daß sie sich diesen Aufgaben nicht genügend annehmen. Denn man kann nicht leugnen, daß sie deren Gedankenkreis mehr nahestehen als dem der Architekten.

Wenn man diese Aufgaben erfüllt sehen will, erkennt man, daß hier in den bestehenden Fachgruppen des Ingenieurwesens eine Lücke klafft. Aber diese soll man nicht ausfüllen, indem man den Architekten von seinem jetzigen und mit steigendem Erfolg verfolgten Ziel abzieht, sondern indem man eine neue weitere Fachgruppe, die der Siedlungsingenieure schafft, die gleichzeitig ein Bindeglied zwischen den Architekten und Bauingenieuren bildet. Damit stellt man die Brücke zwischen diesen beiden Fachgebieten wieder her, die einstmals eine Einheit waren und heute in nahezu feindlichem Gegensatz zueinander zu stehen scheinen.

Im Bauingenieurwesen möchte ich zwei Untergruppen unterscheiden:

Die erste befaßt sich auch mit einzelnen Bauwerken, wie der Maschineningenieur und Architekt. In diesem Falle kann sich auch der Bauingenieur jeweils auf einen räumlich begrenzten Baugegenstand beschränken. Auch dessen Zweck und die an seine Gestaltung zu stellenden Ansprüche liegen klar und eindeutig fest. Es sind, wie Brücken, Hallen, Schleusen usw., zumeist Glieder einer größeren umfangreichen Bauanlage, und die Anforderungen, die an sie gestellt werden, sind durch ihren Zweck innerhalb dieser größeren zusammenhängenden Anlage bestimmt gegeben. Maße und Form lassen sich berechnen und deren richtige Wahl mathematisch beweisen. Und zwar handelt es sich zum Unterschied von Maschineningenieuren meist um Berechnung der Standsicherheit ruhender Massen, nicht um bewegliche Teile. Die richtigen Abmessungen auf rechnerischem Wege aus den Eigenschaften des Baustoffes zu ermitteln und nicht mehr auf Versuche und reine Erfahrung angewiesen zu sein, aus der Bestimmung der Bauwerkes Maße und Anordnung des Baues zu entwickeln, ist das Wesen dieser Untergruppe des Bauingenieurwesens. Er rechnet dabei wie der Maschineningenieur mit Kräften und Massen, mit mechanischen Ursachen und Wirkungen, die durch unwandelbare Naturgesetze festliegen, nicht mit individualistischen Einflüssen.

Wenn auch diese Gruppe unter den Bauingenieuren durch ihre zahlenmäßige Verbreitung besonders hervortritt, so möchte ich für die künftige Entwicklung des Bauingenieurwesens doch der anderen mehr Bedeutung zusprechen.

Dieser zweiten Gruppe fällt die Aufgabe zu, in großen Zügen eben jene umfassenden Gesamtanlagen zu gestalten, von denen die Einzelbauwerke ein Teil sind, die die erste Gruppe dann in den Einzelheiten durchkonstruiert und durchrechnet. Diese zweite Gruppe überspannt die Erdrinde mit Wegen, Kanal- und Bahnnetzen, überspringt Täler, durchbricht Bergrücken, bändigt die Gewalt der Ströme und des Meeres und zwingt deren Kräfte in ihren Dienst.

Diese Ingenieure haben sich nicht einzelnen Auftraggebern und Betrieben anzupassen, sondern sie dienen der ganzen Menschheit und der Wirtschaft und dem Schaffen und Wirken vieler Berufe und ganzer Völker. Daraus entsteht eine höchst verwickelte Aufgabe, um die Kräfte, die man erfassen und die Wirkungen, die man erzielen will, richtig einzuschätzen. Auch wird die Verwirklichung sich oft über lange Zeiträume hin erstrecken. Man muß in einzelnen Entwicklungsstufen und von grundlegenden Anfängen bis zum dereinstigen endgültigen Ausbau stets vorsorgend das Endwerk im Auge behalten. Um hierbei seine Gestaltungsentwürfe jeweils im Rahmen des Erreichbaren zu halten, muß der Ingenieur nicht nur die Bau-, sondern auch die Verwaltungstechnik in ihrer derzeitigen und steigerungsfähigen Leistungsfähigkeit erkennen. Er muß ferner imstande sein, die Menschen und die Wirtschaft in ihren oft nicht wägbaren Trieb- und Hemmungskräften genau abzuschätzen, um sich die notwendigen Handhaben und Hilfsmittel für die Ausführung seines Werkes zu sichern.

Zu dieser Wirksamkeit gehört ein Prüfen vieler Möglichkeiten, ein Abwägen zahlloser Belange und Bedürfnisse, Kräfte und Hemmnisse, die sich nicht aus stofflichen und mechanischen Verhältnissen heraus, sondern aus menschlichen und wirtschaftlichen Zuständen und Eigentümlichkeiten ergeben. Das läßt sich nur teilweise mathematisch genau ergründen und beweisen, vieles andere muß man fühlen und empfinden, und dazu muß man außer der Leistungsfähigkeit der Technik das gesamte menschliche und wirtschaftliche Leben überblicken und beherrschen.

Um diese Tätigkeit auszuüben, in der sich der Ingenieur am weitesten über den reinen „Techniker" erhebt, muß man gleich erfahren in Technik, Menschentum, Wirtschaft und Verwaltungswesen sein.

Alle drei Richtungen der Gestaltungstätigkeit kommen zudem hier zu höchster Auswirkung und stellen die höchsten Ansprüche.

Dieser Gruppe der Ingenieure steht der Siedlungsingenieur (mindestens auf dem Gebiet des Städtebaues) am nächsten.

Keine der Untergruppen, in die das Ingenieurwesen bislang geteilt wurde, deckt sich aber mit der der Siedlungsingenieure. Diese Lücke kann nur durch Ausbildung einer neuen Fachgruppe geschlossen werden. Diese Siedlungsingenieure können sich nicht auf mechanische, betriebliche und finanziell wirtschaftliche Belange beschränken, sondern sie müssen ihr Wirken auf die persönlichen Bedürfnisse der Menschen einstellen, und darin liegt für die Bauingenieure eine neue und von seinem sonstigen Wirken grundlegend andere Aufgabe. Sie dürfen sich andererseits nicht begnügen mit der Pflege der Schönheit und der Verkörperung von Zweck und Gedanken in Formensprache, sondern müssen die harten, nüchternen alltäglichen Bedürfnisse des menschlichen Lebens durch Gestaltungen nach dem Bedarf befriedigen unter Berücksichtigung der Forderungen der Betriebe aller Art, in erster Linie aber zur unmittelbaren Förderung der Menschen selbst. Daraus entstehen Ansprüche an das scharfe Beobachten, Denken und Konstruieren und auf dem Gebiet der Stadtgestaltung an die Fähigkeit zur Meisterung von Sammelaufgaben, zu deren Bewältigung der aus der Architektur hervorgehende Ingenieur sein Denken auf eine ganz andere Grundlage einstellen muß. In dieser Richtung liegt wieder das Gebiet den Bauingenieuren näher.

Aus beiden Gruppen können die Siedlungsingenieure hervorgehen, aus beiden Fachrichtungen können sie wertvolle Vorbildung und Unterlagen für ihr Wirken entnehmen, mit beiden sind sie verwandt. Aber von beiden sind sie so wesentlich verschieden, daß sie sich von ihnen trennen und in eigener Entwicklung einen neuen Zweig an dem gemeinsamen Mutterstamm des Ingenieurwesens bilden müssen.

5. Begriff und Aufgaben des Siedlungswesens im Allgemeinen als Ingenieurfach.

Aus der Fülle der Aufgaben und Möglichkeiten, die sich als Betätigungsfeld für die Ingenieure bei der Gestaltung der körperlichen Welt bieten, will ich nun das Zweiggebiet näher ins Auge fassen, das ich als das der **Siedlungsingenieure** bezeichne. Es ist dieses ein Gebiet, das bislang noch kaum jemals in zusammenfassender Weise und in seinen inneren Zusammenhängen geschildert worden ist. Es wäre lohnend, es einmal in seinem gesamten Umfang eingehend zu behandeln, die einzelnen Fragen zu betrachten, die zu lösen sind und die inneren Zusammenhänge und wechselseitigen Beeinflussungen klarzustellen, durch welche die Lösung einzelner Fragen von denen anderer abhängt. Hier soll zunächst nur ein Überblick über dieses Gebiet und seine Aufgaben gegeben werden, um dann nach einer Richtung, der des „Städtebaues", tiefer in dasselbe einzudringen.

Der Siedlungsingenieur will die Aufgaben verfolgen, welche sich bei der Gestaltung der Siedlungen ergeben, also derjenigen körperlichen Gebilde, die der seßhafte Mensch im Gegensatz zum Nomaden an der Stätte braucht, wo er sich festgesetzt hat, von wo er in seinem Leben und Wirken ausgeht und wohin er immer wieder zurückkehrt in seinem ganzen Sein, also wo er „wurzelt". Es sind also zunächst Räume und Häuser, deren Gestaltung ihn beschäftigt, weiter aber einerseits deren Einrichtung und Ausstattung mit den zur Lebensführung notwendigen Gegenständen und Anlagen und andererseits deren nähere Umgebung, soweit deren Gestaltung den Lebenswert der Siedlungsstätte erhöht. Sodann hat man zu denken an die Zusammenfassung der Gebäude zu Gehöften und Dörfern und endlich zu den Gebilden höherer Ordnung, die man als „Städte" bezeichnet.

Alle hierin enthaltenen Einzelfragen schließen sich zu einem besonderen Zweiggebiet des Ingenieurwesens zusammen durch die Gemeinsamkeit des Zieles, das bei ihrer Lösung zu verfolgen ist, und dadurch, daß bei ihrer Lösung von den gleichen Gesichtspunkten ausgegangen werden muß. Diese möchte ich kurz zusammenfassend so kennzeichnen, daß es auf allen Zweiggebieten des Siedlungswesens gilt, den Menschen mit den für diese Zwecke verfügbaren Mitteln möglichst viel Erleichterung und Förderung in ihrem Dasein, in ihrem körperlichen Wohlbefinden, ihrem psychischen, also geistigen und seelischen Behagen und in ihrer Wirtschaftsführung zu verschaffen, um sie auf diese Weise in ihrer Leistungsfähigkeit und ihrem Lebensglück zu steigern.

In ganz besonderem Maße gilt hier der Leitsatz:

ἄνθρωπος μετρον παντῶν!

„der Mensch ist das Maß aller Dinge". D. h. an dem Grade, in welchem die Menschen selbst gefördert werden, finden wir den Maßstab für den Wert der geschaffenen Leistung.

Die ganz besondere Geltung dieses Wortes liegt in diesem Falle darin, daß das Wirken der Siedlungsingenieure sich die unmittelbare Förderung und Ertüchtigung der Menschen selbst zum Ziel setzt.

Es gilt die Bedürfnisse des Menschen als Mensch im Rahmen und gegenüber den Anforderungen des täglichen Lebens und der Arbeitsbetriebe aller Art zur Geltung zu bringen. Hier liegt der springende Punkt, der das Siedlungswesen zu einem eigenen Gebiet innerhalb des Ingenieurwesens stempelt, es durch eine ganz klare Scheidelinie abzugrenzen gestattet. Hier liegt auch der Grund, weshalb das Siedlungswesen für sich gesondert betrachtet werden muß; weil andere Zwecke verfolgt werden, sind andere Vorkenntnisse erforderlich. Man muß andere Gedankengänge anwenden, als man es sonst im Ingenieurwesen gewohnt ist.

Wenn andere Ingenieure Werkzeuge und Maschinen gestalten oder etwa günstige Vorbedingungen und Anlagen für die Rohstoff- und Nahrungsgewinnung schaffen oder die Wasserkräfte und sonstigen Naturkräfte zügeln und ausnutzen oder für gute Verkehrsverbindungen sorgen, so geben sie alle damit der Menschheit nur Hilfsmittel an die Hand, die sie befähigen, die ihnen ohnehin innewohnende, von Natur gegebene Arbeitskraft möglichst vorteilhaft zu betätigen und mit möglichst hohem Nutzerfolg zur Wirkung kommen zu lassen, ohne aber diese Arbeitskraft selbst in ihrer eigenen Größe zu heben oder zu wandeln. Die Menschen erhalten durch jene Anlagen mehr oder weniger vorteilhafte Gelegenheit, sich auszuwirken, werden aber in ihrem eigenen Wesen und ihrer Kraft nur verhältnismäßig wenig beeinflußt.

Mag diese Fürsorge für die Schaffung vortrefflicher Werkzeuge, Verkehrsmittel usw. noch so wichtig für die Menschheit sein, so wird sie doch fraglos an Bedeutung überragt durch alle Maßnahmen, die die eigene, innere Kraft und Leistungsfähigkeit in den Menschen zu steigern und nicht nur deren Anwendung zu begünstigen vermag. Die besten Hilfsmittel vermögen die Mängel in der Volkskraft selbst auf die Dauer nicht zu ersetzen. Starke, körperlich, geistig und sittlich gesunde und produktive Menschen werden sich stets ihre Hilfsmittel alsbald erzeugen und damit überragende Leistungen zu vollbringen vermögen. Deshalb erfüllt der Ingenieur, der auf den Menschen selbst einzuwirken vermag, seine Kulturaufgabe am unmittelbarsten.

Daß aber auch dieses geschehe, daß also durch Pflege der Menschen selbst ihre Leistungs**fähigkeit** an sich gesteigert und die ihnen innewohnende Kraft vermehrt werde, ist das Ziel, das zu verfolgen sich der Siedlungsingenieur zu seiner besonderen Aufgabe macht. Darin liegt das Kennzeichen seines Wirkens und daraus ergibt sich die Leitlinie für sein Wirken.

Um die Gesichtspunkte, von denen der Siedlungsingenieur ausgehen muß, klar zu kennzeichnen, möchte ich sie in Vergleich setzen mit den Forderungen, denen die Ingenieure Rechnung zu tragen haben, die ich mangels eines besseren Ausdrucks im Verlauf dieser Auseinandersetzung als „Werkingenieure" bezeichnen will, weil sie von den Erfordernissen der Betriebe und der Werktätigkeit ausgehen. Diese wollen Werkzeuge, Maschinen und alle möglichen Gesamtanlagen einschließlich der zugehörigen Gebäude so gestalten, daß sie dem Arbeitsbetriebe möglichst gut dienen, an sich billig sind, billig arbeiten und gute, aber wohlfeile Erzeugnisse liefern. Ihre Güte wird am finanziellen Erfolg gemessen. Auf die Menschen selbst nehmen sie dabei nur insoweit Rücksicht, daß dieselben bei ihrer Arbeit keine Schädigung erleiden und bei der Leitung und Bedienung des Betriebes vorteilhaft arbeiten können. Die Vorteile des **Werkes** stehen für sie an erster Stelle; die Vorteile der Menschen selbst und an sich fördern sie allenfalls dadurch, daß sie günstige Vorbedingungen schaffen, um deren Einnahmen zu erhöhen. Im übrigen aber wahren sie deren persönliche Vorteile erst in zweiter Linie und nur soweit, daß sie ihnen die Möglichkeit schaffen, mit den ihnen innewohnenden Kräften eine möglichst große Arbeitsleistung zu vollbringen. Zum mindesten ziehen sie die Rücksicht auf die Menschen nur während ihrer Tätigkeit im Betriebe in Betracht, alles andere liegt außerhalb ihres Bereiches.

Umgekehrt **geht** der Siedlungsingenieur von der Rücksichtnahme auf den Menschen als erster und wichtigster Grundlage **aus** und wahrt die Vorteile der Betriebe in nachgeordneter Stellung, indem er deren Wahrnehmung im besonderen dem Werkingenieur überläßt. Er will für den Menschen vor allem in seinem Privatdasein günstige Verhältnisse schaffen, ihn dadurch gesünder, regsamer, tüchtiger machen und, soweit er seine Tätigkeit in Beruf und Betrieb in Rechnung stellen muß, dafür sorgen, daß diese ihn möglichst wenig beschwert und angreift.

Oft werden beide bei der Gestaltung desselben Bauwerks mitzuwirken haben. Aber sie haben dabei verschiedene Interessen wahrzunehmen. Bei der Anlage eines landwirtschaftlichen Gehöftes z. B. wird der „Werkingenieur" davon ausgehen, daß die Stallungen und Scheuern an geeigneter Stelle stehen, mit Rücksicht darauf, daß das von der Weide heimkehrende Vieh leicht den Eingang findet, und leicht und selbstverständlich den Weg aus dem Stall zur Weide, daß der Erntewagen gut und bequem in die Scheune gelangen, daß die Stallungen für das Vieh und die Scheuern zum Dreschen gut eingerichtet sind usw. Ebenso bei städtischen Bauten, daß z. B. eine Markthalle oder ein Fabrikgebäude eine gute Zufahrt hat, zweckmäßige Raummaße und Einrichtung aufweist u. dgl. Der Erfolg seiner Leistung ist dabei stets an der Einträglichkeit nachweisbar, ist ein finanzieller.

Der Siedlungsingenieur mißachtet die Bedeutung dieser Fragen nicht im mindesten. Aber sie sind nicht dasjenige, wovon er ausgeht und was ihn in erster Linie fesselt. Sondern er sagt sich: Die Betriebe sind notwendig, um dem Menschen die Mittel für seinen Lebensunterhalt zu gewähren, um ihm genügende Geldmittel zu schaffen für eine möglichst hochstehende Daseinsführung. Aber das ist nicht das Alleinige und Wichtigste, wofür gesorgt werden muß. Er will vielmehr vor allem dafür sorgen, daß der Mensch mit den verfügbaren Mitteln auch tatsächlich eine möglichst hochstehende Lebensführung treiben kann, die ihn als Menschen möglichst tüchtig und vollkommen macht. Die Scheuer, die Stallung, die Markthalle, das Fabrikgebäude wird er dorthin stellen, wo sie auch für den Betrieb günstig stehen. Aber gegenüber der einseitigen Betonung dieses Gesichtspunktes wird er verlangen, daß die Menschen sie leicht und bequem erreichen können, wenn sie von ihrer Wohnstätte zur Arbeit gehen und umgekehrt, und er wird sie so ausbilden, daß sie die Menschen in ihrem privaten Dasein nicht stören und belästigen, sondern sich so den allgemeinen Daseinsaufgaben einordnen und anschmiegen, daß sie mindestens nicht schädigend, möglichst sogar auch dort förderlich wirken. Allein schon deshalb, weil diese beiden Forderungen — besonders bei großen Gestaltungsaufgaben, wie sie z. B. in der Gestaltung ganzer Städte zu lösen sind — vielfach miteinander streiten, muß eine besondere Gruppe von Ingenieuren gegenüber dem Betriebs- und Werkinteresse das menschliche Lebensinteresse wahrnehmen, muß wenigstens eine wissenschaftliche Fachdisziplin die daraus sich ergebenden Forderungen klarstellen.

Vor allem aber stellt das Siedlungswesen ein besonderes Ingenieurfach dar, weil außerhalb des Bereichs der Werke und Betriebe weitere Gestaltungsaufgaben höchster Bedeutung der Behandlung harren, die darin bestehen, den Menschen in ihrem häuslichen (bürgerlichen) Dasein günstige Verhältnisse zu schaffen. Der Erfolg dieser Tätigkeit zeigt sich nicht unmittelbar in Mark und Pfennig, sondern in menschlicher Gesundheit, Wohlbefinden, Leistungsfähigkeit, Ertüchtigung, überhaupt in der kulturellen Hebung der Menschen an sich. Der Mensch in seiner Brauchbarkeit und Vollkommenheit ist das Ziel und der Maßstab für die vollbrachte Leistung.

Es fragt sich nun, wozu und in welcher Weise muß nun der Ingenieur die für Gestaltungsaufgaben auf seinem Wirkensgebiet verfügbaren Mittel verwenden, um damit in möglichst weitgehendem Maße für die Menschen in ihrem Dasein und für die Befriedigung der daraus sich ergebenden Forderungen zu sorgen?

Erschöpft sich seine Aufgabe darin, die Siedlungsstätten „schön“ zu machen?

Gewiß soll und muß die Schönheit seiner Werke in ganz besonderem Maße gewahrt werden. Denn eine schöne Umgebung ist für das Wohlbefinden und die geistige und ethische Hebung des Menschen von sehr großer Bedeutung. Aber sie darf nicht als einseitig vorherrschendes Ziel des Wirkens allzusehr betont werden, wie es von seiten mancher übertrieben ästhetisch gerichteter Architekten geschieht. Die Verhältnisse liegen in diesem Falle doch wesentlich anders, wie bei den Kunstwerken, die die freien Künste schaffen und die nur dazu da sind, um schön zu sein. Der Siedlungsingenieur wird vielmehr die „Schönheit“ nur soweit verfolgen dürfen und darf seinen Aufwand an Arbeit und Mitteln für die Pflege der Schönheit nur soweit treiben, als es ihrer Bedeutung für die Menschen entspricht und als nicht andere, bedeutsamere oder gleich bedeutsame Forderungen dadurch in den Hintergrund gedrängt werden.

Begriff und Wesen der „Schönheit“ werden vielfach sehr verschieden und oft in einer Weise aufgefaßt, die von den nicht künstlerisch tätigen Kreisen und auch von den hervorragendsten Baukünstlern selbst scharf abgelehnt werden. Darauf kann an dieser Stelle nicht näher eingegangen werden. Gerade als ich diesen Abschnitt überarbeitete, fiel mir das Buch Fritz Schumachers, „Grundlagen der Baukunst“ in die Hände, dessen Lektüre ich nicht warm genug allen Siedlungsingenieuren, auch wenn sie nicht Architekten sind, empfehlen kann. Was Schumacher über Kunst und Pflege der Schönheit sagt, kann auch jeder Nichtarchitekt voll und ganz unterschreiben. Sehr bedeutsam ist auch dasjenige, was er über die Wechselwirkung zwischen den sozialen und wirtschaftlichen Forderungen und der Kunst gelegentlich mehr andeutet als im einzelnen eingehend ausführt.

Unter anderem wünscht Schumacher, daß der „äußerliche Aufputz zu Boden fallen“ möge und stellt dem das Ideal gegenüber: „statt des bunten Marktes willkürlich launenhafter Erzeugnisse soll die strenge Selbstverständlichkeit innerer Notwendigkeit herrschen“. Ferner kennzeichnet er die Aufgabe der Schönheitspflege so: „Während praktische Absichten den Grundzug dessen festlegen, womit man zu wirken hat, gilt es, die künstlerischen Wirkungen derart zu entwickeln, daß praktischer Zweck und künstlerische Absicht das gleiche werden.“ Schumacher sagt hier mit anderen Worten dasselbe, was ebenfalls der hervorragende englische Architekt und Städtebauer Unwin in die kürzeren Worte kleidet: „Kunst heißt das, was gemacht werden muß, schön machen."

Es sind dieses Anschauungen und Wahrheiten, die den besten abgeklärten Architekten zur Selbstverständlichkeit geworden sein mögen, die aber beide Autoren vielen ihrer Fachgenossen nachdrücklich ans Herz zu legen nicht für unnötig erachten. Denen aber, die nicht Architekten sind, sagen die Worte erstens, daß Siedlungswesen und Städtebau nicht lediglich eine Frage ist, bei der es sich darum dreht, Bauten und Anlagen zu verschönern, also keine rein äußerlich ästhetische Frage, sondern erst gilt es zu finden, „was gemacht werden muß". Erst die innere Notwendigkeit ermitteln und ihr Genüge leisten, also eine Gestaltungsaufgabe, die durchaus nicht allein in das Gebiet des einseitigen „Architekten" fällt. Zweitens aber und andererseits muß man den Nichtarchitekten gegenüber nachdrücklich betonen, daß allerdings auch die Schönheit zur Vollkommenheit des Werkes gehört, daß es gilt, das, was gemacht werden muß, nun auch schön zu machen.

In dieser Hinsicht kann auch derjenige, der nicht Architekt von Beruf ist, sehr wohl wirken. Gerade Schumacher betont in dem genannten Buch, daß es dazu nicht notwendig ist, ein guter Zeichner oder gar Bildhauer zu sein. Man wird sich nur darüber klar werden müssen, was schön und was unschön ist, um die geeigneten Hilfskräfte heranzuziehen und in die rechte Bahn leiten zu können.

Man sieht also zunächst, daß als Leitgedanke bei der Gestaltung der Siedlung die Schönheit nicht der Ausgangspunkt, sondern der Schlußstein ist. Sie ist unentbehrlich, um möglichst Vollkommenes zu erreichen. Aber sie ist nicht als primäre, sondern als sekundäre Forderung der Folge nach und der Wichtigkeit nach so zu betonen und es sind ihr soviel Opfer zu bringen, als die Schönheit der Gestaltung für die Inhaber der Siedlung von förderndem Einfluß ist. Hierüber wird in einem besonderen Abschnitt noch näher zu reden sein.

Hier bemerke ich dazu nur folgendes:

Die Pflege der Schönheit in den Siedlungsstätten stellt besondere Anforderungen an den Ingenieur insofern, als sie einerseits wegen ihrer Wichtigkeit für das menschliche Gedeihen weitgehend erstrebt, andererseits aber in der weitaus überragenden Fülle der Fälle erreicht werden muß, ohne besonderen Aufwand zu erfordern.

Die primäre Forderung ist und bleibt die Erfüllung des praktischen Zweckes. Erst gilt es, das zu machen, was gemacht muß, das zu schaffen, was die Menschen brauchen, für die die Siedlung bestimmt ist.

Nun liegen die Verhältnisse im allgemeinen so, daß an finanziellen Mitteln nicht so viel vorhanden ist, um eben dieses notwendige Maß des Erforderlichen zu schaffen. Ich unterscheide im Siedlungswesen und den darin zu wählenden technischen Mitteln scharf zwischen den zwei Fällen, daß

a) nicht genügend Einkommen und Geldvermögen vorhanden ist, um das Notwendigste an Raum und dessen Ausstattung zu erhalten, welches die Menschen für ihr Gedeihen brauchen, um ihre Leistungsfähigkeit zu bester Entwicklung zu bringen. In allen diesen Fällen muß alles an vorhandenen Mitteln erst einmal aufgewandt werden, um ein Mehr an Raum und Ausstattung zu schaffen, die Pflege der Schönheit aber darf nichts kosten, sie muß ohne jeden besonderen Aufwand erreicht werden. Das ist auch möglich.

b) Demgegenüber sind die Fälle leider sehr selten, wo ein gewisser Überschuß an Mitteln zur Verfügung steht, um über den scharf abgewogenen Bedarf hinaus für die Verschönerung besondere Aufwendungen zu machen. Hier mag der Künstler das verfügbare Geld in Anspruch nehmen, hier darf er nicht nur besondere Mittel für die Verschönerung anwenden, hier soll er es sogar tun und zwar möglichst so, daß das, was er damit schafft, außer dem Siedlungsinhaber selbst auch weiteren Kreisen und der Allgemeinheit zugute kommt. Hierin liegt der Grund für die soziale Berechtigung besonderer Pflege des Schönen an privaten und öffentlichen Bauten, die mit einer gewissen Außerachtlassung der Sparsamkeit hergestellt werden können.

Gerade auf dem Teilgebiet des Siedlungswesens, das man als „Städtebau" bezeichnet und dem meine späteren Ausführungen im besonderen gewidmet sind, muß man vor allem die großen sozialen und wirtschaftlichen Wirkungen ins Auge fassen und ihnen in erster Linie gerecht zu werden suchen. In diesem Zusammenhange möge man stets das Wort von Benjamin Marsch beherzigen: „Eine Stadt ist nicht gesünder, als die höchste Sterblichkeitsziffer in irgendeinem Viertel oder Häuserblock anzeigt, und eine Stadt ist nicht schöner, als ihre häßlichste Mietskaserne. Die Hinterhöfe einer Stadt und nicht ihre Schmuckplätze sind der wahre Maßstab ihres Wertes und ihrer Kraft."

Deshalb hat man im gesamten Siedlungswesen seine Aufgabe zunächst darin zu suchen, den Menschen das zu bieten, was sie zu ihrer Gesundheit und Tüchtigkeit brauchen und dieses dann möglichst vollkommen, also auch so schön als möglich zu gestalten.

Nochmals soll betont werden, daß die Schönheit nicht die Grundlage, sondern der Schlußstein der Gestaltungstätigkeit der Siedlungsingenieure ist. Sie kann nur aufbauen auf dem, „was gemacht werden muß". Dann tritt an die Stelle des willkürlichen Spiels der Gestaltungen die klare Selbstverständlichkeit, die Schumacher verlangt. Dieses Schaffen dessen, was geschaffen werden muß, ist die Hauptaufgabe des Siedlungswesens als Ingenieurfach.

6. Aufgaben bei Gestaltung der Einzelsiedlung.

Wenn man die Aufgaben betrachtet, die der Ingenieur bei der Gestaltung der Siedlungsstätten zum Zweck der Förderung menschlichen Gedeihens zu lösen hat, so muß man zwei Gebiete unterscheiden: Das eine umfaßt die Einzelsiedlung nebst allem Zubehör, das andere die Gesamtkörper, die Siedlungsorganismen, zu welchen die Einzelsiedlungen zusammengewachsen sind, d. h. in siedlungstechnischem Sinn gesprochen: die „Städte" in ihrer Gesamtordnung.

Ich will zunächst die Einzelsiedlungen und die bei ihrer Gestaltung sich ergebenden Probleme ins Auge fassen. Es handelt sich hier also um das Haus und Grundstück oder die mit den Nebengebäuden zu einem Gehöft zusammengeschlossene Gruppe von Gebäuden, die ein Mensch oder die eine Gemeinschaft von Menschen bildende Familie in ihrem Besitz hat und in verwickelteren Verhältnissen um das Haus und Grundstück, in dessen Besitz sich mehrere Familien nebeneinander, aber nicht in Gemeinschaft miteinander teilen.

Die Siedlung bildet die Stätte und Grundlage ihrer Lebensführung. My house is my castle! d. h.: Mein Haus ist mein Reich! Hier ist für die meisten Menschen der einzige Platz und die einzige Gelegenheit, wo jeder Mensch nach seinem Willen und Wünschen schalten und walten kann, wo er sich sein Dasein so formen kann, wie es ihm beliebt, wo er so wenig als möglich abhängig ist vom allgemeinen Getriebe, wo er nicht als Glied einer Organisation, eines Betriebes, einer sozialen Gemeinschaft, sondern als Individuum lebt, wo er einmal allein Herr ist und wo er sich sein Leben nach seinem Begehr einrichten kann. Deshalb liebt derjenige es auch nicht, der wie der Engländer sein Haus als sein castle betrachtet, mehrere Siedlungsstätten in einem Gebäude zu vereinigen. Sein castle soll ein Haus und Grundstück für sich sein.

Am ausgeprägtesten ist für die Kinder Haus und Grundstück ihre Welt. Hier müssen nicht nur gesunde Verhältnisse herrschen im Sinne der allgemein anerkannten baupolizeilichen Grundforderungen, daß die Bauten nicht einstürzen dürfen und daß sie hell und luftig und schön sein sollen. Das alles sollten nachgerade einfache Selbstverständlichkeiten geworden sein. Hier müssen die Kinder auch Raum finden für ihre Betätigung, für ihr Spiel und dessen Ausbau zu selbsttätiger Arbeit, und alle Voraussetzungen müssen erfüllt sein, damit sie sich körperlich und in ihrem Denken und Handeln entwickeln können und sich froh und glücklich fühlen.

Aber auch für die Erwachsenen bleibt im Grunde genommen die Siedlungsstätte die gleiche absolute Grundlage für ihr Leben wie für die Kinder. Nur daß an Stelle von deren Spiel die ernstere Beschäftigung, sei es mit irgendwelchen werkmäßigen oder geistigen Liebhabereien, sei es die wirtschaftliche und zuweilen auch die berufliche Betätigung tritt. Hier spielt sich das Leben der Hausfrau ab, nicht weniger das der anderen Angestellten und Glieder der „Familie“ im alten Sinne der Römer. Hierher zieht sich der vielfach außerhalb der Wohnung tätige Mann zurück aus dem Getriebe der Arbeit und Geschäfte in die persönliche Freiheit. Hier ruht er aus und findet Erholung vom Lebenskampf. Hier liegt der Born, aus dem alt und jung Gesundheit und Kraft an Körper, Geist und Moral ziehen. Die glückliche Gestaltung der Siedlung ist in mannigfaltigster Hinsicht dafür maßgebend, ob die Menschen Behagen und Befriedigung und Lebensglück finden, ob ihre Privatwirtschaft gedeiht, ob sie Tüchtigkeit und Kraft zum Berufsleben finden, ob sie in ihren persönlichen Verhältnissen Ordnung halten können und ob ein Volk zur Ordnung, der segensreichen Himmelstochter, erzogen werden kann. Ausdrücklich möchte ich darauf hinweisen, wie bedeutsam alles dieses für die Menschheits**kultur** ist.

Was gehört nun dazu, um diese Aufgabe bei der Gestaltung der Siedlungsstätte zu lösen. Worin also liegt die Gestaltungsaufgabe? Man erkennt klar: Mit Pflege der „Schönheit“ allein ist es nicht getan, so wichtig diese auch ist. Sie muß erst die rechte Grundlage finden.

Zunächst gilt es, genügend Raum von möglichst hoher Nutzbarkeit zu schaffen. Mehr und mehr ist die Aufgabe in den Vordergrund getreten, ein Höchstmaß von nutzbarem Raum mit einem allzusehr beschränkten Aufwand an Geldmitteln zu schaffen. Denn immer kleiner ist bei uns in Deutschland der Kreis derjenigen geworden, die einen Überschuß an Mitteln darauf verwenden können, ihre Wohnverhältnisse über den dringendsten Bedarf hinaus zu möglichst großer Vollkommenheit zu steigern. Ihnen gegenüber steht der unendlich viel größere Kreis derjenigen, denen aus Mangel an verfügbaren Geldmitteln kaum das Notwendigste an nackter Menge und Maß geboten werden kann und deren Dasein in kaum noch erträglichem Maße gedrückt und geschädigt wird, weil ihre Siedlungsstätte ihnen nur eine mangelhafte Grundlage für ihre Daseinsführung und ihr Leben als „Menschen“ bietet. Richtet man seine Aufmerksamkeit statt auf Villen, Schlösser und Monumentalbauten auf diese Bedürfnisse und den gewaltigen Umfang dieses Bedarfs, so gilt es, vom Wünschenswerten das Notwendige und vom Notwendigen das Notwendigste zu scheiden, um so viel wie möglich mit einem Mindestaufwand an Mitteln zu erreichen. Was im besonderen die Schönheit und ihre Pflege anlangt, so muß diese auch hier erreicht werden, aber sie darf wirklich gar nichts kosten. Das ist erreichbar. Gerade hierin ist dem Ingenieur eine besondere und zwar vielleicht die reinste, klarste und edelste Aufgabe gestellt, weil er allein aus dem Stoff heraus ohne äußere Hilfsmittel die Schönheit schaffen muß.

Wenn man zunächst nur die Gebäude ins Auge faßt, so wird es als erstes darauf ankommen, ein möglichst großes Maß an umbautem Raum mit beschränkten Mitteln zu schaffen. Das ist mit rein bautechnischen Mitteln zu erstreben. Die neuzeitliche Bautechnik ist auf dem Wege beträchtlich vorgeschritten, durch neue Baustoffe, verbesserte Bauweisen und mit Hilfe sorgsamer Ausnutzung statischer Berechnungsmittel zu vervollkommneter konstruktiver Durchbildung der Bauteile, z. B. durch Auflösung der Wände aus gleich starken Platten in tragende Pfeiler und lediglich ausfüllende Verkleidung, die Möglichkeit zu bieten, gleiche Raumgrößen gegen früher bei gleicher Zweckerfüllung mit wesentlich geringerem Aufwand herzustellen. Diese Fortschritte, die in dieser Hinsicht neuerdings erzielt sind, sorgsam zu verfolgen, auszunutzen und weiter zu entwickeln, ist eine Aufgabe des Siedlungsingenieurs ganz besonders im Hinblick auf die städtischen Siedlungen, wie ich später zeigen werde. Denn gerade dort tritt die Frage, wie man die Bauten möglichst billig, oder besser gesagt, wie man mit beschränkten Mitteln möglichst viel Raummenge herstellen kann, als eigenes Problem viel stärker in Erscheinung als auf dem Lande.

Wo aber die absolute Menge der schaffbaren Raummaße ihre Grenze erreicht, hat das Streben nach Steigerung der Nutzbarkeit einzusetzen. Durch Einschränkung der Raumhöhe läßt sich das Maß der Grundflächen ohne Mehraufwand an Mitteln nicht unbedeutend erhöhen. Unter Einhaltung des Grundsatzes, daß die Räume hell, luftig und in jeder Hinsicht gesund sein sollen, ist deshalb die lichte Höhe der Räume und die Konstruktionsstärke der Decken sorgsam abzuwägen. Denn jede Ersparnis an Höhe des aufsteigenden Mauerwerks kommt der Flächengröße der Räume zugut. Es ist sicher ein bedenklicher Nachteil der neuzeitlichen Siedlungsbauten, daß man zugunsten einer größeren Anzahl von Räumen deren Einzelgröße über das Maß des für die Wohnlichkeit Zuträglichen hinaus hat beschneiden müssen.

Das Maß der gebotenen Grundfläche läßt sich wieder zu größerem Wert bringen, indem man das Verhältnis von Länge zu Breite der einzelnen Räume richtig wählt und je nach der Zweckbestimmung der Räume die Aufteilung der Gesamtfläche, also die Grundrißaufteilung, mit feinster Überlegung durcharbeitet. Jeder Raum muß in seinen Maßen und in der Verteilung der Wandflächen und der Lage der Durchbrechungen durch Fenster und Türen so durchkonstruiert sein, daß das notwendige Mobilar an seine Stelle paßt, ich möchte sagen, sein natürliches Lager findet und zwar so, daß es im Gebrauch zweckmäßigst im Raum und zum übrigen Mobiliar steht und daß möglichst viel Bewegungsraum für die Bewohner übrigbleibt. Für die weniger benutzten Räume, besonders die Schlafzimmer, darf man nicht mehr Fläche verwenden, als unbedingt notwendig ist. Was man dort spart, ist weit besser angewandt, wenn es den Räumen für den Tagesaufenthalt an Abmessungen zugelegt wird. Dabei muß die Lage der Räume zueinander und besonders im Gesamtgrundriß deren Benutzung angepaßt sein. Hierfür werden sich aus der Abwicklung des Wirtschafts- und Familienlebens, sowie dem Bedürfnis nach Verkehr und Absonderung ganz bestimmte Richtlinien ergeben, die sorgsam zu erforschen und zu beachten sind.

Die Frage der Anordnung des Mobiliars führt ganz von selbst zu der Frage, was an Möbelstücken gebraucht und besonders, wie diese selbst in Maßen und Einrichtung zu gestalten sind. Daß dabei auf deren Schönheit Bedacht zu nehmen ist, kann als Selbstverständlichkeit ohne besondere Betonung bleiben. Aber hervorzuheben ist wieder, daß auch hier das Streben nach Verschönerung allein das Problem bei weitem nicht erschöpft; vielmehr gilt es zunächst, aus der Zweckbestimmung heraus die richtigen Grundmaße und Einrichtung auszubilden, um auch hier wahrer Schönheit eine klare und feste Grundlage zu geben. Es ist höchst betrübend, zu sehen, wie wenig Wert darauf gelegt ist oder mindestens mit wie wenig Erfolg man bisher bestrebt war, bei der Konstruktion der Wohnungen und des Mobiliars für die Masse der Menschen auf die Lebensweise, Wirtschaftsführung und Zahlungsfähigkeit derjenigen sozialen Schichten Rücksicht zu nehmen, für die der betreffende Wohnungstyp bestimmt ist. Die fabrikatorische Herstellung von Wohnung und Hausgerät vernachlässigt in geradezu roher Weise den Grundsatz fein abgewogener Anpassung an die Bedürfnisse der Benutzer. Die Massenherstellung war eine Zeitlang ausschließlich darauf zugeschnitten und ist es heute noch in weit überragendem Maße, die Möglichkeit billigerer Ausführung, welche eben die Massenherstellung bietet, dazu auszunutzen, den Schein von „Eleganz“ vorzutäuschen, anstatt zu einer Verbesserung und Steigerung der Zweckmäßigkeit zu schreiten. Bis weit in die wohlhabenden Kreise hinein findet man heute nicht praktischere, nicht einmal haltbarere Möbel als vor 100 Jahren. Gegenüber altem Hausgerät ist das aus neuerer Zeit Stammende geradezu kläglich unpraktisch und unbequem. Gegenüber dem alten Holzstuhl beispielsweise bedeuten die modernen Fabrikate keinen Fortschritt. Besonders aber bei den Schränken und schrankähnlichen Stücken sind konstruktive Verbesserungen kaum erzielt. Es würde aber fraglos der Nutzungswert der Wohnungen sehr gesteigert werden können, wenn alles Mobiliar so durchkonstruiert würde, daß es möglichst wenig Raum einnimmt, (z. B. auch Wandschränke u. dgl.) und wenn besonders bei dem für die Unterbringung der Haushalts- und Wirtschaftsgüter bestimmtem Schrankraum durch zweckmäßige Einteilung und Einrichtung ein Höchstmaß an Aufnahmefähigkeit erreicht, während gleichzeitig der zum Aufenthalt und für die Bewegungen der Bewohner verfügbare Raum möglichst wenig beengt würde.

Dieser gleiche Gesichtspunkt hat auch bei der Frage zu gelten, zu deren Besprechung ich nunmehr übergehe: Neben der Steigerung der Raummenge und der Nutzbarkeit der vorhandenen Räume ist größter Wert darauf zu legen, die Räume mit den Einrichtungen für Versorgung mit Wasser, Licht, Kraft und Wärme sowie für die Beseitigung der Abfallstoffe weit planvoller als bisher zu versehen, deren Ausbildung und deren sowohl für die Bauausführung wie auch für die Benutzung geschickte Anordnung einen höchst wichtigen Zweig neuzeitlicher Siedlungstechnik bildet und auch die Grundrißgestaltung der Bauten stark beeinflußt. Es ist durchaus falsch, in diesen Einrichtungen einen gewissen Luxus, also für die Wohnung der Minderbemittelten etwas Überflüssiges oder mindestens Entbehrliches zu erblicken. Jede Einrichtung dieser Art, wie übrigens auch die Durchbildung des Mobiliars und besonders des Schrankraumes ist kulturfördernd und somit kulturell höchst bedeutsam, weil sie die Menschen einerseits von Arbeiten, Verrichtungen, Unbequemlichkeiten und Hemmungen befreit und somit Kräfte für wertvollere Leistungen frei macht, deren Last sie nicht zu wichtigeren Beschäftigungen oder zur ebenso wichtigen Ruhe kommen läßt, anderseits aber besonders auch dadurch, daß sie Sauberkeit und Ordnung in der Siedlung fördert und eine gehobene Lebensführung ermöglicht. Gehobene Lebensführung ist aber in vielfacher Hinsicht geradezu Voraussetzung für die Hebung des kulturellen Niveaus. Diese Einrichtungen für körperliche Gesundheitspflege, für Sauberkeit am Körper und in der Wohnung, reine und gesunde Luft, Behaglichkeit der Wohnung usw. wirken gleichzeitig auf Nerven und geistige Verfassung fördernd ein. Das ist neben der wirtschaftlichen Bedeutung besonders hervorzuheben.

Da in der Siedlungsstätte Lebensführung und Wirtschaft auf das engste miteinander verknüpft sind, muß auf die Anordnung und Ausstattung der Wirtschaftsräume sowie auf deren Ausbildung größter Wert gelegt werden, damit die Wirtschaft sich leicht entwickelt und die Lebensführung möglichst wenig stört.

Kaum weniger wichtig als die Gestaltung und Ausstattung der Wohn- und Wirtschaftsräume selbst ist die Vorsorge, daß sie von allem entlastet werden, was sich nicht in ihnen zu befinden und was nicht in ihnen zu geschehen braucht. Deshalb darf der Siedlungsingenieur seinen Gesichtskreis nicht allein auf die Wohnung im engeren Sinn beschränken, sondern muß die Siedlungsstätte als Ganzes betrachten. Reichlicher und so bequem als möglich gelegener Nebenraum (Spülküche, Waschraum, Keller, Speicher), und deren Durchbildung und Ausstattung muß fast als nicht weniger wichtig bezeichnet werden als die Wohnung selbst. Darüber ist im ersten Band eingehend genug gesprochen. Es ist bedauerlich, daß nicht nur auf die Schaffung und Lage dieser Wohnergänzungen, sondern besonders auch auf deren Ausgestaltung in jüngst vergangener Zeit so wenig Sorgfalt verwandt ist.

Von diesem Standpunkt der Ergänzung des in den weitaus meisten Fällen nur bis zum allernotwendigsten Maße schaffbaren Wohnraums ist auch der Garten und das gesamte Grundstück zu bewerten. Nicht die wenigen Kartoffeln und Kohlköpfe, die man in seinem Garten bauen kann, machen dessen Bedeutung aus. Wir müssen es uns abgewöhnen, alle Fragen nur unter dem Gesichtswinkel ihrer unmittelbaren geldlichen Wirkung zu betrachten. Viel mehr noch muß man stets daran denken, daß selbst der augenblicklich in der Wohnung befindliche Mensch sich durch Vermittlung seiner Sinne außerhalb derselben aufhalten kann. Auge und Ohr bringen ihn ständig in Berührung mit der Umgebung, und deren Gestaltung berührt ihn vorteilhaft oder schädigend. Gleichzeitig bilden Garten und Grundstück aber für Kinder und Erwachsene eine höchst wichtige Erweiterung des Wohnraums, die Stätte für Spiel und Beschäftigung, für Gartenarbeit, Kleintierzucht und handwerkliche Liebhabereien, Gelegenheit für Aufenthalt in Sonne und frischer Luft, für zeitweilige Absonderung und geselliges Zusammensein.

Gleichzeitig wird man die Grundstücke zum Unterbringen von Gerät, Handwagen u. a. m. heranziehen, sie zur Errichtung überdeckter Räume für den menschlichen Aufenthalt, wie Lauben u. dgl., und von Räumen für Unterbringung von Tieren und Gerät, schließlich aber von Werkstätten und sonstigen Nebenbauten nutzbar machen können. Dabei ist darauf zu achten, daß diese beim Aufenthalt in der Wohnung und auf dem Grundstück sinnlich vorteilhaft wirken und daß sie, ebenso wie die Wirtschaftsräume im Haus, leicht und bequem zugänglich, also geschickt angeordnet sind. Denn jede Minute Zeitersparnis kommt entweder schaffender Arbeit oder der Erholung und Pflege der Lebenshaltung zugute. Es ist nicht unbedingt der rechte Weg, alles aus der Nähe der Wohnung zu verbannen, was mit beruflicher Betätigung zusammenhängt. Wir müssen Mittel und Wege suchen, die Siedlungsstätte zu vollkommener Gestaltung zu führen, indem man für die Unterbringung der Nebenanlagen Richtlinien geschickter Anordnung entwickelt.

Das etwa sind die Fragen, mit denen sich die Siedlungsingenieure auf dem Gebiete der Einzelsiedlung auseinanderzusetzen, die Bildungen, mit denen sie sich zu befassen und die sie unter Berücksichtigung der gegebenen Gesichtspunkte zu gestalten haben. Das ist das, *was* geschaffen werden muß, wenn sie überhaupt Wert darauf legen, etwas Vollkommenes zu erstreben.

Auszugehen hat die Gestaltung der Siedlungsstätte vom Bedarf an Hausgerät. Aus deren Formung und aus ihrem Raumanspruch und ihrer Stellung in Anpassung an die Lebensweise der Bewohner sind die Raummaße und die Anordnung der Räume, also die Grundrißgestaltung, zu entwickeln, nicht umgekehrt! Daraus werden sich trotz der vielfachen Variationen, die sich aus der Verschiedenheit der sozialen Verhältnisse, Berufe, des Familienstandes und ländlicher oder städtischer Wohnweise sowie je nach der Ausstattung mit Wirtschafts-, Werk- und Arbeitsräumen ergeben, erprobte, klare und einwandfreie Typen entwickeln lassen, die auch für die Masse der Wohnungen wirklich gute Verhältnisse bieten, wie man das für bessergestellte Kreise in Eigenhäusern und „Villen" bereits erreicht hat.

Betont muß aber stets wieder werden, daß es sich nicht in erster Linie darum handelt, Bauten zu schaffen, die den Vorübergehenden erfreuen, sondern in erster Linie ist die Wohnung für die Bewohner da.

Fragt man sich nun, ob die Lösung dieser Aufgaben dem Architekten „liegen" kann, der sein Fach in erster Linie um der Pflege der Schönheit und der Formensprache willen gewählt hat, so ist wohl unbestreitbar, daß man diese Frage im allgemeinen verneinen muß. Diese Arbeit beansprucht zuviel nüchternes Denken, Abwägen, Konstruieren und sparsame Beschränkung. Diejenigen aus jenem Kreise, die sich diesen Aufgaben zuwandten, haben damit etwas Neues gewählt. Und einen Beweis für die Richtigkeit der Verneinung findet man darin, daß die Architekten in ihrer breiten Masse diese Aufgabe fast ausschließlich dem Bauunternehmertum überließen. Denn am Bauen selbst liegt ihnen wenig, wenn es sich nicht um Bauten in reicher Formensprache handelt.

Der Bauunternehmer aber kann dieses Problem nicht meistern.

Die rohe Form mindestens, das Rohmaterial, muß dem Architekten jemand anders liefern, nämlich der Siedlungsingenieur als Sonderfachmann. Der Architekt mag es dann mit oft klein erscheinenden Mitteln und seiner von feinem Empfinden geführten Hand in edlere und gefälligere Formen bringen.

Weit weniger freilich noch als die Architekten haben sich die Bauingenieure bislang mit diesem Gebiet der Einzelsiedlungen befaßt. Auf den ersten Blick und besonders, weil man es für eine Aufgabe der Architekten oder „Hochbauingenieure" hielt, scheint es auch außerhalb ihres „Berufs" zu liegen.

Zunächst möchte ich dazu aber bemerken, daß ich es stets für einen Fehler halte, wenn eine Fachgruppe aus einer Art Bescheidenheit, die oft nur Bequemlichkeit oder mangelndes Selbstvertrauen ist, nicht wagt, auch einmal auf dem Wirkungsgebiet anderer sich zu versuchen. So schwierig ist keine Wissenschaft oder Kunst, daß man sich nicht hineinarbeiten und Gleiches leisten könnte, wie der Durchschnitt der betreffenden Fachgruppe. Besonders aber, wenn es sich, wie in diesem Falle, um ein Gebiet handelt, das die Architekten nicht genügend beachtet haben, sollte auch der Bauingenieur es einmal angreifen. Es gibt darin Punkte, die ihm fraglos von Haus aus näher liegen, wie dem Architekten: Die Konstruktion unter Ausnutzung aller Möglichkeiten moderner Berechnung, Materialausnutzung und Technik, die Anpassung an den Zweck, die Berücksichtigung und Ausbildung der Installation, ja selbst die Ausbildung der Einrichtungsgegenstände. Auf diesem Gebiet in praktischer Hinsicht außerordentlich verbesserten Mobiliars sind z. B. große Fortschritte in neuerer Zeit auf dem Gebiet der Bureaumöbel u. dgl. gemacht worden. Nicht Architekten, sondern allerhand andere Ingenieure, vielfach auch Menschen, die von Haus aus gar nicht Ingenieure sind, haben diese ersonnen und ausgebildet. Man denke auch an die außerordentlich vollkommene Raumeinteilung und Ausstattung der Personendampfer. Die Grundgedanken stammen nicht von Architekten, sondern von Ingenieuren anderer Gruppen. Die Architekten haben erst auf der ihnen gelieferten Grundlage der Durchbildung mehr Schönheit gegeben. Die Personendampfer haben überhaupt viel Gemeinsames mit den Aufgaben, die der moderne Siedlungsbau bietet. Zu welcher raffiniert feinen Durchbildung ist man darin gelangt! Weshalb widmet man nicht dem viel größeren und wichtigeren Gebiet der Siedlungsstätten gleiche Arbeit, um zu gleicher Vollkommenheit zu kommen?

Freilich darf der Bauingenieur, wenn er sich diesen Aufgaben zuwendet, nicht übersehen, daß er darin mit den Denkweisen nicht auskommt, die auf seinen anderen Wirkungsgebieten maßgebend sind. Hier kann er mit Berechnungen und reinen konstruktiven Mitteln allein nur Hilfsarbeit leisten. Den Kern der Probleme aber vermag er nur zu meistern, wenn er sich tief hineindenkt in Menschenart und Abwicklung des menschlichen Lebens, in menschliche Eigenart und Lebensweise. An Stelle der Berechnung müssen Beobachtung, Denken und Abwägen treten. Deshalb ist auch für ihn dieses Gebiet etwas Neues.

Die Siedlungsingenieure bilden eben eine gesonderte Fachgruppe.

7. Die Notwendigkeit der Betätigung von Ingenieuren auf dem Gebiet der Einzelsiedlung.

Nun wäre es ganz natürlich, wenn jemand fragte: „Weshalb braucht man denn jetzt plötzlich überhaupt Ingenieure, und noch dazu eine besondere Gruppe von ‚Siedlungsingenieuren', um diese Aufgaben zu lösen, die seit Bestehen der Welt ohne sie gelöst, und zwar — wie prächtige alte Bauten uns zeigen — vortrefflich gelöst sind? Sind nicht die alten Bauern- und Bürgerhäuser wahre Kabinettstücke vortrefflicher Gestaltung der Siedlungsstätten?"

Das mag an sich wahr und richtig sein, ändert aber trotzdem nichts an der Tatsache, daß wir heute Siedlungsingenieure für dieses Gebiet brauchen. Vielleicht nicht so sehr um der Schönheit der Bauten willen, die sich vielleicht auch in Zukunft wieder wie früher so gut wie von selbst einstellen wird, sondern um das zu schaffen, was sein muß, was man zu des Lebens Notdurft braucht. Es ist auch nicht richtig, daß hier so gar plötzlich eine Forderung erhoben würde, sondern die Masse der Wohnungsinhaber gerade aus den mit Glücksgütern nicht gesegneten Kreisen seufzt schon gerade lange genug unter der Not und wird dadurch gedrückt und erbittert, daß niemand fähig war, gute, praktische Wohnungen mit einem Mindestaufwand an Mitteln zu schaffen.

In der Vergangenheit kann man unterscheiden das einfache Haus, die „vier Wände", in denen die Menschen hausten, also nicht viel mehr als ein Obdach suchten, und das kunstvollere Gebäude: kunstvoll nicht sowohl wegen seines Schmuckes, sondern wegen seiner raffinierteren Gestaltung.

Das erstere, das ich hier zum Unterschied kurz als „Häuschen" bezeichnen will, ausgestattet mit wenigem, einfachem Hausgerät, konnte sich und kann sich auch heute noch jeder als sein eigener Ingenieur — etwas vom Ingenieur sollte in jedem gesunden und frischen Menschen stecken — gestalten und bauen. Aber dieser Typ genügt heute den kulturellen Ansprüchen selbst einfachster Bevölkerungsschichten nicht mehr. Ein gehobener Kulturstand der Allgemeinheit bedeutet nicht an sich Vereinfachung der Lebenshaltung, Anspruchslosigkeit, Ungebundenheit, Ruhe, Überfluß an freier Zeit! Kulturelle Hebung entsteht wohl stets aus Not und bringt scharfen Daseinskampf mit sich, weil eben die Steigerung der Leistungsfähigkeit einzelner durch kulturelle Hebung die anderen zwingt, ebenfalls mittels kulturellen Fortschritts sich davor zu schützen, nicht in den Hintergrund gedrängt zu werden. Das gilt von den unteren Schichten so gut wie von den oberen. Leben und Wirtschaft werden dabei in immer geregeltere, an eine bestimmte Ordnung gebundene Bahnen, die zu erhöhter Leistung befähigen, gedrängt, der Mensch muß „haushalten" mit Mitteln, Zeit, Kraft und muß sich pflegen, um seine Kraft nicht nur vor Verfall zu bewahren, sondern um sie sogar zu steigern. Dazu braucht er statt der „Hausung" eine Wohnung, die ihm in praktischer Form alles bietet an Raum, Anordnung, Ausstattung und Installation, was geeignet ist, ihn von Hemmungen und Arbeitsbelastung zu befreien, seiner Erholung, Pflege und körperlichen und geistigen Frische zu dienen.

Das kunstvollere Haus entwickelte sich auch schon in früheren Zeiten dort, wo eine weitsichtige Hauswirtschaft, Hausgewerbe und

Vorratshaltung und das Streben nach einigem Komfort, also eine kulturell gehobene Lebensführung dahin drängten, Leben und Handeln in strenger Ordnung sich abspielen zu lassen, eine Vermehrung der Räume sowie deren Anordnung und Gestaltung nach Maßgabe verschiedenartiger Zweckbestimmung zu erstreben und sie mit wohlausgebildetem Hausrat und Ausstattung zu versehen. Hier stellten sich bereits früher Probleme ein, deren Lösung durch sachverständige Beratung wesentlich hätte gefördert und beschleunigt werden können.

Daß man dafür aber nur selten die Hilfe der Ingenieure als besonders geübte Fachleute in Anspruch nahm, daß sich also auch für deren Betätigung auf breiterer Grundlage und für die Entwicklung einer besonderen Berufsgruppe keine günstigen Voraussetzungen boten, lag im Wesen der Dinge, und zwar besonders daran, daß diese Entwicklung Zeit hatte, sich zu entfalten und man auch mit Geldmitteln nicht so scharf zu rechnen pflegte.

Wert und Wesen der Siedlungsstätte liegt zum großen Teil darin, daß man dort im eigenen Bereich nach eigenem Gutdünken schalten, walten und gestalten kann. Es ist also natürlich, daß jedermann zunächst geneigt ist, seine eigenen Ideen und Wünsche zu verwirklichen, ohne fremden Rat zu erbitten und wenig bekümmert dadurch, ob seine Ideen die allerzweckmäßigsten sind. Solange das bei langsamer Entwicklung der Verhältnisse möglich bleibt, kann dieser Verlauf sogar vorteilhafte Seiten zeigen, weil er die Neigung und Fähigkeit der Menschen nährt, selbst zu gestalten und sich zu helfen. Es spielte damals gewiß auch eine weniger bedeutsame Rolle, wenn diese Entwicklung zeitweilig auf Rechnung der Vollkommenheit und des Kostenaufwandes für die Anlagen sich vollzog. Die Ausgestaltung von Haus und Hof bildete das gegebene Anlageobjekt für alle Erübrigungen. Es war eine glückliche Zeit, wo man nicht sein Geld durch Sparkassen und Banken anderen zur Verfügung stellte, um sie damit wuchern zu lassen, und lediglich auf sein mehr oder weniger hohes Guthaben stolz war und sich deswegen reich dünkte, sondern wo man es selbst verwendete, um es leben und wirken zu lassen, um durch Ausgestaltung von Haus und Hof sich eine stolze und wirksame Freude zu schaffen.

Wer sich zudem sein Anwesen selbst ausbaut, indem er nicht nur Grundrisse und Maße angibt, sondern womöglich mit eigenen Hilfsmitteln die Baustoffe heranschafft und auch selbst oder mit eigenen Leuten mindestens einen Teil der Ausführung bewältigt, der pflegt über ein Mehr oder eine Ersparnis an Kosten sich kein genaues Bild zu machen.

In tastenden Versuchen auf Grund eigener Beobachtungen und Erprobung bei freilich meist nur langsam sich entwickelndem Fortschritt voller Umwege und Sackgassen brechen sich allmählich auch auf diesem Wege Verbesserungen Bahn und entstehen nach und nach mit ziemlicher Sicherheit Gestaltungstypen großer Vollkommenheit. Diese haben dann sogar vielfach den Vorzug, ganz boden- und wesensständig zu sein, d.h. ihrem Zweck in vielfältigster Hinsicht in hohem Maße zu entsprechen. Das ist ja der Wesenszug, der uns an vielen ländlichen und städtischen Bauten der Vergangenheit als so anziehend und „schön" berührt.

Voraussetzung für die Gangbarkeit dieses Weges ist aber außer dem genannten Umstand, daß man nämlich mit dem Kostenaufwand nicht zu geizen braucht, daß dieses gewissermaßen natürliche Wachstum neuer und verbesserter Gestaltungsformen Zeit hat, sich zu entwickeln. Daß das Gute Zeit hat, sich Bahn zu brechen und daß Unvollkommenheiten keine schwereren Schädigungen als einen, nicht klar zum Bewußtsein kommenden, verlorenen Geldaufwand im Gefolge haben. Eine nicht unwesentliche Voraussetzung für die Entwicklung zeitgemäß gestalteter Siedlungsstätten, wie sie die Vergangenheit hervorbrachte, war auch die Neigung, durch ständige Umbauten und Verbesserungen die Anlagen zu vervollkommnen und die Möglichkeit hierzu, die wesentlich dadurch gegeben war, daß jeder auf eigenem Besitztum schalten und walten konnte, wie er Mittel und Neigung hatte.

Weil alle diese Voraussetzungen vorlagen, konnte man in früheren Zeiten auch ohne den „Siedlungsingenieur" auskommen, und somit fehlte die Voraussetzung, daß sich hierfür eine besondere Fachgruppe hätte entwickeln können.

Nur wo besondere Ansprüche gestellt wurden, man also einen gewissen Luxus zu erreichen trachtete, also in Schlössern und Herrenhäusern und bei Monumentalbauten, fand der Architekt mit ästhetischer Schulung ein Betätigungsfeld. Daher ist es ganz natürlich, daß hier seine Überlieferung liegt. Es ist nicht verwunderlich, daß dieser Zusammenhang weiter nachwirkt.

Heute aber liegen die Verhältnisse doch wesentlich anders. Betrachtet man einmal selbst die besten und schönsten ländlichen und städtischen Nutzbauten vergangener Zeiten, so muß man sie bei aller Bewunderung für ihre Vollkommenheit im Vergleich mit den Bedürfnissen und Verhältnissen ihrer Entstehungszeit doch als ganz ungenügend für die Befriedigung der Ansprüche erkennen, die wir heute stellen müssen. Damit wird die große Wandlung offenbar, die sich in kurzer Zeit vollzogen hat und die noch nicht zum Abschluß gelangt ist. Heute kann man das Werden nicht mehr einer langsamen natürlichen Entwicklung überlassen, sondern menschliches Denken und geistige Arbeit müssen sie packen und in geregelte, zielsichere Bahn leiten.

Scharfes volkswirtschaftliches Denken, und im privatwirtschaftlichen Leben das Haushalten mit allen Mitteln, zwingt zur Vermeidung allen Aufwandes für tastende Versuche, ohne die eine natürliche Entwicklung sich nicht vollziehen kann. Es muß soweit als eben möglich auf Anhieb das Richtige getroffen und sogleich mit einem Mindestmaß an Aufwand ein Höchstmaß an Gebotenem erzielt werden.

Während man früher oft eine gewisse Raumverschwendung treiben konnte, läßt sich heute mit den verfügbaren Mitteln kaum das Dringendste erreichen.

Während man bis an die Gegenwart heran fast nur auf die Unvollkommenheiten achtete, die den Betrieb erschwerten und in seiner Wirtschaftlichkeit herabsetzten, und mehr auf das Gedeihen von Vieh, Gerät und Betrieb sein Augenmerk richtete, wo Fehler in Mark und Pfennig zum Ausdruck kommen, als auf das Wohlergehen und die Förderung der eigenen Person und der Menschheit überhaupt in körperlicher und geistiger Hinsicht, hat man allmählich gelernt, daß im einzelnen Menschen und seiner Kraft die Quelle des Volksvermögens liegt.

Wenn heute eine Siedlungsstätte das bieten soll, was man für das Volkswohl verlangen muß, muß sie z. B. allein an Installationseinrichtungen mit so vielem ausgestattet sein, für Heizung, Beleuchtung, Wasserversorgung, Reinhaltung und für Beseitigung der Abfallstoffe, daß der einzelne Privatmann aus der Überfülle des auf dem Markt Gebotenen gar nicht selbst die für seine Sonderverhältnisse passende rechte Auswahl treffen, geschweige denn darin selbst gestaltend mitwirken kann. Diese Anlagen bedürfen einer wohlabgewogenen Anordnung, der ganze Bau muß von Anbeginn an mit Rücksicht hierauf gestaltet sein, und zahlreiche andere Gesichtspunkte müssen berücksichtigt und miteinander in Einklang gebracht werden. Diese Arbeit kann aber auch nicht einer großen Zahl von Fachingenieuren auf den verschiedenen Feldern der Installation, der Möbelherstellung und der Bautätigkeit überlassen werden, sondern ein Kopf und Geist muß alle Teilfragen als Ganzes meistern, sonst kann nicht die Einheit entstehen, die die neuzeitliche Siedlungsstätte darstellen muß. Und diese Arbeit ist zu leisten für die ungeheure Menge der kleinen Wohnungen, nach denen Bedarf entstanden ist dadurch, daß nicht mehr der Arbeiter und Angestellte im Anwesen seines Brotherrn wohnt, sondern seine selbständige Wohnstätte verlangt und braucht. Einen ganz besonderen Zug erhält diese Aufgabe dadurch, daß sich in unserer Zeit die Menschenmassen nicht für sich selbst ihr Haus bauen, sondern es käuflich oder mietweise aus dem Markt erwerben. Daraus entsteht der Zwang, dafür zu sorgen, daß dieser Markt Gutes bietet und Unternehmer nicht die Zwangslage der Suchenden ausnutzen, um mit minderwertiger Ware Geschäfte zu machen.

Hier kann nicht mehr der einzelne sein eigener Ingenieur sein, und unter diesen Umständen darf man nicht mehr die Entwicklung sich selbst überlassen. Ein besonderer Berufsstand muß sich damit befassen, und das sind eben die Siedlungsingenieure. Denn wer auf diesem komplizierten Gebiet Vorzügliches leisten will, muß erstens über weitreichende Kenntnisse hinsichtlich des Bestehenden und Gebräuchlichen verfügen und immer weiter Umschau halten, um die guten Lösungen zu verwerten, die hie und da in den verschiedensten Gegenden, Ländern und Erdteilen auf dem Gebiet der Wohnungsausbildung bereits vorhanden sind — oft entstanden in jahrhundertelanger ganz allmählicher Entwicklung ständiger kleiner Verbesserungen. Er muß aber auch feines Verständnis haben für die Eigenart verschiedener Gegenden, Stände und sozialer Schichten, um die Menschen in ihren psychologischen Sonderheiten zu erfassen. Er muß sich darin hineinzufühlen vermögen, um die Lösung ihnen und ihrer Lebensart ganz anpassen zu können. Er muß auch die verschiedenen Gebiete der Bautechnik, der Ausstattung mit Hausgerät und dessen zweckmäßiger Aufstellung und der Installation alle miteinander beherrschen und zu einheitlicher Lösung ineinander zu verarbeiten wissen. Nicht allein die Schauseite stellt den Wert des Baues dar. Unsere besten Baukünstler und Architekten wissen heute sehr wohl, daß wahre Schönheit nicht ohne Zweckmäßigkeit möglich ist und daß Baukunst das von der Technik nicht zu trennende „Gefühl für organische Gestaltung" ist. (Roman Heiligenthal, S. 104.) Was in diesem zunächst so beschränkt erscheinenden Gebiet an Gestaltungsaufgaben vorliegt, ist tatsächlich eine sehr vielseitige, feine und eine desto bedeutsamere Ingenieuraufgabe, als viele Millionen Menschen und damit das ganze Volk von deren Lösung Nutzen ziehen würden.

8. Die Aufgaben bei Gestaltung der Stadt als Siedlungsstätte.

Die Besprechung der Aufgaben, die bei der Gestaltung der Einzelsiedlung zu lösen sind, sollte nicht nur einen Einblick in dieses Teil-Gebiet an sich geben, sondern gleichzeitig am kleineren und beschränkteren Objekt in das Milieu einführen, das den siedlungstechnischen Arbeiten überhaupt ihr Gepräge gibt. Bei der Stadt sind die Aufgaben vielfach größer im Maßstab, vielseitiger und verwickelter, als bei der Einzelsiedlung, aber es finden sich doch viele Parallelen.

Festgehalten möge aus dem Vorangegangenen vor allen Dingen folgendes werden: Die Gestaltung der Siedlungsstätte in ihrer gesamten Anlage und inneren Durchbildung ist von entscheidender Bedeutung für das Befinden und die Leistungsfähigkeit der Bewohner. Sie muß abgeleitet sein aus den Bedürfnissen der Einwohner und aus den Bestandteilen heraus, aus denen sich die Gesamtanlage zusammensetzt.

Sie muß den Bewohnern das bieten, was sie brauchen. Unerläßlich ist dazu unter anderem, daß alles schön sei, nicht verhältnismäßig schön, sondern absolut schön. Diese Schönheit fußt aber auf der Zweckmäßigkeit und geht als sogenannte technische Schönheit aus der Zweckerfüllung hervor, die in gefälliger Form zu schaffen ist.

Geht man nun von Haus und Gehöft zunächst einen Schritt weiter, so kommt man zum „Dorf".

Die bei den Einzelsiedlungen zu lösende Aufgabe wiederholt sich hier für zahlreiche Fälle nebeneinander, aber ohne dem Wesen nach ein neues Gepräge zu zeigen. Zuweilen ergeben sich auch Ansätze zu ähnlichen Aufgaben, wie sie die „Stadt" stellt, wenn nämlich das Dorf sich zur Stadt zu entwickeln beginnt. Doch bedürfen diese Fälle und Fragen hier keiner besonderen Behandlung, da sie im Stadtbauwesen weit klarer hervortreten.

Ich gehe also zur Stadt über.

Die Aufgabe des Ingenieurs ist: die „Stadt" zu gestalten.

Was heißt das? Wo liegen die Probleme, welche Besonderheiten weisen sie auf?

Wozu soll der Siedlungsingenieur die Stadt gestalten?

Aristoteles faßt alle Grundsätze des Stadtbaues dahin zusammen: Eine Stadt soll so gebaut sein, daß die Menschen zugleich sicher und glücklich gemacht werden.

Faßt man das etwas weiter, so kann man etwa sagen: Der Siedlungsingenieur soll die Stadt zum Wohle ihrer Einwohner gestalten, damit diese gesund und froh und leistungsfähig heranwachsen und bleiben, damit ihre Wirtschaft und Unternehmungen, Handel und Wandel gefördert werden und damit die Gesamtheit der Stadtschaft zum Höchstmaß des Erfolges und Glückes befähigt wird.

Genügt es nun zu diesem Zweck, für jeden Einwohner oder jede Familie, jedes Gewerbe oder jeden Betrieb die einzelne Siedlungsstätte dort, wo der Inhaber sie hinzusetzen beliebt, und so durchgebildet, wie er sie braucht, als Haus und Gehöft sorgsam durchzubilden und mit dem Notwendigen auszustatten? Genügt es also, für städtische Lebens- und Betriebsweise im Grunde Wesensgleiches zu leisten, wie solches als Aufgabe des Siedlungsingenieurs im Einzelsiedlungswesen bereits besprochen wurde?

Dann wäre das Stadtbauwesen kein besonderes Gebiet!

So ist die Sachlage tatsächlich beim Dorf! Ich kann im „Dorf" wohl die einzelnen Gebäude und Gehöfte, nicht aber das Dorf als Ganzes gestalten. Jede über die Anordnung der Einzelanlage hinausgehende Gruppierung und sonstige Einflußnahme wäre ein durch innere Notwendigkeit nicht gerechtfertigter Zwang, weil zwischen den Einzelgliedern, aus denen es sich zusammensetzt, der innere Zusammenhang, die innere Gebundenheit fehlt. Weil das Dorf eine „Agglomeration“ von Siedlungen ist. Bei der Stadtgestaltung tritt dagegen ein wesentlich neuer Gesichtspunkt dadurch auf, daß die Stadt ein „Organismus“ ist.

Diesen Begriff des „Organismus“ darf man nicht lediglich als eine schlagwortartige Bezeichnung werten, die man aus Bequemlichkeit annimmt oder allenfalls unklar gefühlsmäßig als richtig anerkennt. Er muß vielmehr klar und ganz erfaßt werden, weil er die Aufgaben der Stadtgestaltung in ihrem tiefsten inneren Wesen kennzeichnet.

Wenn wir z. B. vom menschlichen Organismus sprechen, so kennzeichnen wir mit diesem einen Wort die Tatsache, daß in einem Körper die verschiedensten Glieder und Organe, Nerven, Geist und Willen zu gemeinsamer Funktion zusammengefügt sind, daß jeder Bestandteil in der Form und an der Stelle ausgebildet ist, wie und wo er hingehört, daß kein Teil fortgenommen oder irgendwie geschwächt oder gesteigert werden kann, ohne die anderen Teile und den Gesamtkörper in Mitleidenschaft zu ziehen, und daß die Formung der Einzelteile in engster Wechselwirkung nicht nur mit der Ausbildung, sondern auch mit dem Nerven- und Geistesleben, d. h. also mit dem ganzen „Sein“ des Gesamtorganismus stehen. Die Bemühungen, aus der äußeren Form der Gliedmaßen bis herab zu der der Fingernägel auf Charakter, Denken und Beschäftigung der Menschen zu schließen, beruht auf der unfehlbar richtigen Erkenntnis, daß tatsächlich eine gesetzmäßige Wechselwirkung zwischen dem ganzen Sein und Wesen des Organismus und der Gestaltung aller Teile besteht.

In gleichem Sinne ist es zu verstehen, wenn man die Stadt als Organismus bezeichnet.

Daraus ergeben sich dann eine Reihe von Folgerungen und leitenden Gesichtspunkten, die man in kurzen Worten etwa folgendermaßen zusammenfassen kann:

1. Das, was wir als Einzelsiedlungsstätten bereits betrachteten und außerdem alle jene Elemente, aus denen sich der Stadtkörper noch weiterhin zusammensetzt, muß sich zu einer neuen Einheit höherer Ordnung zusammenfügen. Jeder Einzelteil muß sich in Platz und Form dem Gesamtgebilde einordnen, und das Ganze ist wieder als Einheit durchzubilden.

2. Nicht nur die Form des Ganzen, sondern auch die Ausbildung der Einzelteile wird weitgehend unter dem Einfluß des Wesens der Stadt, der gesamten wirtschaftlichen, geistigen und ethischen Kräfte stehen, auf denen ihr Dasein beruht und aus denen ihre Entwicklung sich ergibt und künftig ergeben wird. Jedes Stadtindividuum wird in seinen Zellen, Organen und Gesamtkörper Sonderformen zeigen.

Man wolle einmal darauf achten, wie Denker aller Zeiten sich mit dem Symptom der Wechselwirkung zwischen Gestaltung des Stadtkörpers und dem Leben der Stadt beschäftigt haben. Bereits Aristoteles deutet in den angeführten Worten die Beziehung der Ausbildung des Stadtkörpers zum „Glücklichsein" der Bewohner an. Spengler sagt sogar, die Stadt habe eine Seele. In der Tat ist es erstaunlich, wie man bei näherer Beobachtung erkennt, daß die in jeder Stadt bestehenden Verhältnisse, ihr Geist und ihre Kraft, sie in besonderen Formen wachsen läßt. Es ist in ihr ein Eigenleben. Je günstiger wir jede Stadt ihrem inneren Wesen entsprechend gestalten, desto besser wird sie gedeihen.

3. Dazu gehört aber auch, daß man den Stadtkörper mit dem Notwendigen ausstattet, was nicht Einzelne und Gruppen von Einzelnen, sondern was die Stadt als Stadtganzes braucht, um ihr Gesamt- und Eigenleben zu fördern.

Die Maßnahmen nun, die dazu dienen, eine Stadt aus allen Einzelteilen zu einer Einheit zusammenzuschweißen, und zwar zu einem lebensfähigen Ganzen, das dem Wesen der Stadt als Organismus und ihrer individuellen Eigenart entspricht, und diese Entwicklung von langer Hand vorzubereiten, sowie endlich sie mit allem für das Ganze Notwendigen und Förderlichen auszustatten, bilden das Sondergebiet der Gestaltung der Stadt als Siedlungsstätte. Ich fasse alle diese Maßnahmen zusammen unter dem Begriff des „Stadtbauwesens".

Für dieses ergibt sich je nach den Gebieten, auf denen die einzelnen Maßnahmen liegen, etwa folgende Unterteilung:

1. Städtebau,
2. Städtisches Hochbauwesen,
3. Stadtstraßen-Ausbau,
4. Städtisches Verkehrswesen,
5. Städtereinigung,
6. Wasserversorgung

und vielleicht noch gewisse Belange zur Versorgung mit Gas-, Elektrizitäts- und Heizanlagen.

Ich gebe damit der Bezeichnung „Stadtbauwesen" einen ganz bestimmten Sinn, der sich von dem herkömmlichen Gebrauch vielleicht in mancher Hinsicht unterscheidet.

Es gibt natürlich in den Städten noch viele andere Bauaufgaben, die man in der eben gegebenen Aufstellung vermissen wird, wie Eisenbahnanlagen, Häfen, Brücken usw., und wie auch das schon genannte Gebiet der Einzelsiedlung. Zuweilen wird alles das in der Bezeichnung „Stadtbauwesen" mit einbegriffen und man versteht dann somit darunter den gesamten Tätigkeitsbereich des Stadtbauamtes oder der Stadtbauämter. Diese Begrenzung ist aber teils eine bezirkliche und umschließt den Kreis der Aufgaben, die im Stadtbezirk oder auf dem Stadtterrain vorliegen, teils eine organisatorische und richtet sich nach den Funktionen, die jeweils den städtischen Baubehörden zugewiesen sind. Sie ist also von örtlichen Zufälligkeiten abhängig und vielfach verschieden und fließend. Sie wird sich zudem in mancher

Hinsicht mit anderen Ingenieurgebieten überschneiden und decken. Da sie keine klare Scheidung von diesen ermöglicht, ist sie für mich unbrauchbar, wenn ich das Stadtbauwesen in seiner Eigenart und seinen Sonderaufgaben und in den Ansprüchen klarstellen und besprechen will, die es an die Denkweise und Vorbildung des Stadtbauingenieurs stellt. Ich ziehe es vor, für den weiteren Kreis dieser Aufgaben die Bezeichnung „städtisches Bauwesen" zu wählen. Dieses schließt also auch andere Ingenieurgebiete in sich ein, die nicht zum „Stadtbauwesen" gehören.

Dagegen fasse ich unter „Stadtbauwesen" alles das zusammen, was im Besonderen zur Ausbildung der Stadt als Siedlungsstätte gehört und was dadurch ein Sondergebiet des Ingenieurwesens bildet. Wie sich z. B. das Eisenbahnwesen im besonderen mit Eisenbahnanlagen, das Wasserbauwesen mit Wasserbauten beschäftigt, so befaßt sich das Stadtbauwesen speziell mit denjenigen Aufgaben der Gestaltung der Städte, die darauf abzielen, der Bürgerschaft und deren Leben und Wirken Verhältnisse von möglichst hoher Vollkommenheit zu bieten, d. h. eine „Stadt" im tieferen Sinne zu schaffen.

Die Größe der Bedeutung dieser Aufgabe wird klar, wenn man sich folgendes vergegenwärtigt:

Etwa 45 Millionen Deutsche leben in Städten. Sie leben dort mehr oder weniger menschenwürdig und froh. Ihre Nachkommen wachsen dort heran. Sie treiben ihr Gewerbe und arbeiten für ihren Lebensunterhalt und finden dort ihre geistige Entwicklung und die Grundlagen und Anregungen zu mehr oder weniger günstigem Schaffen und psychischer Gesundheit, d. h. die Grundlagen ihrer Geisteskultur. In allen diesen Richtungen sind sie abhängig von den Verhältnissen, die in den Städtesiedlungen herrschen.

Den Umfang der Aufgabe, die in der „Gestaltung" der Städte gelöst werden muß, kann man daran ermessen, daß die Einwohnerschaft der Städte in der Zeitspanne seit dem 12. Jahrhundert bis 1850 auf etwa 22 Millionen, in den letzten 70 Jahren aber auf 45 Millionen angewachsen ist, so daß in dieser kurzen Spanne an Körpermasse der Stadt etwa ebensoviel neu geschaffen werden mußte, wie in 700 Jahren vorher.

Dazu kommt, daß die alten Stadtgebilde infolge vollkommener Umwandlung der menschlichen Lebens- und Wirtschaftsverhältnisse den heutigen Bedürfnissen zum größten Teil nicht mehr entsprechen und einer Umgestaltung bedürfen. Endlich aber, daß die neuen Errungenschaften der Technik in ihrer fast unübersehbaren Fülle und Vielseitigkeit unendlich viele Möglichkeiten für Fortschritt und Verbesserungen bieten, die geradezu alles umwälzend beeinflussen, was früher geschaffen wurde.

Wenn man also selbst annehmen wollte, daß die Ausdehnung der Städte für die vor uns liegende Zukunft in vielen Fällen schon ihren Höhepunkt überschritten habe, wäre damit die Aufgabe, die sich dem Stadtingenieur bietet, noch nicht gelöst. Sie ist im Gegenteil dadurch viel schwieriger geworden, daß auch die erst in neuerer Zeit entstandenen Gebilde in ungeleiteten, überhasteten und daher größtenteils sehr unbefriedigenden Formen entstanden sind und ihre Umgestaltung aus dem vielfach herrschenden Chaos in zweckmäßige und segensreiche Gebilde ganz gigantische Anstrengungen erfordern wird. Sie muß aber erfolgen, wenn wir Volk und Wirtschaft zu höchster Leistung befähigen wollen.

Dazu kommt die noch ständig fortschreitende Angliederung neuer Komplexe, deren Entstehung tatsächlich in absehbarer Zukunft nicht zum Stillstand kommen wird.

9. Der Städtebau.

Welchen Teil dieses Gesamtgebietes hat nun der „Städtebau" zu behandeln?

Mit der Bezeichnung „Städtebau" verbinden sich besonders verschwommene, unklare und meist einseitige Begriffe. Oft wird vieles einbezogen und mit dieser Bezeichnung gedeckt, was nicht hineingehört, noch öfter vielleicht wichtige Gesichtspunkte vernachlässigt, die der Städtebau tatsächlich einschließt und deren Berücksichtigung bei jeder Einzelarbeit man nicht missen kann, ohne in falsche Bahnen zu kommen.

Demgegenüber kennzeichne ich den Städtebau folgendermaßen:

Der Städtebau behandelt speziell die Bildung der Stadt zum Einheitskörper und die Beeinflussung der Einzelelemente mit Rücksicht auf die Bildung dieses Einheitskörpers innerer organischer Gebundenheit, um der Stadt die ihrem Wesen entsprechende Form zu geben. In den Städtebau gehört alles, was notwendig ist, um die organische Gestaltung des Stadtkörpers zu erreichen und zu fördern. Was in dieser Richtung ohne Einfluß ist, steht außerhalb seiner Grenzen.

Der Städtebau hat also alle die verschiedenen Elemente, Bauten, Betriebe, Vorrichtungen und Belange, die das Stadtwesen umschließt und die mit der körperlichen Gestaltung in Wechselbeziehung stehen, einer höheren Ordnung zu unterwerfen, so daß deren gegenseitige Störung und Behinderung auf ein Mindestmaß herabgesetzt, ein möglichst reibungsloses Neben- und Ineinanderarbeiten erreicht und die Verhältnisse, Lebens- und Schaffensbedingungen in der Stadt zu möglichst hohem Gesamteffekt für das Gedeihen der gesamten Stadtschaft gesteigert werden. Es ist etwas Ähnliches wie bei einer großen Maschine oder einem großen Personen- und Handelsdampfer oder Kriegsschiff, wo die verschiedensten Einzelelemente nicht nur auf ihre besondere Funktion hin durchkonstruiert sein müssen, sondern ihre Formgebung außerdem höheren Richtlinien unterworfen ist, die sich aus der Zusammendrängung in einem gegebenen Raum und das Anpassen an das Gesamtgetriebe und die störungslose Abwicklung allen vielfältigen Lebens und aller verschiedenen Verrichtungen ergeben, und wo besondere Einrichtungen für Behebung der aus der Zusammendrängung herrührenden Mißstände erforderlich werden.

Ganz ähnlich hat der Städtebau den Stadtkörper als Ganzes durchzukonstruieren und aus den Einzelelementen einen einheitlichen Gesamtorganismus zu bilden. Er hat ferner dafür zu sorgen, daß er mit allem Notwendigen ausgestattet wird[1], damit möglichst förderliche Verhältnisse für das gesamte Stadtleben entstehen.

Dagegen die Einzeldurchbildung der Teile in sich mit Rücksicht auf ihre spezielle Einzelfunktion sind Aufgaben, die entweder in andere Sondergebiete des Stadtbauwesens oder in andere Gebiete des allgemeinen Ingenieurwesens überhaupt fallen.

Der Städtebau stellt also ganz im besonderen das Gebiet dar, welches aus dem Wesen der Stadt als Organismus die Folgerungen für die Gestaltung des Ganzen und für die Gestaltung der Einzelheiten zu ziehen hat, damit sich diese „organisch" einfügen. Deshalb soll die innere organische Gebundenheit aller Elemente untereinander wenigstens in einigen Worten noch näher angedeutet werden:

In der Stadt stehen sowohl die Menschen in ihrem persönlichen und wirtschaftlichen Dasein als auch die einzelnen körperlichen Bestandteile der Stadt in enger gegenseitiger Abhängigkeit voneinander. Daher stammt ja die Bezeichnung als „Organismus", daß ähnlich wie im menschlichen oder im Tierkörper alle Glieder und Organe Schaden oder Förderung mit erfahren, wenn ein Teil leidet oder gedeiht, da jeder eine bestimmte Funktion im Gesamtbau zu erfüllen hat.

Nicht nur, daß jeder Einwohner je nach seiner Regsamkeit, Leistungsfähigkeit, Produktivität und seinem Erfolge mehr oder weniger beitragsfähig zu gemeinsamen Lasten und Steuern ist, sondern er gibt anderen Nahrung und Erwerb, kann konsumieren und liefert in unserem verwickelten Wirtschaftssystem der Arbeitsteilung bessere oder wohlfeilere Erzeugnisse und zieht finanzielle und geistige, befruchtende und kaufende Kreise von auswärts heran und vergrößert dadurch die Aussichten für das Gedeihen und Vorwärtskommen der übrigen Mitbürger.

Diese organische Verbindung untereinander besteht ebenso wie für die Personen auch für die körperlichen Einzelgebilde, aus denen sich der Gesamtkörper der Stadt zusammensetzt. Die Abmessungen der Bauten

[1] Er hat dieses Notwendige nicht in den Einzelheiten zu behandeln. Davon muß man den Städtebau entlasten und es in die genannten anderen Gebiete verweisen. Der Städtebau hat nur dafür zu sorgen, daß das Notwendige entsteht und entstehen kann.

und Anlagen aller Art, ihre Stellung und Lagerung zur Nachbarschaft und im Gesamtkörper, die Frontlage und die Anordnung der Zugänge (z. B. der Bahnhöfe) müssen den Gesichtspunkten der Einordnung in das Ganze folgen. Die Unterbringung der einzelnen Bautypen muß in ganz bestimmten Lagen erfolgen, damit sich die einzelnen Bauten nicht gegenseitig Licht und Luft fortnehmen und sich sonst nicht gegenseitig stören, damit jedes zu seiner zweckentsprechenden Geltung kommt und damit nicht dem Bau, den ein anderer für Wohnung, Wirtschaft und Betrieb an ganz bestimmter Lage bedarf, die Baustelle fortgenommen wird für einen Zweck, der an einem anderen Platze ebensogut seine Befriedigung finden kann.

In einer Stadt muß sich alles organisch ineinander fügen. Von vornherein möge man sich aber darüber klar werden, daß diese Gestaltung eines organisch durchgebildeten Körpers sich nicht auf dem gewohnten Wege eines Bauentwurfs erreichen läßt, den man nach genügender Durcharbeitung der alsbaldigen Ausführung zuführt, die in einigen Wochen, Monaten oder allenfalls wenigen Jahren beendet ist. Der Städtebauer „erbaut" überhaupt kaum jemals eine Stadt. Insofern ist diese Bezeichnung keine treffende und glückliche. Der Engländer sagt: „town planning". Diese Bezeichnung ist treffender als „Städtebau". Der Städtebauer plant das, was werden soll und muß. Er sucht wirksame und schlummernde Kräfte zu erwecken und zu erfassen, andere zurückzudämmen, er ordnet sie und leitet sie in bestimmte Bahnen, um durch Anpassung aneinander und Ausgleich untereinander die Gesamtheit zu fördern und jeden einzelnen im Rahmen und durch Förderung der Gesamtheit zu heben.

„Städtebau" ist Programm und Organisation. Er gibt die Richtlinien dafür: Was muß geschehen, wo muß es und wann muß es geschehen, um die Entwicklung in klare, glatte und wirkungsvolle Bahnen zu leiten und um die Entwicklung zu fördern, und was darf nicht geschehen, damit künftige Möglichkeiten nicht vereitelt werden.

Die Folge davon ist, daß auf diesem Gebiet sehr viele Fragen nebeneinander zu erwägen und lange Zeiten hindurch ständig zu beobachten und miteinander zum Ausgleich zu bringen sind. Dadurch entsteht eine Gefahr der Zersplitterung und Verwirrung oder der Einseitigkeit. Und deshalb ist es notwendig, ganz feste Grenzen zu suchen und scharf zu unterscheiden zwischen dem, was in das Gebiet des Städtebaues gehört und womit sich der Städtebauer befassen muß, und zwischen den Aufgaben, die er anderen überlassen kann.

Gewissermaßen nach oben hin oder besser gesagt, in den Gegenständen gibt es freilich keine Grenze. Er muß alles in seinen Gesichtskreis einbeziehen: Bahnen und Bahnanlagen, Flußläufe und Häfen, die der Wirtschaft dienen, Schluchten, Wälder und Baumgruppen, Gewässer und Niederungen, die als Schmuck- und Erholungsanlagen ausgenutzt werden können, kurz alles, was im Stadtkörper liegt und zum Stadtkörper oder zum physischen und kulturellen sowie zum wirtschaftlichen Gedeihen der Stadtschaft irgendwie in Beziehung steht. Auch örtlich und zeitlich muß er seine Blicke soweit als möglich richten. Er darf sich nicht auf das beschränken, was heute der Stadtkörper umspannt und was er in naher Zukunft umspannen dürfte, sondern er muß alle Möglichkeiten weit vorausschauend seinem Programm einordnen. Hält man sich dieses klar gegenwärtig, so wird man nicht in den allzuhäufig begangenen Fehler verfallen, daß man die eine oder andere Seite des Städtebaues allein oder allzusehr einseitig in den Vordergrund stellt, sei es das Straßenwesen und den Verkehr, sei es die äußere Schönheit und Schmückung der Stadt oder anderes.

Klar und scharf aber ergibt sich eine Grenze nach unten: Wie weit nämlich der Städtebauer in alle Einzelheiten und Einzelfragen eindringen muß. Diese untere Grenze muß gezogen werden, um eine Zersplitterung und Verwässerung seines Denkens in Kleinigkeiten zu vermeiden.

Diese Begrenzung liegt dort, wo die Notwendigkeit aufhört, sei es einschränkend, sei es fördernd einzugreifen, um einerseits zu verhindern, daß durch einseitige Verfolgung der eigenen Interessen der Inhaber von Bauten, Betrieben usw. andere Glieder der Bürgerschaft oder des Stadtwesens überhaupt unbillig benachteiligt werden, und um anderseits dem Entstehen wünschenswerter Anlagen (wie z. B. die Erwerbung von Bauland für ganz bestimmte Zwecke in geeigneter Lage), Hemmungen aus dem Wege zu räumen, wo der Privatmann auf Schwierigkeiten stößt, die seine Pläne undurchführbar machen könnten, und wo sich diese Schwierigkeiten nur durch Regelung im Gesamtrahmen beseitigen lassen. Oder man kann ebenso sagen, diese untere Grenze liegt da, wo man die gestaltenden Kräfte ihrer Auswirkung nach eigenem freien Ermessen überlassen kann. Betrachtet man z. B. den Wohnhausbau, so sind Elemente des Stadtkörpers nicht nur die Außenmauern und das Dach, sondern gewissermaßen auch die innere Aufteilung und auch die Ausstattung. Mit diesen wird sich der Städtebau nur so weit befassen, als durch ihre Form das Interesse von Kreisen geschädigt werden kann, die auf ihre Gestaltung selbst keinen Einfluß nehmen können.

Ob jemand seine in einem großen Park gelegene Villa näher oder ferner der Straße, ob er sie in dieser oder jener Form baut, ist für die Nachbarn und die Allgemeinheit gleichgültig, sofern sie die Umgebung oder das Gesamtgebilde nicht stört oder verschandelt. Liegt sie aber mit anderen Grundstücken oder Bauten in naher Nachbarschaft, so muß sie sich in Lage und Form einfügen, damit sie z. B. anderen Licht und Luft nicht raubt und eine harmonische Einheit die Stadtbewohner erfreut.

Im Eigenhaus mag sein Inhaber Grundriß und Ausstattung nach seinem Gutdünken behandeln. Bei Erbauung von Häusern für den

Wohnungs markt aber liegen die Verhältnisse anders. Große Teile der Bürgerschaft sind heute auf diesen angewiesen, ohne daß der einzelne irgendwie in der Lage ist, bei der Gestaltung der Bauten, in denen er einmal wohnen muß, sein Interesse zur Geltung zu bringen. Gedeihen und Leistungsfähigkeit der Bürgerschaft und somit der Stadt hängen aber in hohem Maße davon ab, daß jedermann auf dem Wohnungsmarkt das für ihn passende findet. Folglich gehört die entsprechende Fürsorge in diesen Fällen in das Gebiet des Städtebaues.

In gleicher Weise ist überall die Grenze leicht und vollständig eindeutig auffindbar, die uns sagt, was und weshalb die eine Frage im Rahmen des Städtebaues zu behandeln ist, die andere dagegen nicht, inwieweit man vom städtebaulichen Standpunkt aus auf die Gestaltungsmaßnahmen anderer Ingenieurgebiete Einfluß nehmen muß oder inwieweit in diese dadurch neue Gesichtspunkte hineingetragen werden und was dagegen für den Städtebau gleichgültig ist.

Wie z. B. eine Brücke und ein sonstiges Bauwerk in seinen Unterteilen und Einzelheiten konstruiert und berechnet ist, bleibt Sache des Fachingenieurs und ist keine Angelegenheit des Städtebaues oder überhaupt des Stadtbauwesens. Wohl aber hat dieser darüber zu wachen, daß die Brücken an der richtigen Stelle und in richtiger Höhenlage zur Ausführung kommen, zugänglich und gut benutzbar sind und durch gefällige Formgebung die Bürger befriedigen, erfreuen und erheben und in das Stadtbild hineinpassen.

Wie eine Bahnanlage, Strecke und Bahnhöfe, aus betriebstechnischen Rücksichten gebaut wird, ist Sache des Eisenbahners. Der Städtebauer aber wird die Frage behandeln müssen: Wie müssen die Strecken und Bahnhöfe liegen, damit sie sich der Stadt und den berechtigten Anforderungen der Bürgerschaft möglichst zweckdienlich einfügen und wo müssen einzelne Teile und Bauwerke, z. B. der Bahnhöfe, liegen, damit nicht nur die betriebstechnischen Anforderungen erfüllt sind, sondern damit in erster Linie das Wohl der Bürgerschaft gewahrt ist, die diese Anlagen benutzt.

Der Stadtbauingenieur wird dem Wasserbauer die maßgebenden Gesichtspunkte anzugeben haben, nach denen Wasserläufe und Wasserverhältnisse zu regulieren sind, damit sie zum besten des Stadtwesens und der Bürgerschaft dienen. Er wird dafür zu sorgen haben, daß derartige Ausführungen für das Verkehrswesen und für die Verschönerung der Stadt nutzbar gemacht werden, wo ein Hafen zu liegen hat, wie die Zufahrt ausgestattet sein muß und welche Abmessungen die Landflächen zwischen den Hafenbecken erhalten müssen. Alles andere kann er dem Wasserbauer überlassen.

Längst haben sich diese anderen Ingenieurgebiete, wie die konstruktive Durchbildung der Einzelbauwerke, Wasserbau-, Eisenbahnwesen usw., zu Sonderwissenschaften ausgebildet. Im Stadtbezirk und im Wirkungsbereich des Stadtbauamts kommen solche Aufgaben aller Art vor. Deshalb darf man aber nicht folgern, daß nun der Städtebauer alle diese Wissenschaften bis ins Spezielle hinein beherrschen und zu meistern vermögen muß. Das überschreitet menschliche Kraft und kann nur zu Unvollkommenem und zu Halbheiten führen.

Gewiß soll er soviel wie irgend möglich in alle diese Gebiete einen tiefgehenden Einblick haben, wie überhaupt die Vielseitigkeit des Wissens und Könnens für niemanden dringender nötig ist, als für ihn, und zwar durchaus nicht allein auf den Gebieten des Ingenieurwesens aller Art! Er muß fähig sein, den Fachingenieuren anderer Richtungen in ihren Ausführungen zu folgen und die Richtigkeit und Wichtigkeit der Beweisgründe zu beurteilen. Er muß genügend von jedem Gebiet verstehen, um sich der Hilfe der Sonderfachleute recht zu bedienen und die Regie zu führen. Deshalb muß auch jeder Stadtbauingenieur auf allen Ingenieurgebieten vorgebildet sein.

Im besonderen aber muß er den bau- und betriebstechnischen Gesichtspunkten, deren Vertretung er den Sonderfachmännern überläßt, die Interessen entgegenstellen können, die mit Rücksicht auf das Stadtwesen, den Stadtorganismus und die Bürgerschaft zu wahren sind. Er muß ihnen das Programm geben können dafür, was gemacht werden soll und wo es gemacht werden muß. Damit bringt er in diese Gebiete neue Gesichtspunkte herein, die nur er sachgemäß vertreten kann, weil nur er den Stadtorganismus und seine Bedürfnisse sowie die Wechselbeziehungen zwischen diesem Organismus und den Einzelanlagen genügend zu überblicken vermag. Vor allen Dingen wird er den Raumbedarf für diese Bauten und Anlagen und ihre Gesamtanordnung schon lange vor den anderen ins Auge fassen und klären müssen, damit er für das, was einmal kommen wird, den Raum freihält und sichert und die Umgebung dem später Kommenden gemäß ausgestaltet.

10. Das städtische Hochbauwesen, die Wasserversorgung, der Straßenbau, das Verkehrswesen und die Städtereinigung als weitere Gebiete des Stadtbauwesens.

Ich verlasse zunächst die Betrachtung des Städtebaues, um später eingehend darauf zurückzukommen. Ich begnüge mich vorläufig mit der Festlegung seiner Aufgaben und seiner Begrenzung innerhalb des Gesamtgebietes des Stadtbauwesens.

Wir sahen, daß das Stadtbauwesen alles das umfaßt, was notwendig ist, um die Stadt zu einer Einheit mit den Wesenszügen eines Organismus als Siedlungsstätte für die Bürgerschaft zu gestalten und für deren Ausstattung mit allem Notwendigen für das Gedeihen des Stadtlebens zu sorgen.

Innerhalb des Gesamtkomplexes dieser Aufgaben fällt dem Städtebau das Gebiet zu, zusammenfassend und regelnd, hemmend und anregend alles Entstehende und Wünschenswerte zu beeinflussen, damit ein einheitlicher und vollständiger Gesamtorganismus in der dem Wesen der Stadt entsprechenden Form entsteht.

Knüpft man wieder an den Vergleich der Stadt mit einem lebenden Organismus an und vergleicht man die Einzelteile der Stadt etwa mit Zellen und Adern, Gerippe, Organen usw. des menschlichen Körpers, so gestaltet, konstruiert und baut der Städtebau diese nicht selbst und nimmt nicht Einfluß auf ihre Gestaltung um ihrer selbst willen, sondern er ordnet sie an und beeinflußt ihre Gestaltung nur mit Rücksicht auf ihre Funktion im Gesamtkörper, sucht das Entstehen ungeeigneter Elemente wohl auch zu unterdrücken, dagegen das Entstehen geeigneter Teile durch vorbereitende Maßnahmen, wie z. B. Freihaltung entsprechender Räume und Flächen, vorzubereiten und zu fördern. Vergleicht man ihn anderseits mit einem Produktionsprozeß, so steht er zu anderen Ingenieurtätigkeiten gewissermaßen in derselben Beziehung wie der Veredlungsvorgang zur Rohstofferzeugung. Das, was andere schaffen, ist die Vorbedingung und das Material dafür, daß aus ihm der Städtebau die Stadt machen kann. Dieses ist gewissermaßen eine senkrecht darüber geordnete Tätigkeit des Gestaltens.

Damit allein ist aber nicht die Gewähr geboten, daß alles das überhaupt zum Entstehen kommt, woraus sich der Stadtkörper zusammensetzt und was zu seiner Ausstattung notwendig ist. Dafür ist nur so weit eine Wahrscheinlichkeit gegeben, als andere Kräfte und Interessen mit am Werke sind, die den Rohstoff, d. h. die Elemente und Organe erzeugen, deren Formung und Anordnung der Städtebauer zu beeinflussen hat.

Zum Teil sind es überall wirkende Kräfte, die dieses Werden und Entstehen hervorbringen. Behörden des Staates und Landes als Träger der allgemeinen Bedürfnisse und Bestrebungen des ganzen Volkes, von dem die Stadt nur ein Teil ist, große Industrien und Organisationen, sowie Privatkreise aus der eigenen Bürgerschaft und aus dem städtischen Wirtschaftsleben und Unternehmertum. In allen diesen Fällen liegt also kein Grund vor, daß der Stadtingenieur selbst zeugend arbeitet, sondern sein Wirken beschränkt sich auf jene Funktionen, die nach dem oben Gesagten auf dem Gebiet des „Städtebaues“ liegen.

Andere Einzelgebilde und Einrichtungen aber unterbleiben effektiv, wenn der Stadtingenieur sie nicht selbst schafft, weil sich kein Unternehmer dafür findet. Es bliebe also eine Lücke und es würden gewisse Organe fehlen, ohne die die Stadt nicht voll gedeihen kann, wenn nicht das Stadtbauamt bzw. der Stadtbauingenieur selbst ihre Durchführung in eigene Hand nehmen würde.

Wieder andere Gebilde und Einzelteile des Stadtkörpers aber können zwar wohl auch von Privaten und unternehmenden Personen und Gruppen erzeugt werden, aber sie sind so eng mit der Gestaltung des Gesamtkörpers verbunden, und die Form dieser Gebilde und die Art ihres Betriebes ist so eng mit den Verhältnissen des ganzen Stadtkörpers verknüpft und von so einschneidendem Einfluß auf die Siedlungsverhältnisse, daß es vorzuziehen ist, wenn sie vom Stadtbauamt selbst geplant, ausgeführt und betrieben werden.

Die Lösung dieser Aufgaben gehört in das Gebiet des „städtischen Bauwesens", soweit es sich darum handelt, etwa Gleiches zu leisten, was auf den anderen bekannten Ingenieurgebieten allerorten geleistet wird. Sie bilden also keine Sonderfragen, die an dieser Stelle einer besonderen Betrachtung bedürften.

Dagegen sind diejenigen Aufgaben und Probleme noch näher ins Auge zu fassen, die auf anderen Fachgebieten gar keine oder eine höchst untergeordnete Rolle spielen, deren Bedeutung dagegen vornehmlich im Rahmen der Stadtgestaltung zur Auswirkung kommt und die somit außer dem Städtebau wichtige Teilgebiete des „Stadtbauwesens" bilden.

Es sind das also Gebiete, die der im allgemeinen Ingenieurwesen Ausgebildete nicht näher zu kennen pflegt, die außerhalb etwa der Architektur, des Wasserbau- oder Eisenbahnwesens, des Brücken- und Eisenbaues usw. liegen, die aber der Stadtbauingenieur beherrschen muß, weil das, was auf diesen Gebieten entsteht, in sehr engem Verhältnis zur Gestaltung des Stadtorganismus steht.

Überblicke ich ganz allgemein die Ingenieuraufgaben, die im Stadtbezirk zu lösen sind, so liegen die Fragen der

Eisenbahnanlagen (Strecken und Bahnhöfe),
Fluß-, Kanal- und Seebauten nebst Häfen,
Brückenbauten,
Fabrikanlagen einschließlich der städtischen Werke, wie Gas-, Elektrizitäts-, Heizwerke usw.,
Garten- und Grünanlagen

wohl teilweise im Rahmen des „städtischen Bauwesens". Aber sie bilden keine weiteren besonderen Fragen des „Stadtbauwesens". Wenn sie auch eng mit der Stadtgestaltung zusammenhängen, so geschieht alles, was an Einflußnahme geboten ist, doch bereits innerhalb des Rahmens derjenigen Funktionen, die dem „Städtebau" zufallen. Im übrigen aber stellt die Bearbeitung keine weiteren eigentlich siedlungstechnischen Probleme, die ihnen ein wesentlich anderes Gepräge geben, als wie es an anderen Orten auch vorläge.

Ein Gleiches gilt vom privaten Hausbau, sei es, daß Selbstversorger und Unternehmer oder sei es auch, daß die Stadt selbst ihn betreibt, indem sie als Unternehmerin auftritt. Einzelsiedlungswesen und Städtebau können alle diese Fragen erschöpfend lösen. Auch die staatlichen öffentlichen Bauwerke bilden darin keine Ausnahme, ebensowenig die Gestaltung von Fabrikanlagen usw., die der Werkingenieur und der Städtebauer gemeinsam in allen Richtungen restlos zu behandeln vermag.

Ein Sondergebiet des Stadtbauwesens dagegen stellen die städtischen öffentlichen Bauten dar. Sie gehören zur Ausbildung und Ausstattung der Stadt als Stadt. Die Stadt als Interessent und treibende Kraft muß für die Planung und Ausführung dieser Bauten besorgt sein. Ich habe dabei weniger deren architektonische Gestaltung im Auge, die im Rahmen der allgemeinen architektonischen Aufgaben liegt. Aber wie man sie in Grundriß und Anlage zweckentsprechend zu formen hat, damit diese Bauten ihre Aufgabe im Stadtleben in bestmöglicher Weise erfüllen, das ist etwas Spezielles.

Daraus ergibt sich als erstes weiteres Teilgebiet des Stadtbauwesens nächst dem Städtebau das Stadthochbauwesen.

a) Das Stadt-Hochbauwesen. Ob es durch städtische Beamte oder Privatingenieure wahrgenommen wird und werden soll, ist eine nebensächliche Frage. Ausschlaggebend ist dagegen, daß der Bearbeiter über ganz besondere Kenntnisse und Einsicht verfügen muß, um diese Aufgaben zu meistern.

Es handelt sich darum, ganz klar zu überblicken, welche Ansprüche außer der (überall zu fordernden) Schönheit bei allen jenen Bauten, wie Rathäusern, Schulen, Feuerwachen, Sparkassen, Museen, Bädern, Turnhallen, Stadthallen, Volksbibliotheken usw., durch deren Gestaltung zu befriedigen sind, damit sie in vollkommener Weise ihrem Zweck entsprechen, dem Leben in der Stadt jede nur irgend denkbare Förderung zu bieten. Damit das entsteht, was entstehen muß, um dem Gedeihen des Stadtorganismus in bester Weise zu dienen. Wir wissen alle, daß oft in ihrer äußeren Erscheinung sehr schöne Bauten auf diesem Gebiet entstanden sind, die aber recht oft gleichzeitig in ihrem Inneren ihren Zweck nur unvollkommen erfüllen, weil die gestaltenden Ingenieure die Anforderungen nicht voll beherrschen, die man stellen muß, damit diese Werke dem Stadtleben in jeder Weise zu dienen vermögen. Die Klärung dieser Fragen wird den Inhalt der wissenschaftlichen Disziplin des städtischen Hochbauwesens bilden müssen.

Es ist nicht die äußere Schönheit, nicht die Stoffauswahl und die Bauausführung, die hier zur Behandlung steht, sondern die Bemessung und Anordnung der einzelnen Räume und die innere Gliederung und der innere Aufbau des Bauwerkes, der auf klar erkannter Zweckerfüllung fußend die Grundlage der äußeren Gestaltung gibt.

Es wäre durchaus ungerecht, wenn man nicht anerkennen wollte, daß auch hierin in manchen Fällen Gutes geleistet ist. Zu häufig aber sind noch die Klagen, daß Schulen, Stadthallen usw. usw. zwar äußerlich prächtige Paläste, daß auch im Innern die einzelnen Räume bis auf die Korridore, Treppenhäuser u. dgl. herab architektonisch sehr fein ausgebildet seien, daß aber das Ganze andere Raummaße und eine andere Raumgruppierung haben müßte, um für die Benutzung alle Vorteile zu bieten, die man von einem solchen Bauwerk begehrt, und um alle Möglichkeiten herauszuholen, durch die solche Gebäude im Nutzungsbetriebe der Allgemeinheit zu bestem und höchstem Vorteil dienen könnten. Wie aus der Zweckmäßigkeit heraus sich ganz neue Gestaltungen ergeben, dafür sei als ein Beispiel erwähnt die Auflösung großer Krankenhäuser durch das Pavillonsystem u. dgl. m.

Die Bedeutung und Schwierigkeit dieser Probleme zu leugnen, hieße das Ansehen dieses Teiles des Ingenieurwesens herabsetzen. Tatsächlich ist es eine sehr schwierige Aufgabe, auf diesen Gebieten zu neuen und vollkommeneren Gestaltungen zu kommen, die alles das bieten, was wir jetzt und künftighin an Ansprüchen an sie stellen müssen, damit es eine Lust ist, in ihnen zu wirken, zu arbeiten, zu lernen und, wo der Zweck es mit sich bringt, in ihnen das zu genießen, was geboten wird. Wie man manche Werkzeuge mit einem ausgesprochenen Lustgefühl in die Hand nimmt, weil dessen Bildung mit dem Zweck zu einer Harmonie verschmolzen ist, so müssen diese Bauten beim Betreten und Aufenthalt in ihnen jeden dadurch gefangennehmen, daß er empfindet, wie vollkommen die Gestaltung im Zweck wurzelt und mit ihm zu tiefstem Einklang gelangt ist. Das darf nicht durch hinweisende Verzierungen und äußere Embleme, nicht durch kalte akademische Schönheit und Reinkultur historischer Stilformen erstrebt werden, sondern durch zweckgeborene Formung und Anordnung und durch die Verkörperung der innersten Idee, der das Bauwerk zu dienen hat, durch die ganze Durchbildung seiner Gestaltung im einzelnen und im Gesamtkomplex. Es heißt nicht geringe Ansprüche stellen, wenn man von einem Baukünstler verlangt, sich ganz in das Wesen, die tiefste Idee und alle Bedürfnisse, z. B. von Schule, Lehrer und Schüler hineinzuversenken und ein Gebilde zu schaffen, in dem die Menschen und das Schulwesen alle Vorbedingungen zu bester Entwicklung finden. Es genügt nicht, in dieser Richtung mit dem bequemen Mittel der Wettbewerbe allmählich Fortschritte zu erstreben. Eine wissenschaftliche Disziplin muß auf allen einschlägigen Gebieten über den Bedarf und die Mittel zu seiner Erfüllung, über Mängel und Bewährung Material sammeln und sichten und durch Abwägung und Aussprache soweit Klarheit schaffen, daß jeder tüchtige Architekt oder sonstige Ingenieur gute Werke schaffen m u ß, wenn er sich nur die

Mühe macht, diese Unterlagen zu verarbeiten und nicht einfach im Gerippe Unvollkommenes nachzuahmen, weil es überliefert ist, und es lediglich durch eine schöne Schauseite und Schmückung der an sich unzweckmäßigen Innenräume in seinem äußeren Eindruck zu heben.

Die besten Lösungen sind entstanden, wo man aus dem Zweck heraus ganz neu gestalten mußte, weil es Vorbilder nicht gab. Also der Weg ist gangbar. Beschreiten wir ihn auf allen Gebieten dieser Gattung.

Man kann zunächst im Zweifel sein, ob in dem Sinne, wie ich ihn gebrauchte, Anlagen, wie Gas- und Elektrizitätswerke und z. B. die künftig wahrscheinlich auch sich immer mehr einführenden Fernheizwerke Zweiggebiete des Stadtbauwesens sind. Sie bieten so große Vorteile, daß sie fraglos zur Ausstattung der Stadt und zur Hebung der Siedlungsverhältnisse gehören. Indessen herrschen bei ihrer inneren Gestaltung doch betriebstechnische Fragen bei weitem vor, und diese Anlagen sind wohl mehr eigene Sondergebiete der Werkingenieure. Auch ist ihr Vorhandensein keine vollkommen unbedingte Lebensnotwendigkeit für die Bewohner. So lästig und schädlich auch ihr zeitweiliges Versagen (z. B. bei Streiks) für die Einwohner, die auf die Versorgung durch sie eingerichtet sind, und besonders für Krankenhäuser u. dgl. sein mag, so kann man doch nicht sagen, daß selbst eine Großstadt nicht bestehen könnte ohne sie. Selbst die Tatsache, daß sie meist in städtischem Betrieb sind, ändert die Sachlage nicht, daß man es nur mit Fragen des städtischen Bauwesens, aber nicht mit solchen des Stadtbauwesens zu tun hat. Denn die Stadt führt diese Betriebe, weil sie Einnahmen bringen, und sie kann sie an sich nehmen, weil öffentlicher Grund und Boden für die Verlegung der Leitungen usw. benutzt wird. Ob sie daran stets Recht tut, die Bürgerschaft durch solche Akte der Kommunalisierung zu Zwangsaktionären zu machen, ob sie ferner billigere Preise als Entgelt dafür bietet, ist jedoch sehr fraglich.

Ich bin jedenfalls der Meinung, daß diese Anlagen nicht etwas wesentlich anderes sind als sonstige Fabriken oder Betriebe, und daß sie als Sondergebiete des Stadtbauwesens nicht zu betrachten sind.

Dagegen betrachte ich, trotz mancher Ähnlichkeit mit vorgenannten Aufgaben als Gebiet des Stadtbauwesens unbedingt.

b) Die städtische Wasserversorgung. „ὕδωρ μεν ἄρίσθον“ sagt schon Pindar. Gutes Wasser ist einfach unentbehrlich für das menschliche Leben und menschliche Kultur, wenn auch in einer Gastwirtschaft der schöne Spruch auf Ersatz hinweist:

Nach Pindar soll das Wasser sein
die beste aller Himmelsgaben;
Ich trink bescheiden meinen Wein,
Man muß nicht stets das Beste haben.

Wegen der ganz fundamentalen Bedeutung der Wasserversorgung für Hygiene und Kultur der Einwohner muß der Stadtbauingenieur die Mittel und Wege der Gewinnung, Aufbereitung, Speicherung und Verteilung des Wassers beherrschen und den Betrieb in der Hand behalten und überwachen. Es handelt sich bei der Wasserversorgung nicht um Beschaffung des unumgänglich notwendigen Mindestmaßes, sondern es sollte ein unbestrittener Grundsatz des Stadtbauwesens sein, Wasser bester Beschaffenheit in solchen Mengen der Einwohnerschaft zur Verfügung zu stellen, daß der Verbrauch für persönliche und wirtschaftliche Zwecke ungehemmt erfolgen kann und auch eine beliebig reichliche Benutzung für Gartenpflege, Kühlung der Luft, Sportzwecke u. a. m. möglich ist.

Wegen der Bedeutung des Wassers für kulturelle Zwecke der verschiedensten Art muß der Stadtingenieur seinen Einfluß mit allen Mitteln dahingehend geltend machen, daß am Wasser der Stadtsäckel nicht verdient, sondern es in beliebiger Menge so billig und so gut als möglich zur Verfügung stellt.

Das heißt nun wieder nicht, daß er sich um jeden Kleinkram in der Einrichtung und im Betrieb kümmern und alle Einzelheiten der Maschinen und sonstigen Anlagen selbst konstruieren müsse. Das sind Sonderwissenschaften für sich. Dagegen muß er etwa in folgenden Punkten klar sehen:

1. Wo und in welchen vermutlichen Mengen kann ich Wasser finden und wie kann ich mir auf dem einfachsten Wege Klarheit über die Wasservorkommen verschaffen?

2. Welche Wasserarten sind für meine Zwecke verwendbar oder wie kann ich sie verwendbar machen? Bis zu welchem Grade und auf welche Weise kann man sie veredeln und aufbereiten?

3. Welche Art der Maschineneinrichtungen bieten je nach den besonderen Verhältnissen besondere wirtschaftliche Vorteile für die Förderung des Wassers? Was gibt es auf diesem Gebiet, was sollte an neuen Typen geschaffen werden, welche Aufgaben kann ich dem Maschineningenieur stellen?

4. Wie und wo speichert man das Wasser zweckmäßig auf?

5. Welche Gesichtspunkte endlich sind maßgebend für die Verteilungsanlagen, wie berechnet man diese?

c) Der Stadtstraßenbau. In roher Schätzung kann man annehmen, daß in den Städten auf den Kopf der Einwohner etwa 1 lfd. m Straße entfällt, daß also z. B. ein Ort von 30000 Einwohnern etwa 30 km Straße hat. Der Fläche nach nehmen die Straßen etwa 20—30 vH des besiedelten Gebietes in Anspruch. Im städtischen Etat bilden die Ausgaben für den Ausbau und die Unterhaltung und Wartung der Straßen einen Jahr für Jahr wiederkehrenden hohen Posten. Vor allen Dingen aber sind sie mit der Gestaltung des ganzen Stadtkörpers und dem Stadtleben so eng verwachsen und für die in der Stadt herrschenden Verhältnisse von so großer Bedeutung, daß es für uns eine keiner weiteren Erörterung bedürftige Selbstverständlichkeit ist, daß der Ingenieur, der die Stadt gestaltet, auch die Straßen gestalten oder mindestens deren Gestaltung und die Art ihres Ausbaues maßgebend beeinflussen muß. Es liegt hier also ein weiteres Teilgebiet des Stadtbauwesens vor. Auch dort, wo etwa Terraingesellschaften oder dergleichen die erste Ausführung selbst vornehmen, geschieht dieses unter weitgehender Einflußnahme seitens der Stadt; die Straßen gehen zudem nach kurzer Frist in das Eigentum und die Verwaltung der Stadt über.

Die Aufgaben des Stadtstraßenbaues sind wesentlich anderer Art, als wir sie beim Landstraßenbau finden.

Dort sehen wir zwei Aufgaben: Die Planung der Linienführung („Trassierung") und die Deckung.

Die Linienführung der Landstraßen ist stark beeinflußt durch den Zweck der Erschließung gewisser Landgebiete, später dann der Verbindung von Siedlungsstätten mit anderen Orten oder Straßen und ferner durch die Oberflächengestaltung des Geländes, die zur Abweichung vom kürzesten Wege zwingt, um ungünstige Steigungen und schwieriges Gelände, wie Moore oder sonstige Hindernisse, zu vermeiden oder mit geringstem Aufwand zu überwinden. Diese Planung war in Deutschland fast zu einer seltenen Aufgabe geworden, seit das Straßennetz im großen und ganzen fertig zu sein schien. Sie kommt erst neuerdings wieder zur Bedeutung, seit die Entwicklung des Autoverkehrs zur Schaffung neuer Großstraßenzüge zwingt. Die Aufgaben der Trassierung stehen aber ferner noch in großem Maßstab auf der Tagesordnung in weniger entwickelten Ländern.

Auch die Deckung, Unterhaltung und Wartung der Landstraßen war zu einer wohlausgebildeten Technik geworden und schien neue Probleme kaum zu bieten. Die Ausbildung des Unterbaues, Sorge für Entwässerung und die gebräuchlichen Arten der Makadamisierung und Chaussierung, die längere Zeit hindurch nahezu alle Ansprüche erfüllten, waren allgemein so entwickelt, daß sie keine nennenswerten Schwierigkeiten boten, keine „akademischen" Fragen darstellten, sondern praktisch erlernt und von einem Praktiker sehr wohl wahrgenommen werden konnten, ohne eine akademische Vorbildung unbedingt zu verlangen. (Hier sieht man klar den Unterschied zwischen Technik und Ingenieurwesen.) Neuerdings ist das als Folge des Automobilwesens anders geworden, d. h. auch das Landstraßenwesen ist wieder eine schwierige Aufgabe geworden.

Wendet man sich nun der Betrachtung darüber zu, inwiefern der Stadtstraßenbau ein Sondergebiet gegenüber dem Landstraßenbau und ein Sondergebiet im Gesamtbereich des Stadtbauwesens sei, so scheidet dabei die Planung der Linienführung aus. Diese gehört in das Untergebiet des Städtebaues, in dessen Arbeitsbereich die Festlegung der Linienführung, Höhenlage, Breitenbemessung und Querschnittseinteilung der Straße zusammen mit der Gesamtplanung des Stadtkörpers erfolgen muß, dessen Gerippe und Knochengerüst die Straßen bilden. An Stelle der bei Landstraßen üblichen Grundsätze der Trassierung treten hierbei eine Fülle anderer Gesichtspunkte, die sich aus der organischen Aufgabe der Stadtstraßen ergeben und über die im Städtebau näher die Rede sein wird.

Im Bereich des Stadtbauwesens dagegen ist auf dem Sondergebiet des Stadtstraßenbaues nur die eigentliche Bauausführung, Unterbau, Deckung und Wartung zu betrachten, also die Durchbildung und Pflege des Straßenkörpers. Diese ist in der Stadt eine wesentlich verwickeltere und schwierigere als auf Überlandstrecken.

Der Untergrund ist oft bis an den Rand der Überfüllung durchsetzt mit Rohren, Leitungen und Kabeln für die Versorgung der Häuser mit Wasser, Gas und Elektrizität, für Post, Telegraph und Fernsprecher, mit den Entwässerungsleitungen und den Anschlüssen der Straßeneinläufe und der Häuser. Das Erfordernis nach deren Lagerung in gewachsenem oder frühzeitig genug geschüttetem Boden stellt besondere Ansprüche an die Ausführung des Unterbaues, ihre Lagerung muß nach festem und klarem Plane erfolgen, auf Störung der Kabel durch eiserne Rohre, sowie auf Gefährdung der Keller durch Eindringen von Gas aus undichten Rohren und vieles andere mehr muß Rücksicht genommen werden. Die Art der Straßendeckung muß möglichst so gewählt werden, daß die leichte Zugänglichkeit der Leitungen gewahrt bleibt, Stutzen und Schächte sind in die Deckung einzuschließen. In der Deckung liegen außerdem vielfach Straßenbahnschienen eingebettet, deren Bewegungen und Erschütterungen unter dem Verkehr der schweren Wagen den Bestand der Deckung gefährden. Außerdem muß aber die Deckung einer Reihe von siedlungstechnischen Ansprüchen genügen. Sie soll nicht nur bei Beanspruchung bis hinauf zur stärksten Verkehrsbelastung dauerhaft und wirtschaftlich sein und geringen Kraftaufwand der Fahrzeuge beanspruchen, sondern sie muß auch ein Mindestmaß an Staubbildung gewährleisten, geringe Geräusche entwickeln, stets sauber bleiben, leicht und möglichst auch maschinell zu säubern, möglichst sogar waschbar sein, schnell trocknen und endlich ein gefälliges Aussehen bieten.

Außer der Fahrbahn aber verlangt der Stadtstraßenbau eine Reihe von Anlagen, die der Landstraßenbau nicht kennt: Bordsteinfassungen, Reit-, Radfahr- und Promenadenwege und die Bürgersteigdeckungen, die sämtlich gefällig im Aussehen, bei jeder Witterung sauber und gut benutzbar, elastisch und weich begehbar, und auch bei Frost und Schnee leicht zu säubern sein sollten. Endlich ist auf Anpflanzungen Rücksicht zu nehmen.

Als Folge der sehr vielseitigen Ansprüche, die bei der Ausbildung der Stadtstraßen befriedigt werden müssen, hat sich eine außerordentliche Unsicherheit über die Wahl der Deckungsart ergeben, und diese Unsicherheit, gleichzeitig vergrößert durch die infolge des Automobilverkehrs gesteigerten Ansprüche an die Straßen, prägt sich aus in einer schwer übersehbaren Fülle neuer Verfahren, mit denen Versuche gemacht werden. Da sehen wir Großpflaster mit und ohne Fugenverguß, mit Auslegung der Fugen mit Eisenbändern u. a. m., da sehen wir Kleinpflaster, Holzpflaster verschiedener Art, unter Verwendung verschiedenster Hölzer und mit verschiedenen Wartungsverfahren, da sehen wir viele Arten Beton- oder Bitumenstraßen, Stampf- Guß- und Walzasphalt, Teerschotter, Pechmörtel und Feinmineralteerdecken, Oberflächen- und Innenteerung, Kunststeine wie Vulkanolplatten und wie sie alle heißen usw. Ähnlich liegen die Verhältnisse hinsichtlich der anderen Verkehrsstreifen, wie Bürgersteige, Promenaden, Rad- und Reitwege usw.

Die Aufgabe der Ausbildung der einzelnen Verfahren und ihre Verbesserung, die Aufgabe also, diese Verfahren in ihren Einzelheiten vollkommen zu beherrschen und das Mögliche aus ihnen herauszuholen, muß den betreffenden Industrien und ihren besonderen Werkingenieuren überlassen werden. Der Siedlungsingenieur oder im besonderen der Stadtbauingenieur oder noch genauer der Stadtbau-Straßeningenieur (sit venia verbo!) kann diese Aufgabe nicht lösen. Dazu ist die Materie zu zersplittert, erfordert zu viele Sonderkenntnisse und enthält zu viele Punkte, die von der Industrie ängstlich geheimgehalten und absichtlich verschleiert werden. Es entstünde vielmehr die Gefahr, daß der mit der Ausbildung gewisser Verfahren zu eng befaßte Stadtbauingenieur sich damit einseitig bindet und gewisse Verfahren mehr bevorzugt, als dem allgemeinen Besten zuträglich ist. Die Gesamtaufgabe muß geteilt werden:

Auf der einen Seite müssen die Produktion, also Industrie, und besondere Werkingenieure verschiedener Geschäftszweige stehen und ihre Verfahren auf den Markt bringen.

Ihnen gegenüber auf der anderen Seite muß der Stadtbauingenieur stehen. Seine Aufgabe ist in erster Linie eine klare Problemstellung, sowie die Wertung und Verwertung des Gebotenen. Er (und als sein Rüstzeug innerhalb der Wissenschaft vom Stadtbauwesen das Sonderfach des Stadtstraßenbaues) hat zunächst einmal klare Ziele aufzustellen, welche Eigenschaften in den verschiedenen Straßengattungen vom Hauptverkehrszug bis hinab zur verkehrsarmen Wohnstraße, von der Automobilgroßstraße bis zum Promenadenweg die Deckung aufweisen muß, um als hochwertig zu gelten und — sagen wir einmal — mit welcher Punktzahl die einzelnen Eigenschaften zu bewerten sind. Damit gibt er der Industrie eine wertvolle Grundlage, indem er ihr ein klares Ziel setzt.

Sodann hat er die gebotenen Verfahren zu beobachten und den Grad ihrer Zweckerfüllung zu werten. Er muß feststellen, wie die verschiedenen Deckungen sich unter dem Verkehr bewähren, was ihre Herstellung kostet, welche Art der Wartung ihnen am zuträglichsten ist, wie lange sie je nach Beanspruchung halten, welchen Aufwand ihre Wartung und Reinigung u. dgl. erfordert, wie sie als Teil der Siedlungsstätte auf das körperliche und geistige Befinden der Menschen wirken, und wie sie in verkehrstechnischer Hinsicht sich bewähren, also z. B. wie hoch sich auf ihnen der Kraftverbrauch und der Verschleiß der Verkehrsmittel stellt.

Der Stadtbauingenieur auf dem Gebiet des Straßenbaues muß Organisator sein, soweit es sich um die Einbettung der Leitungen usw. im Unterbau handelt, und er muß Sachverständiger sein, nicht so sehr in den Ausführungsverfahren — möglichst weitgehende Kenntnisse darin sind selbstverständlich sehr nützlich, aber schwer zugänglich und im allgemeinen wird er diesen Zweig den Firmen überlassen müssen — sondern vielmehr muß er die Güte der Decken zuverlässig zu begutachten vermögen. Und zwar ist ausdrücklich zu unterstreichen, daß er dabei nicht nur die finanzielle Seite in Rechnung stellen darf, sondern sein besonderes Augenmerk auf die Wertung vom Standpunkt der physischen und psychischen Hygiene zu richten hat, zu der auch die Ästhetik gehört. Er muß die richtige Deckungsart für jede Straße im Stadtganzen zu finden wissen. Das ist eine Aufgabe, deren Lösung mir schwieriger erscheint, als eine an sich gute Straße zu bauen.

d) Verkehrswesen und Verkehrsmittel. Der Ingenieur, der die Stadt zu einer möglichst vollkommenen Siedlungsstätte machen will, kann sich nicht auf die Gestaltung und Anordnung der festliegenden Bestandteile und Bauten aller Art beschränken. Er muß vielmehr auch dafür besorgt sein, daß das innere Leben sich in günstiger Weise abwickelt und die gesamten inneren Lebensverhältnisse der Stadt sich günstig gestalten. Das liegt im Wesen der Stadt als Organismus begründet. Deshalb wird der Stadtbauingenieur zwei weitere Gebiete in den Bereich seiner Tätigkeit einzubeziehen haben: das Verkehrswesen und die Städtereinigung.

Bleiben wir bei dem Bilde, das sich aus dem Vergleich der Stadt mit einem lebenden Körper ergibt, so entspricht der Verkehr etwa dem Kreislauf des Blutes. Es genügt nun bereits in Städten mittlerer Größe nicht mehr, vor allem aber nicht in Großstädten, daß man hierfür in Form der Straßen lediglich ein Adernetz schafft. Vielmehr sind umfassende Maßnahmen notwendig, um den Verlauf des Verkehrs in dem erforderlichen Umfange sich gut abwickeln zu lassen und um dafür zu sorgen, daß er sich in ganz bestimmt geregelten Bahnen vollzieht.

Wohl wenige Erscheinungen im Stadtbild lassen die Entwicklung neuerer Zeit und ihren Wandel rein äußerlich so sinnfällig packend in Erscheinung treten, wie der Straßenverkehr. Wenn in einem der zahlreichen Orte, die von dieser Entwicklung berührt sind, vor kaum 30 Jahren jemand in einen langen Schlaf verfallen wäre und heute aufwachte, würde er an seinem Verstande oder an dem der städtischen Bevölkerung zweifeln. Er würde unter dem Eindruck stehen, als ob die Menschen nichts weiter zu tun hätten, als von einem Punkt der Stadt zum andern zu laufen und als ob nahezu alle beweglichen Güter umhergefahren würden. Nur wenige schlummernde Orte sind so unberührt geblieben, daß jener Erwachende nicht mindestens mehrmals an einem Tage sein Leben gefährdet fühlen würde.

Eine kleine wahre Geschichte mag dem, der mit Großverkehrsproblemen nicht bekannt ist, die Verhältnisse beleuchten.

Ein Herr von etwa 30 Jahren, der den Krieg mitgemacht und also schon allerhand gesehen hatte und aus einer Stadt von etwa 150000 Einwohnern kam, in der man auch schon an allen Ecken Verkehrsschutzleute aufzustellen für nötig fand, sprang — wie er mir selbst lachend erzählte — auf der Fahrt durch die Hauptstraße von Dortmund erregt in der Straßenbahn auf und fragte seinen Nachbarn, ob ein Brand oder Volksauflauf im Gange sei. Nachdem die andern Mitfahrer ihr Erstaunen überwunden hatten, erklärten sie ihm, daß dieses das gewohnte Verkehrsbild sei, das ihn so überrasche.

Das erhellt für den, der nicht selbst in diesem Getriebe steht, wie die Sachlage sich mancherorts entwickelt hat.

Diese Verhältnisse sind nun fraglos zum guten Teil eine Krankheitserscheinung. Sie rühren nämlich unter anderem davon her, daß die einzelnen Bestandteile des Stadtkörpers unzweckmäßig angeordnet oder gelagert und der Gesamtaufbau nicht nach richtigen Grundsätzen organisiert sind. Wenn in dem neuesten Schriftwesen über Städtebau immer gleich einem Schlagwort die Redewendung wiederkehrt, das moderne Stadtbild trage das Gepräge des „Chaos“, so sehen wir hier in der Entwicklung des Verkehrwesens die Bestätigung dafür, daß nicht nur das äußere Bild, sondern tatsächlich der innere Zustand der Städte „chaotische“ Unordnung aufweist. Es wird eine sehr wichtige Aufgabe des Städtebaues sein, durch wohlüberlegte Anordnung des Stadtkörpers das Überschäumen des Verkehrs unnötig zu machen. Es wird durchaus möglich sein, durch Zusammenfassung zusammengehöriger Einzelteile des Stadtkörpers die Verkehrsnotwendigkeit einzuschränken.

Jeder Weg zwischen Wohn- und Arbeitsstätte kostet Zeit und Geld. Verbraucht ein Bürger täglich 40 Pf. für die Straßenbahn und 1 Stunde

Zeit, so bedeutet das mindestens einen unnötigen Aufwand von 1 M. am Tag oder 300—400 M. im Jahr für die Familie. Außerdem rentieren die Straßenbahnen vielfach nicht einmal. Zwar mag diese „Steuer“ vielleicht nur von wenigen klar empfunden werden, weil sie groschenweise bezahlt wird. Tatsächlich stellt sie aber eine sehr bedenkliche wirtschaftliche Last dar.

Man kann wohl sagen: Eine Stadt wird städtebaulich desto vorzüglicher sein, je weniger Straßenverkehr man im Verhältnis zur Stärke des inneren Lebens sieht und je weniger Verkehrsmittel sie braucht.

Jedenfalls liegt somit zu einem gewissen Teil die Lösung der Verkehrsfrage auf städtebaulichem Gebiet und bildet kein eigenes Sonderfach des Stadtbauwesens.

Einen anderen Grund für die Überlastung der städtischen Straßen finden wir in ihrer Benutzung durch Fahrzeuge, die an sich keinen Grund haben, den Ort zu durchqueren, sondern die dieses nur gezwungenermaßen tun, weil die großen Landstraßen meist mitten durch die Ortschaften hindurchführen. Hiergegen wird Abhilfe durch die Schaffung von Umgehungsstraßen zu suchen sein, also ebenfalls durch städtebauliche Maßnahmen, aber außerdem durch die noch wieder darüber stehende Landesplanung, die dem Umstand Rechnung trägt, daß allmählich das ganze Land ein einheitlicher Wirtschaftsorganismus wird.

Indessen wird sodann oftmals immer noch ein gewaltiger Verkehr im Innern der Städte übrigbleiben, der auf durchaus natürlichen und gesunden Gründen beruht. Er rührt einfach daher, daß die Menschen und die Wirtschaft sich die verschiedenartigsten Verkehrsmittel nutzbar machten, um mit deren Hilfe durch persönlichen Verkehr und durch Güteraustausch in Geschäft und Produktion neue Wirtschaftsformen durchzuführen.

Um dem Rechnung zu tragen, müssen zwei Wege beschritten werden: Die Verkehrsregelung und die Hebung der Leistungsfähigkeit der Verkehrsmittel.

Die Überlastung der Verkehrswege hängt größtenteils damit zusammen, daß zum Fußgänger und Pferdefuhrwerk, die man durch gesonderte Anordnung von Bürgersteig und Fahrdamm voneinander schied, eine Menge neuer Fortbewegungsmittel hinzugekommen sind: das Rad, das langsam fahrende Last- und das schnelle Personenauto, der in kurzen Abständen anhaltende Omnibus, die ebenfalls ruckweise sich fortbewegende Straßenbahn usw. Beachtet man außerdem die zahlreichen Verkehrskreuzungen und hält man sich gegenwärtig, daß sich bei stark belasteten Straßen jede Stockung an einer Stelle im geschlossen folgenden Verkehrszuge bis weit nach hinten fortpflanzt und dessen Bewegung teils ganz hemmt, teils mindestens verlangsamt, sowie endlich, daß jede Überholung eines langsamer wandernden Körpers durch einen schnelleren ein Vielfaches von dessen Eigenlänge an Verkehrsraum erfordert, daß dadurch Wirbelbildungen und ein Durcheinander an Stelle gleichmäßigen Dahinfließens entstehen, so ist ohne weiteres klar, daß das Abflußvermögen des Verkehrsstromes durch diese Zustände auf einen Bruchteil herabgesetzt, die Gefahr des Zusammenstoßes dagegen gleichzeitig auf ein Vielfaches gesteigert wird. Nach Mitteilungen aus Hamburg ist dort festgestellt, daß unter den heute allgemein verbreiteten Verhältnissen auf einem Fahrdamm in gleicher Zeit nur 20 vH der Personenzahl befördert werden kann, wie auf einem Bürgersteigstreifen gleicher Breite, trotz der geringen Eigengeschwindigkeit der Fußgänger. Wenn man daraus die Folgerung zieht, wird man also die Leistungsfähigkeit der Straßen ganz gewaltig steigern können, ohne ihre Gesamtfläche zu vergrößern, sofern man gleichartige Fahrzeuge mit gleicher Geschwindigkeit auf gesonderte Bahnen verweist.

Deren Schaffung ist freilich wieder eine städtebauliche Aufgabe, denn es handelt sich um eine grundlegende Frage im Aufbau des Gesamtkörpers.

Nun aber endlich kommen wir einer Aufgabe, deren Behandlung und Lösung ein eigenes Sondergebiet des Stadtbauwesens ausmacht: Das ist die Fürsorge für die Schaffung von Verkehrsmitteln größerer Leistungsfähigkeit und die Steigerung der Leistungsfähigkeit der Verkehrsmittel selbst. Das liegt außerhalb der Grenzen des städtebaulichen Arbeitskreises und muß von Sonderingenieuren bearbeitet werden, nämlich die Frage: Wie kann ich Verkehrsmittel schaffen, die große Menschen- und Gütermassen in möglichst kurzer Zeit und mit geringstem Selbstkostenaufwand von einem Ort zum andern befördern, wann und wo kann man sie zur Verwendung bringen und was muß geschehen, um sie in Betrieb zu setzen, wenn private Unternehmerkreise versagen und ihre Einführung doch dem Wohle des Gesamtlebens der Stadtschaft dient.

Es sind eine Fülle wichtiger Probleme, die hier der Lösung harren. Jedermann weiß z. B.: wie sehr die Leistungsfähigkeit der Omnibusse und Straßenbahnen herabgesetzt wird durch die langsame Abwicklung des Ein- und Aussteigens. Wir brauchen neue Einrichtungen der Wagen und Haltestellen! Es ist bekannt, wie große Verzögerung der Umsteigeverkehr mit sich bringt. Der Verkehrsingenieur muß eine zweckmäßige Linienführung ausarbeiten, muß die Unterlagen für die Beurteilung der voraussichtlichen Wirtschaftlichkeit neuer Linien und Beförderungsmittel beschaffen, muß zielbewußt für deren Einführung oder Bau sorgen, muß die Tarif- und Fahrplanpolitik der Überland- und Vorortbahnen beeinflussen, um sie dem inneren Verkehrswesen nutzbar zu machen usf. Er muß sich damit beschäftigen, daß ebenso die Leistungsfähigkeit der Fahrzeuge und Anlagen für die Beförderung der Güter gesteigert wird. Die Industrie hat Wagen gebaut, die bei geringer Vergrößerung ihres Raumbedarfs ein Vielfaches an Fassungsvermögen aufweisen. Ihre Verwendung wird die Straßen entlasten. Aber sie müssen allgemein zur Einführung kommen. Weshalb soll man nicht ähnlich den unter städtischer Aufsicht stehenden Güterbestättereien Verbände schaffen, die mit diesen Großwagen den Gütertransport übernehmen? Oder die Traktoren vorhalten, mit denen im Privatbesitz befindliche Anhängewagen ihrem Bestimmungsort zugeführt werden? Der Verkehrsingenieur muß darauf dringen, daß die Verladung und Entladung auf den Güterbahnhöfen in einem Bruchteil der jetzt benötigten Zeit vor sich gehen, er muß die Möglichkeit klären, die Straßenbahnen vielleicht auch für den Gütertransport heranzuziehen. Und so gibt es noch eine Menge von Fragen, Aufgaben und Möglichkeiten, wie der Verkehrsnot abgeholfen werden kann.

Hier sollte indessen nur in einigen Stichproben das Bild seines Berufes umschrieben werden. Es zeigt, daß er nicht der Baufachmann ist, als der er hier zu wirken hat, sondern der bahnbrechende, anregende, vorwärtsstrebende Gestalter neuer Bildungen, die uns menschlich und wirtschaftlich leistungsfähiger machen. Er muß dazu freilich eben Ingenieur und nicht Techniker sein. Seine Vertrautheit mit der Technik wird ihn befähigen, eine Stellung besser auszufüllen, die bisher der Verwaltungsmann wahrzunehmen sich bemühte, der aber nur unter großen Schwierigkeiten und nur in unvollkommenem Maße Erfolge erzielen konnte, weil ihm die eingehende Sachkenntnis mangelte, die auch die Heranziehung von Technikern als Hilfsarbeiter nicht ausgleichen kann.

e) **Die Städtereinigung.** Ich komme zum letzten Untergebiet des Stadtbauwesens, d. h. — ich wiederhole das hier noch einmal — des Aufgabenkreises der Ingenieure, dessen Behandlung und Lösung sich das Ziel setzt, aus den Städten Siedlungsstätten von möglichst großer Vollkommenheit zu machen und dessen Verfolgung sich der Stadtingenieur annehmen muß, weil es außerhalb der Grenzen anderer Ingenieurgebiete liegt und weil trotz der fundamentalen Wichtigkeit für das Ergehen der Bürger und Wirtschaft und der Stadtschaft als Ganzes kein Unternehmen diese Aufgaben verfolgen würde, wenn nicht die Stadt selbst und ihre Organe sich ihrer annehmen würden.

Die Städtereinigung scheint mir immer als echtes Aschenbrödel im Ingenieurwesen angesehen zu sein. In den Sammelwerken wird nur die Städteentwässerung oder Kanalisation des näheren behandelt. Also nur die Abführung der flüssigen Abfallstoffe mittels eines einzigen bestimmten Verfahrens, und im Zusammenhange hiermit die freilich sehr wichtige Frage der Klärung oder sonstigen Behandlung dieser Schmutzstoffe, ehe man sie durch Abgabe an einen Verfluter oder sonstige Ableitung sich selbst überläßt. Mit der Beherrschung dieses beschränkten Fachbezirkes sind aber meines Erachtens die Aufgaben des Ingenieurs auf dem Gebiet der Städtereinigung bei weitem nicht erschöpft. Es erscheint mir erforderlich, ganz entschieden darauf hinzuweisen, daß die Aufgabe der Stadtingenieure auf diesem Gebiet sehr viel weitergreift.

Auch sprechen selbst hochstehende Ingenieure von ihren Kollegen, die dieses Gebiet bearbeiten, als von „Kloaken“-Ingenieuren. Das zeugt von argem Unwissen und einer traurigen Unterschätzung des Wesens dieser Dinge. Mit den alten Kloaken Roms hat unsere Kanalisation, wenn wir schon diese speziell ins Auge fassen wollen, nichts zu tun.

Keine Aufgabe des Stadtingenieurs, außer der des Städtebaues, ist von so tiefgreifender und großer Bedeutung für die Verhältnisse in den Städten, als die der Städtereinigung. Keine ist „idealer“.

Es handelt sich auf diesem Gebiete darum, die Bürgerschaft zu fördern, indem man ihr ein Dasein unter möglichst sauberen und günstigen Verhältnissen in ihrem Lebens- und Wirkensbereich sichert.

Dieses allgemeine Feld der Schaffung möglichst „reiner“, d. h. zuträglicher Umweltverhältnisse zerfällt nun in drei Wirkenskreise.

1. Die Beseitigung entstandener Abfallstoffe.

2. Die Verhinderung oder mindestens Einschränkung des Entstehens von Abfallstoffen, die zu einer Verschlechterung der naturgegebenen Verhältnisse führen könnten.

3. Endlich aber braucht die Tätigkeit der Ingenieure auch auf diesem Gebiet nicht nur abwehrender Art zu sein, sondern man kann sie auch nach der aufbauenden Seite hin entwickeln. Man kommt dann zu der Aufgabe, die naturgegebenen Verhältnisse in Boden, Wasser und Luft zu verbessern, z. B. durch Behebung klimatischer Unzuträglichkeiten und dergleichen mehr.

So bedeutsam auch die Seßhaftmachung, also Ansiedlung, für den zivilisatorischen und kulturellen Aufstieg der Menschheit gewesen sein mag, so ergab sich doch daraus eine große Gefahr für deren Ergehen: Abfallstoffe aller Art, zunächst aus Lebensführung und Wirtschaft, die der weiterwandernde Nomade beim Wechsel seines Aufenthaltsortes verläßt, später auch in immer steigendem Maße die Abfallstoffe der Gewerbebetriebe, sammeln sich in seinem Wohnbereich und deren Umgebung an. Bedenkt man, daß das Tier instinktiv einen tiefen Abscheu vor allen eigenen Abfällen hat, daß z. B. das Rind die auf eigenem Dung auf den Weiden entstandenen Geilstellen meidet, manche Tiere ihre Exkremente zu verscharren trachten, so muß es verwunderlich erscheinen, daß die Menschen so lange blind gegen die Gefahren waren, die ihnen aus dem Übergreifen der Zersetzungsvorgänge und Zersetzungskräfte in den Abfallstoffen auf ihre Lebensfunktionen drohen. Erst seit kaum 100 Jahren hat die medizinische und hygienische Wissenschaft immer klarer erkannt und nach und nach erwiesen, daß die Fernhaltung alles dessen, was dem Vergehen geweiht ist, aus der Umgebung der Menschen ein fundamentales Gebot der Selbsterhaltung und die Vorbedingung der Hebung unseres menschlichen Ergehens ist.

An solchen Abfallstoffen kommen in Betracht, wenn man sie nach ihrer Entstehung einteilt, diejenigen, die

a) von Straßen, Plätzen und öffentlichen Flächen,
b) aus Haushalt und Wirtschaft,
c) aus Gewerben,
d) aus Niederschlägen stammen.

Auch diese letzten sind, soweit sie keine natürliche und unschädliche Aufnahme im Boden finden, Abfallstoffe.

Die Mengen dieser Abfallstoffe sind, außer zeitweilig bei Niederschlägen und besonders — in der Gesamtsumme des Jahres — bei den flüssigen Abfallstoffen aus den Haushaltungen und Gewerben, keine sehr großen. An Straßen- und Hausmüll hat man in roher Schätzung mit nur etwa je 8—10000 cbm im Jahr auf je 10000 Einwohner zu rechnen.

Die moderne Städtereinigung macht es sich zur Aufgabe, alle Abfallstoffe möglichst sofort nach ihrer Entstehung zu erfassen und der unmittelbaren oder mittelbaren Berührung mit den Menschen zu entziehen, sie sodann möglichst bald und restlos aus dem Bereich der Siedlungsstätte und des Siedlungsbezirkes zu entfernen und sie nicht eher sich selbst zu überlassen, als bis sie in einen Zustand überführt sind, in welchem sie keinen Schaden mehr anrichten können. Nach Möglichkeit strebt man sogar, die in ihnen steckenden Werte zu nutzen.

Hinsichtlich des Haus- und Straßenmülls und der in kleinen Mengen anfallenden festen Abfallstoffe aus Gewerbebetrieben — die Sorge für die Beseitigung großer Mengen kann dem Unternehmen selbst zur Auflage gemacht werden — liegt das Problem, dem sich der Stadtingenieur gegenübergestellt sieht, in der Frage: Wie kann man durch geeignete Einrichtungen und organisatorische Maßnahmen die dauernd und überall verteilt und an sich in kleinen Mengen entstehenden Stoffe sogleich erfassen, sammeln und ständig entfernen, ohne einen übertriebenen Aufwand an Kraft, Weg und Zeit zu treiben? Die Lösung dieser Frage läßt sich nur zum Teil durch konstruktive Arbeit in dem Sinne, in welchem diese Bezeichnung im Ingenieurwesen gängig ist, erzielen. Oft weit wichtiger ist die organisatorische und verwaltungstechnische Behandlung. Gerade dieser Seite der Aufgabe aber darf sich der Ingenieur nicht entziehen. Denn Verordnungen und Organisation einerseits und Geräte und Einrichtungsstücke andrerseits bilden ein unteilbares System. Will er nicht nur Beauftragter und Zweiter sein, so muß er das Ganze zu meistern wissen.

Etwas anders liegen die Verhältnisse bei den flüssigen Abfallstoffen. Für die Gewerbebetriebe lassen sich hier die Massen, mit denen man zu rechnen hat, in Zahlen schwer geben. Art und Menge der abgestoßenen Stoffe sind sehr verschieden. Ihre Behandlung bildet ein eigenes Kapitel für sich. Gesagt möge nur sein, daß ihre Aufnahme in die allgemeine Regelung unbedingt erstrebt werden muß.

Will man einen Anhalt dafür gewinnen, welche Mengen an Regenwasser zu bewältigen sind, und nimmt man für 10000 Einwohner eine Siedlungsfläche von 50 ha an und rechnet bei einer jährlichen Niederschlagshöhe von 600 mm mit einem Abfluß von 50 vH, so würde sich ergeben, daß im Jahr etwa 150000 cbm Regenwasser abzuführen wären, deren Abfluß sich zudem in der Hauptsache auf ganz kurze Zeit zusammendrängt.

Hier also stehen wir vor einem Problem der Masse.

Das gilt in noch höherem Grade bei den Hauswässern. An diesen Stoffen sind im Jahr von 10000 Einwohnern, roh geschätzt, gar 350000 cbm abzuführen und zu verarbeiten. Mögen nun auch die Regenwasser, sowie sie schließlich zum Abfluß kommen, recht stark verschmutzt sein, so wird man die ununterbrochen entstehenden Haus- und Wirtschaftsabwasser doch als besonders bedenklich ansprechen müssen. Sie zu erfassen und zu sammeln ist verhältnismäßig einfach. Die Schwierigkeit liegt in der Fortschaffung. Ihr Verbleib in der Siedlung würde zu Versumpfungen und Verschmutzungen schlimmster Art führen. Eine Beschränkung der Menge durch Einengung des Verbrauchs an Wasser wäre nicht minder bedenklich. Deshalb liegt hier in der Beseitigung der häuslichen Abwässer die große Bedeutung und die eigentliche Aufgabe der Kanalisation als Mittel der Städtereinigung, von der die Ausbildung dieser Anlagen in erster Linie auszugehen hat, während die Abführung der Regenwässer und gewerblichen Abflüsse mehr als Nebenaufgabe zu betrachten ist.

Wir sehen nun freilich daraus, daß zwar die Kanalisation (die ihrerseits wieder die drei Teilaufgaben der Grundstücksinstallation, der Ausbildung des Kanalnetzes und der Abwasserbehandlung oder Abwasserreinigung umfaßt) auf dem Gebiete der Beseitigung der Abfallstoffe ein Hilfsmittel von besonderer Wichtigkeit ist. Aber neben ihrer Bearbeitung, das darf man nicht vergessen, bestehen noch andere Fragen von nicht geringer Bedeutung. Vor allem ist auch zu bemerken, daß leider viele Städte noch ohne Kanalisation sich behelfen müssen und der Städtereinigungsingenieur demzufolge auch die Methoden beherrschen muß, die dort in Frage kommen.

Nun sind aber mit der Beseitigung der Abfallstoffe die Aufgaben der Städtereinigung noch bei weitem nicht erschöpft. Hinzu kommt zunächst die wichtige Frage der Verhinderung oder mindestens der Einschränkung des Entstehens und der Verbreitung von schädlichen Stoffen, die als Gase, Ruß, Staub und dergleichen mehr die Luft verschlechtern. Der Städtereinigungsingenieur muß sich Klarheit schaffen über die schädlichen Folgen, welche aus falscher Anordnung der Rauch und Gase entwickelnden Industrie im Stadtkörper und die vielleicht noch weit größere Rauchentwicklung der Wohn- und Geschäftshäuser, durch falsche Straßenführung und -deckung, Staubentwicklung und dergleichen mehr entstehen. Erinnert sei auch an die durchaus nicht unwichtige Frage der Insektenbekämpfung. Es gibt auch bei uns Städte genug, in denen Fliegen und Stechmücken den Bürgern jährlich monatelang das Dasein verleiden. Vielfach sind sie Urheber schwerer Epidemien.

Rio de Janeiro hat durch Insektenbekämpfung die Zahl der Todesfälle an Gelbfieber von 548 auf 42 im Jahr einzuschränken vermocht.

Das sind wahrlich keine Nebensächlichkeiten.

Der Ingenieur wird sich bei der Behandlung aller dieser Aufgaben teilweise auf medizinische und hygienische Arbeiten stützen können, aber auch selbst durch Beobachtungen und Anregungen zur Klärung der einschlägigen Fragen beizutragen vermögen. Vor allem ist es nötig, daß er den Stand der Erkenntnisse auf diesem Gebiete aufmerksam und kritisch verfolgt und die Ergebnisse in leicht faßbarer Form dem Städtebauer, Straßenfachmann usw. zugänglich macht.

Er wird weiter den Stand und die weitere Entwicklung der Mittel zur Bekämpfung der bestehenden Mißstände zu verfolgen haben, er muß auf die Ausbildung neuer Hilfsmittel dringen, wo die bestehenden nicht genügen.

Endlich aber hat er dafür zu sorgen, daß alle Mittel und Maßnahmen zur Verhinderung von Schaden, die verfügbar sind, auch allen Kreisen bekannt sind und daß sie tatsächlich in dem ihrem Wert entsprechenden Maße zur Anwendung kommen.

Vergegenwärtigt man sich, in wie intensiver und feiner Arbeit und mit welcher eisernen Energie man auf dem Gebiete der Produktion ohne Scheu vor dem Aufwand hoher Anlagekosten bestrebt ist, jede Verfeinerung und Verbesserung des Betriebes ausfindig und nutzbar zu machen, die nur die geringste Ersparnis verspricht, so muß man erstaunt sein, wie wenig geschieht, ja wie ängstlich zuweilen allgemeine Verwaltungskreise davor zurückschrecken, wenn es gilt, Verbesserungen durchzuführen, die geeignet wären, durch Hebung der Gesundheit und des Wohlbefindens der Menschen selbst die Steigerung des Volksvermögens aus seiner Wurzel heraus zu fördern. Deshalb muß der Ingenieur die Führung übernehmen, geeignete Mittel und Maßnahmen ausfindig zu machen und deren allgemeine Anwendung und Durchführung mit allem Nachdruck betreiben.

Endlich aber: Weshalb sollen wir bei der Bekämpfung entstehender Mißstände stehenbleiben? Der Ingenieur will gestalten, aufbauen, stets Besseres an die Stelle des Bestehenden stellen. Weshalb soll er nicht auch die naturgegebenen Verhältnisse in Boden, Wasser und Luft besser zu machen suchen, als wie sie von sich aus sind?

Bei den Böden kommt beispielsweise teils die Trockenlegung oder die Senkung des Grundwasserstandes in Frage. Andererseits aber auch die Aufspeicherung von Niederschlägen, um kleine Bäche zu speisen, die das Siedlungsgebiet durchziehen und zeitweilig auszutrocknen drohen, oder um kühlende und belebende Wasserflächen zu schaffen. Man sollte von der leider eingebürgerten Gewohnheit abkommen, alle Rinnsale und Bäche mit hohen Kosten in unterirdische Leitungen zu fassen, anstatt sie als belebendes Element zu erhalten und durch Ausbildung als Grünanlagen zur Verschönerung der Siedlung nutzbar zu machen und sie gleichzeitig auch als Verfluter für die Regenwasserabführung zu verwerten. Man könnte auf diese Art stellenweise Kühlung der Luft in heißer Jahreszeit und eine Erhöhung des Feuchtigkeitsgehaltes erzielen und frische Vegetation schaffen in Hitzeperioden, wo der Anblick der dürstenden Natur auch die Plage der Menschen erhöht. Weshalb sollte man nicht auch, dem Beispiel der alten Mauren folgend, in weit höherem Maße als bisher durch Brunnen, kleine Wasserfälle, selbsttätige Verstäubungs- und Sprenganlagen auf öffentlichen Flächen und auch innerhalb der Blocks die Plage der heißen Sommermonate herabmindern und die oft ebenso lästige Hitze bekämpfen, wie man während des Winters in der Wohnung der Kälte begegnet.

Jedenfalls gibt es mancherlei Möglichkeiten, auch die bestehenden Verhältnisse zu bessern und auch hier gestaltend zu wirken. Bahnbrecher auf diesem Gebiet muß der Ingenieur sein. Sollten diese Fragen auch bei uns in Deutschland nicht brennend sein, so kann doch mancher in die Lage kommen, in heißeren Gegenden zu wirken. Deshalb ist es gut, wenn wir unsere Aufmerksamkeit auch diesen Fragen schenken und uns bewußt sind, daß es sich dabei nicht nur um Verschönerung oder gar Luxus, sondern um wichtige Fragen des psychischen Ergehens der Menschen handelt.

Die Städtereinigung ist ein Ingenieurgebiet, dessen Bedeutung für die Volkskultur und das Volksvermögen — im wahren Sinne dieses Wortes — von wenigen anderen Gebieten übertroffen wird. Denn Volksvermögen ist nicht der Kapitalbesitz, sondern die Kraft und Leistungsfähigkeit der Volksgenossen. Auch ein armes Volk kann ein gewaltiges „Vermögen“ haben, wenn es körperlich, geistig und moralisch hoch steht. Schaffensdrang und Schaffenslust wachsen aus sich selbst heraus, wenn gute Verhältnisse der Menschen Dasein umgeben. Der ethische Zustand im besonderen hat als wichtigste Grundlage die Sauberkeit und Ordnung. Diese zu schaffen und zu ihr zu erziehen ist die hohe kulturelle Aufgabe der Städtereinigung.

II. Abschließende Zusammenfassung.

Was ist der langen Rede kurzer Sinn?

Das Arbeitsfeld, der Beruf des Ingenieurs ist das Gestalten körperlicher Gebilde und unter deren Einfluß stehender Verhältnisse im Dienste menschlicher Arbeit, menschlicher Wirtschaft und des menschlichen Ergehens und im Dienste der Hebung der Leistungsfähigkeit unserer Mitmenschen.

Der Siedlungsingenieur will seinen Mitmenschen durch sachgemäße und schöne Konstruktion der Siedlungsstätten in ihrem persönlichen Ergehen möglichst günstige Daseins- und Entwicklungsverhältnisse schaffen.

Im einzelnen wurde angedeutet, welche Einzelfragen im besonderen in den städtischen Siedlungen sein Arbeitsbereich umfassen muß, um Lücken zu schließen, die die Arbeit anderer Ingenieurgruppen offenläßt.

Alle Einzelfragen aber zusammenzufassen und einer einzigen leitenden Idee unterzuordnen und so aus der Stadtsiedlung ein möglichst vollkommenes Ganzes, und zwar einen Organismus, zu schaffen, das ist die Aufgabe, die innerhalb des Gesamtgebietes des Siedlungswesens dem Sondergebiet des Städtebaues zufällt.

Darin liegt dessen Vielseitigkeit und alles überragende Bedeutung begründet.

Nachdem so das Gebiet des Städtebaues klar und fest umgrenzt und in seinen allgemeinen Zielen gekennzeichnet ist, wird näher zu erörtern sein, welche Ansprüche die Behandlung seiner Probleme an das Wissen und die Fähigkeiten der Ingenieure stellt.

Zweiter Teil.

Die Aufgaben und das Problem des modernen Städtebaues im Vergleich mit der geschichtlichen Vergangenheit.

Die vorausgegangenen Ausführungen sollten einen Überblick über die verschiedenen Gebiete geben, die im städtischen Bauwesen zu den anderen allgemein bekannten und auch anderwärts geübten Ingenieuraufgaben hinzutreten und auf denen sich speziell der Siedlungsingenieur betätigen muß, um die Städte zu Siedlungsstätten von möglichst vollkommener Gestaltung zu machen. Die Gesamtmasse dieser Sonderaufgaben habe ich unter dem Begriff des Stadtbauwesens zusammengefaßt. Durch ihre Aufteilung in einzelne Untergebiete wurde sodann erreicht, daß sich der Begriff und die Umgrenzung dessen klar herausschälte, was auf dem Sondergebiete des „Städtebaues" zu behandeln und zu leisten ist.

Im folgenden will ich mich nun ausschließlich mit Fragen des Städtebaues beschäftigen.

Kurz zusammenfassend wurde dieses Gebiet dahin gekennzeichnet, daß der Städtebau sich speziell mit der Ausbildung der Stadt zum Einheitskörper befaßt. Er hat also seine einzelnen Bestandteile so zu beeinflussen, daß sie sich dem ganzen Stadtkörper gut einfügen und mit ihm, sowie unter sich, in organischer Gebundenheit stehen, damit so die Stadt als Ganzes und in der Einzeldurchbildung die Form erhält, die ihrem Wesen und innerem Leben am besten entspricht.

Die Verfolgung dieser Aufgabe bringt den Städtebau mit allen anderen Gebieten, nicht nur des Stadtbauwesens, sondern des ganzen städtischen Bauwesens und überhaupt mit sehr vielen Fragen des gesamten Ingenieurwesens in enge Wechselbeziehung. Der Städtebau hat aber nicht allein dafür zu sorgen, daß alles, was entsteht, sich zu einem organischen Ganzen fügt, sondern er hat auch jede Fürsorge zu treffen, daß alles entstehen kann und tatsächlich entsteht, was der Stadtorganismus zur möglichst gesteigerten Vollkommenheit braucht. Er hat Wünschenswertes anzuregen, vorzubereiten und zu fördern, dagegen das, was im Sonderinteresse vertretbar sein mag, einzudämmen und zu verhindern, wenn es wichtige Interessen anderer schädigt, die im Rahmen des gesamten Stadtwesens als wichtiger anzusehen sind. Soweit als möglich wird er dabei bestrebt sein, Abwandlungen und Gestaltungswege ausfindig zu machen, die widerstreitende Interessen auszugleichen und nebeneinander zu befriedigen vermögen. Das Werten und Abwägen aller jener Wünsche und Folgerungen, die er bei seinem Wirken in Rechnung stellen muß, bringen ihn mit nahezu sämtlichen Gebieten in Beziehung, die unser Dasein beeinflussen. Deshalb soll er sich auf das beschränken, was für das Allgemeinwohl und die Gesamtverhältnisse von Wichtigkeit ist, dagegen alle weiteren Fragen der Gestaltung im Sinne des Privatlebens, der Privatwirtschaft und der einzelnen Betriebe der Behandlung der Sonderfachleute innerhalb der anderen Sondergebiete überlassen, in die sie gehören.

Er steht gewissermaßen im Zentrum oder — wenn man es so nennen will — über allem Werden und Gestalten im einzelnen und hat es aus dem Wirken der Eigeninteressen und des Zufalls hinaus in einheitliche planvolle Bahnen zu leiten. Städtebau ist Stadtplanung — town planning! Zielbewußtes, programmatisches Arbeiten und Wirken, wie es sich aus der Entwicklung der „Städte“ zu sozialen Organismen als unentbehrlich ergeben hat.

Der Städtebau soll, mit einem Wort, die Stadt in die geeignete Form oder — vielleicht drückt es der sportliche Ausdruck am besten aus — : er soll sie „in Form“ bringen.

1. Der „Städtebau“ der Gegenwart und Zukunft ist ein noch ungelöstes Problem.

Die folgenden Betrachtungen sollen uns nun in die Aufgaben und Probleme, die im Städtebau zu lösen sind, tiefer einführen und sie uns im einzelnen näher erkennen lassen.

Es klingt wohl einfach und selbstverständlich, wenn allgemein gesagt wurde: „Es gelte, die Stadt mit bewußter Zielsetzung so zu gestalten, daß eine wohlkonstruierte Durchbildung im Ganzen wie im Einzelnen die Bürgerschaft in ihrem Gedeihen in jeder Hinsicht fördere.“ Steht man aber im speziellen Falle der Aufgabe gegenüber, die geeignete Stadtform zu finden oder — sofern diese auch schließlich ermittelt sein sollte — die entsprechende Vorsorge zu treffen, daß die Formung oder der Formprozeß sich in der geplanten Weise vollzieht, so wird mancher leicht der Ratlosigkeit verfallen und spüren, daß alle drei Funktionen des Gestaltens, d. h. sowohl die Fassung einer nicht willkürlich gewählten, sondern sachlich begründeten Idee, wie auch die Ermittlung der entsprechenden Formkonstruktionen, wie endlich deren effektive Übertragung in die Wirklichkeit ganz unvergleichlich größere Schwierigkeiten und ganz anders geartete Leistungen darstellt als irgendein anderes Gebiet ingenieurmäßigen Gestaltens.

Erst wenn man städtebaulichen Fragen nicht nur betrachtend und beobachtend als Außenstehender gegenübersteht, sondern selbst und verantwortlich wirken und schaffen will, um das gedanklich als richtig erkannte Ziel praktisch zu verfolgen und zu verwirklichen, enthüllt sich das wahre Problem des Städtebaues bzw. die Fülle seiner Probleme.

„Leicht beieinander wohnen die Gedanken,
Doch hart im Raume stoßen sich die Sachen.“

Daß die Aufgabe des Städtebaues und seine Lösung tatsächlich ein Problem darstellt, dessen Meisterung im großen und ganzen noch nicht überall gelungen ist, wenn auch in einzelnen Stücken bemerkenswerte Fortschritte gemacht sind, wird der Fachmann nicht bestreiten, und diese Tatsache wird auch in Laienkreisen allenthalben empfunden. So gewaltige Leistungen auch auf den anderen Gebieten des Ingenieurwesens und städtischen Bauwesens im allgemeinen und auf denen des Stadtbauwesens einschließlich gewisser Einzelfragen des Städtebaues im besonderen vollbracht sind, so hat sich doch trotzdem, anstatt schwächer zu werden, immer mehr das Gefühl und die Erkenntnis verstärkt und verbreitet, daß die Städte im ganzen unbefriedigend sind und ihre seitherige Gestaltung geradezu ein Hemmnis für die Wirtschaft und eine Gefahr für das Volksleben ist. Etwa fünfzig Jahre sind bereits vergangen, seit zuerst unter wenigen anderen Reinhard Baumeister die Fragen des Städtebaues zum Gegenstand wissenschaftlicher Bearbeitung machte und sodann nach dem Erscheinen von Camillo Sittes vortrefflichem Buch: „Der Städtebau nach seinen künstlerischen Grundsätzen“[1]) immer weitere Kreise an dieser Frage Anteil nahmen, so daß das Wort „Städtebau“ in allen Tageszeitungen ein ständiges Thema und in aller Leute Munde ist. Jedermann fühlt seit langem, daß neue Regeln und neue Richtlinien für die Stadtgestaltung gefunden werden müssen. Was aber ist der Erfolg? Daß sich gerade in der Literatur der neuesten Zeit, geradezu wie ein Schlagwort wiederkehrend, die Feststellung findet: „Unsere Städte sind ein ‚Chaos‘!“

Wenn wir nach den Gründen suchen, die in der jungen Vergangenheit zu dieser unbefriedigenden Entwicklung der Stadt geführt haben, so fällt zunächst die äußere Tatsache auf, daß viele Städte eine früher niemals gekannte Größenentwicklung in verhältnismäßig ganz kurzer

[1]) Der Städtebau nach seinen künstlerischen Grundsätzen. Ein Beitrag zur Lösung moderner Fragen der Architektur und monumentaler Plastik unter besonderer Beziehung auf Wien von Camillo Sitte. 5. Aufl. mit Anhang „Großstadtgrün“. Wien 1922. Verlag von Carl Graeser & Co.

Zeit durchgemacht haben. Die folgenden Tabellen (S. 86—88) und neun graphische Darstellungen (Abb. 1—9) zeigen dieses für 20 Städte[1]).

Man sieht daraus, mit welcher Plötzlichkeit und in welchem gewaltigen Ausmaß die Stadtbauperiode, in der wir uns noch mitten darin befinden, über uns hereingebrochen ist. Das in dieser Aufstellung gebotene Bild umfaßt nur größere Städte. Aber auch bei weitem die Mehrzahl der Mittel- und Kleinstädte und sogar manche Dörfer zeigen ähnliche Kurven, und vielen anderen, die künftig an neuen Kanälen und Großverkehrswegen liegen werden oder in denen sonst günstige Vorbedingungen vorliegen, dürfte Ähnliches noch bevorstehen.

Beispielsweise wird die Wirkung des Automobilverkehrs manche Stadt, die bisher nicht günstig zu den Verkehrslinien lag, nach einer Periode des Schlummerns zu neuem, kräftigem Leben und desto schnellerer Entwicklung erwecken. Eine wirksame Anregung für ein schnelles Aufblühen bisheriger Kleinstädte kann auch von den Dezentralisationsbestrebungen ausgehen, die unter der Bezeichnung der Trabantenstädte und ähnlicher Benennung bekannt sind. Eng damit verwandt ist die Gartenstadtbewegung, so wie diese in England aufgefaßt wird[2]).

Abb. 1.

[1]) Diese Angaben sind der Doktordissertation meines langjährigen Assistenten Herrn Dr. W. Strickler entnommen: „Über die Möglichkeit und Methode einer vergleichenden Wertung zweier für dasselbe Gebiet aufgestellter Bebauungspläne“, die wegen der in der Nachkriegszeit und in der Inflationsperiode herrschenden Verhältnisse nicht in Druck erschienen ist.

[2]) Sehr richtig weist Martin Wagner in Heft 4/5, Jahrg. 10 der Gartenstadt darauf hin, daß weder Ebenezer Howard noch die sonstigen geistigen Führer dieser Bewegung unter „Gartenstädten“ ein lediglich ästhetisches Gefüge von Einfamilienhäusern mit Gärten verstanden. Gegenüber dieser ganz oberflächlichen Auffassung muß betont werden, daß Howard die „Gartenstadt“ den bisherigen, aus dem freien Spiel der Kräfte erwachsenen Städten entgegenstellen wollte. Er verlangt Stadtanlagen nach wohldurchdachten, sozialen und wirtschaftlichen Grundsätzen. Also eigentlich dasselbe, was wir in Deutschland heute unter Städtebau allgemein verstehen.

(Fortsetzung s. S. 89.)

Jahrgang	Berlin	Jahrgang	Hamburg	Jahrgang	Köln	Jahrgang	München	Jahrgang	Dresden	Jahrgang	Leipzig	Jahrgang	Breslau	Jahrgang	Magdeburg	Jahrgang	Stuttgart	Jahrgang	Düsseldorf
				1190	15 000														
				1250	60 000														
		1311	7 000																
												1400	16 000						
		1419	22 000																
				1450	60 000			1477	4 200	1477	4 000								
								1491	6 000										
		1526	12 000									1550	35 000	1550	36 000				
				1574	37 000			1588	12 000										
		1594	19 000																
1618	14 000	1603	40 000			1618	24 000	1603	15 000	1618	14 000	1620	30 000	1618	40 000				
1650	8 000			1650	30 000	1650	9 000							1650	8 000				
1688	20 000							1699	21 000	1700	20 000								
1740	81 000	1752	73 000																
								1758	63 000	1755	30 000	1750	52 000	1735	18 000				
1789	150 000			1789	40 000			1770	17 250	1772	27 382							1780	8 000
				1794	44 000									1798	31 000	1795	19 500		
1800	172 000	1801	100 000	1805	42 600	1800	40 000			1800	32 146							1801	19 331
1804	182 000	1803	123 000																
1808	148 000																		
		1811	105 000	1811	46 000														
1819	200 000			1816	49 000	1813	51 000	1815	50 300	1815	34 000			1816	37 000	1822	28 400	1816	26 655
				1820	55 000							1819	78 000	1818	43 000				
1825	220 000			1825	59 000														
1832	250 000			1831	65 000			1832	63 000	1832	43 189								
1837	280 000							1834	73 614										
1840	320 000	1840	150 000	1840	75 800									1840	46 000	1841	42 200		
1843	356 000											1842	100 000						
1847	400 000			1852	101 000	1846	85 500	1852	104 000	1852	67 000					1852	50 000		
1858	459 000	1860	247 000	1861	120 500	1861	130 000												
1867	700 000					1865	146 000									1869	69 000		
1871	826 341	1871	239 107	1871	129 233	1871	169 693	1871	177 089	1871	106 925	1871	205 912	1871	84 401	1871	91 600	1871	69 365
1875	966 858	1875	264 675	1875	135 371	1875	193 024	1875	197 295	1875	127 387	1875	235 187	1875	87 925	1875	101 300	1875	80 695
1880	1 122 330	1880	289 859	1880	144 772	1880	230 023	1880	220 818	1880	149 081	1880	270 305	1880	97 539	1880	117 300	1880	95 456
1885	1 315 287	1885	305 690	1885	239 437	1885	261 981	1885	246 086	1885	170 340	1885	296 931	1885	114 291	1885	—	1885	115 190
1890	1 578 794	1890	569 260	1890	281 681	1890	349 024	1890	276 522	1890	295 025	1890	331 656	1890	202 234	1890	139 800	1890	144 642
1895	1 677 304	1895	625 552			1895	407 307	1895	336 440	1895	399 963	1895	368 906	1895	214 424	1895	158 000	1895	175 965
1900	1 888 848	1900	705 738	1900	372 529	1900	499 932	1900	396 146	1900	456 124	1900	417 282	1900	229 667	1900	181 000	1900	213 711
1905	2 040 148	1905	802 773	1905	428 722	1905	538 983	1905	516 996	1905	503 672	1905	470 904	1905	240 679	1905	249 286	1905	253 474
1910	2 071 557	1910	932 078	1910	516 527	1910	596 467	1910	548 308	1910	589 850	1910	512 105	1910	279 644	1910	285 589	1910	358 728
1914	2 056 879	1914	1 039 697	1914	640 731	1914	646 000	1914	566 570	1914	650 000	1914	544 180	1914	293 542	1914	312 140	1914	417 994
Berlin		Hamburg		Köln		München		Dresden		Leipzig		Breslau		Magdeburg		Stuttgart		Düsseldorf	

Jahrgang	Halle	Jahrgang	Braunschweig	Jahrgang	Karlsruhe	Jahrgang	Mannheim	Jahrgang	Barmen	Jahrgang	Elberfeld	Jahrgang	Crefeld	Jahrgang	Essen	Jahrgang	Dortmund	Jahrgang	Duisburg
1618	14 000																		
1648	9 000																		
		1671	20 000																
				1719	1 994														
				1730	2 347														
				1760	2 725	1766	24 000												
						1771	21 000												
		1793	30 525	1790	3 858	1776	26 000												
		1800	27 000	1800	4 525	1802	19 000												
				1810	10 577														
1817	21 000	1814	29 934	1815	14 491	1822	20 000	1815	15 000	1817	17 000	1816	15 000	1816	5 000	1818	4 000		
		1831	34 589	1830	19 734	1833	21 000												
		1843	39 787	1840	23 484														
1855	36 068	1855	38 397	1850	25 402	1852	24 000					1852	40 000	1852	11 000	1852	13 000		
1861	42 977																		
1864	45 972	1867	50 369	1867	32 004	1864	30 000											1864	14 500
1867	48 946																		
1871	52 639	1871	57 883	1871	36 582	1871	39 606	1871	74 449	1871	71 384	1871	57 105	1871	51 513	1871	44 420	1871	30 533
1875	60 631	1875	65 938	1875	42 927	1875	46 453	1875	86 504	1875	80 589	1875	62 905	1875	54 790	1875	57 742	1875	37 380
1880	71 484	1880	75 038	1880	49 301	1880	53 465	1880	95 941	1880	93 538	1880	73 872	1880	56 944	1880	66 544	1880	41 242
1885	81 982	1885	85 194	1885	56 959	1885	61 273	1885	103 068	1885	106 499	1885	90 236	1885	65 064	1885	78 435	1885	47 519
1890	101 277	1890	101 047	1890	73 684	1890	79 058	1890	116 144	1890	125 899	1890	105 376	1890	78 706	1890	89 663	1890	59 285
1895	116 304	1895	115 138	1895	84 030	1895	91 119	1895	126 992	1895	139 337	1895	107 245	1895	96 128	1895	111 232	1895	70 272
1900	156 609	1900	128 226	1900	97 185	1900	141 131	1900	141 944	1900	156 966	1900	106 839	1900	118 862	1900	142 733	1900	92 730
1905	169 916	1905	136 397	1905	111 252	1905	163 693	1905	156 080	1905	162 853	1905	110 344	1905	231 380	1905	175 577	1905	192 346
1910	180 843	1910	143 534	1910	134 302	1910	193 379	1910	169 214	1910	170 195	1910	129 219	1910	294 653	1910	214 226	1910	229 483
1914	191 684	1914	146 274	1914	145 859	1914	226 443	1914	172 543	1914	173 126	1914	133 282	1914	325 381	1914	253 798	1914	253 119
	Halle		Braunschweig		Karlsruhe		Mannheim		Barmen		Elberfeld		Crefeld		Essen		Dortmund		Duisburg

Jahrgang	Bochum	Jahrgang	Gelsenkirchen	Jahrgang	Mülheim	Jahrgang	Hamborn	Jahrgang	Charlottenburg	Jahrgang	Rixdorf	Jahrgang	Schöneberg	Jahrgang	Wilmersdorf	Jahrgang	Straßburg	Jahrgang	Nürnberg
																1150	10000		
																		1300	10000
																1450	25000	1449	17824
																1537	30000		
																		1620	40276
																1641	25000		
																		1650	20000
																1750	50000		
																1818	50000	1806	25176
																		1820	26854
																		1830	39870
																1836	58000		
																		1840	45362
																		1852	53667
																		1860	62797
																		1865	70193
1871	21192	1871	7825	1871	14207	1871	1396	1871	19518	1871	8125	1871	4555	1871	1626	1871	85654	1871	83214
1875	28368	1875	11295	1875	15000	1875		1875	25847	1875	15309	1875	7467	1875		1875	94306	1875	91018
1880	33440	1880	14615	1880		1880		1880	30483	1880	18729	1880	11180	1880		1880	104471	1880	99519
1885	40767	1885	20289	1885		1885		1885	42371	1885	22775	1885	15872	1885	3500	1885	111987	1885	114891
1890	47601	1890	28057	1890		1890		1890	76859	1890	35702	1890	28721	1890	5164	1890	123500	1890	142590
1895	53842	1895	31582	1895		1895		1895	132377	1895	59945	1895	62695	1895	14351	1895	135608	1895	162386
1900	65581	1900	36935	1900	45062	1900	32597	1900	189305	1900	90422	1900	95998	1900	30671	1900	151041	1900	261081
1905	118464	1905	147005	1905	78000	1905	65000	1905	239559	1905	153513	1905	141010	1905	63568	1905	167678	1905	291426
1910	136931	1910	169513	1910	112580	1910	101703	1910	305987	1910	237289	1910	172823	1910	109716	1910	178296	1910	332651
1914	155825	1914	181598	1914	121011	1914	116031	1914	331243	1914		1914	186699	1914	133000	1914	186889	1914	361475
Bochum		Gelsenkirchen		Mülheim		Hamborn		Charlottenburg		Rixdorf		Schöneberg		Wilmersdorf		Straßburg		Nürnberg	

Alle diese Bestrebungen werden sich praktisch selten in vollständigen Neugründungen ex ovo auswirken, weit häufiger vielmehr in Gestalt der Entwicklung kleiner, bisher im Schatten großer Zentren kümmernder Orte bis zu einem Umkreis von 10—20 km hin. Aber auch draußen in der „Provinz“ kann man vielfach feststellen, daß oft schnell und überraschend kräftig Kleinstädte aufblühen, wenn ein tatkräftiger und geschickter Bürgermeister oder eine sonstige Persönlichkeit günstige Siedelungsvoraussetzungen zu schaffen weiß.

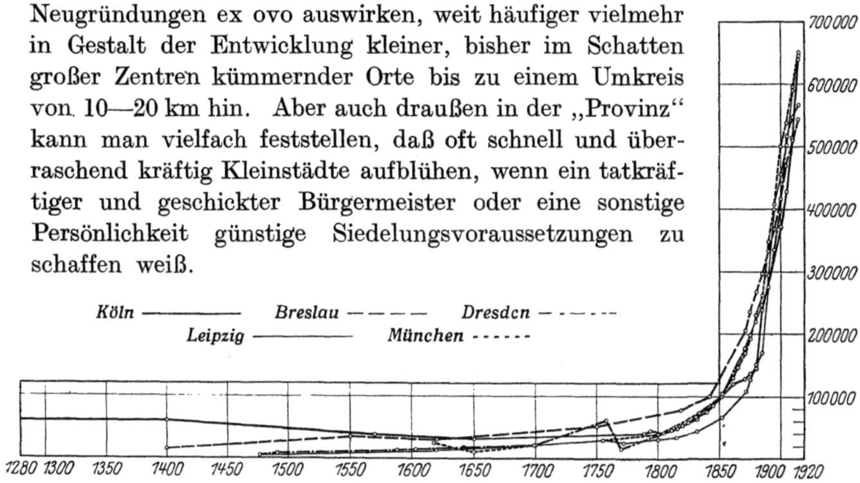

Abb. 2.

Es ist nun freilich verständlich, daß man in der Vergangenheit zunächst einer in solcher Schnelligkeit und Stärke sich vollziehenden Entwicklung, wie sie die Tabellen und Tafeln darstellen, mit einer gewissen Unbeholfenheit gegenüberstand.

Man darf nämlich nicht meinen, die Aufgaben und damit die Übung und eine „Wissenschaft“ des Städtebaues müßten stets lebendig gewesen sein, solange Städte bestehen, und müßten sich stetig fortentwickelt haben und vervollkommnet worden sein mit der ständigen Zunahme der Wichtigkeit der Städte.

Das ist ein Irrtum!

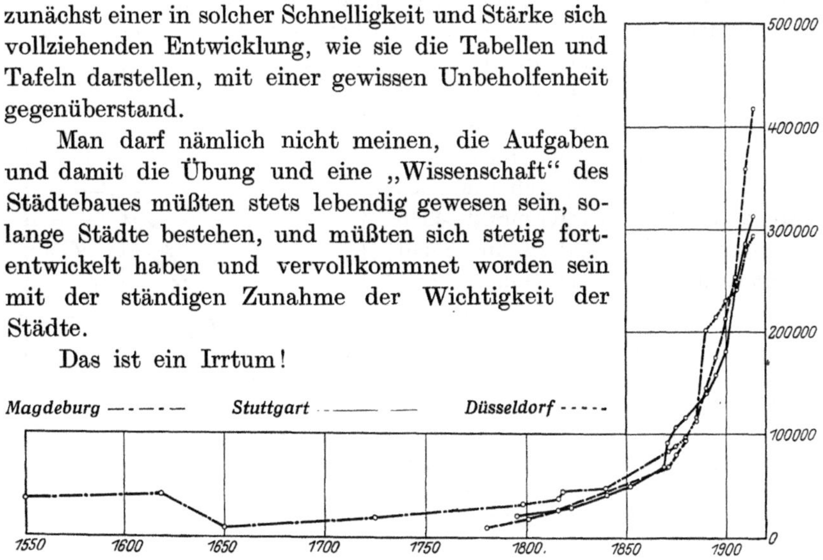

Abb. 3.

(Fortsetzung der Fußnote 2 auf S. 85.)
Um der flachen Auffassung des Begriffes „Gartenstadt“ auch äußerlich den Boden zu entziehen, schlägt Wagner vor, den Namen der Deutschen Gartenstadt-Gesellschaft zu ändern in „Gesellschaft zur Förderung der Stadtwirtschaft und Stadtkultur“. In gleichem Sinne hat auch die englische Gesellschaft sich umbenannt in „Garden Cities and Town-Planning Association“.

Er wird als solcher sogleich erkennbar, wenn man sich vergegenwärtigt, daß zu städtebaulicher Betätigung ein Anlaß nur vorhanden ist, wenn etwas Neues geschaffen werden muß, wenn die Städte also entweder wachsen und neue Stadtteile sich dem bestehenden Kern angliedern oder wenn innerhalb bereits vorhandener Stadtteile eine Umgestaltung des Bestehenden notwendig wird, weil die Anforderungen an die Gestalt der Einzelteile oder an die gesamte Anord-

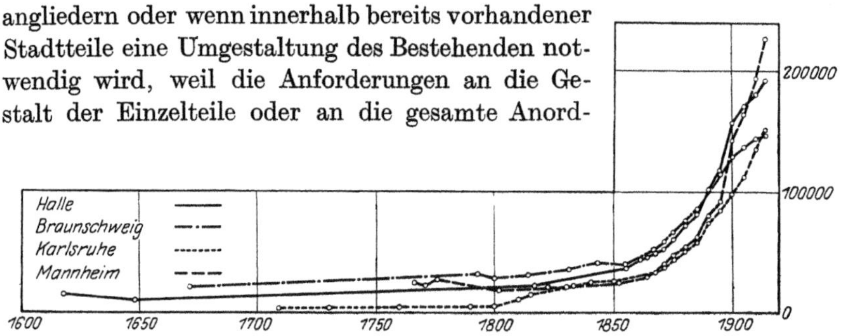

Abb. 4.

nung und Ausstattung des Stadtkörpers andere geworden sind. Treten nun solche Anforderungen nur in längeren Intervallen auf, so geht inzwischen das Können entsprechender Gestaltung verloren. Da es aber wissenschaftliche Institute, wie unsere heutigen Technischen Hochschulen in früherer Zeit auf dem Gebiete des Ingenieurwesens nicht gab, so konnte auch das Wissen oder eine „Wissenschaft“ auf einem solchen Gebiet, wie dem des Städtebaues, sich während der Pausen ihrer praktischen Anwendung nicht erhalten und nicht fortentwickeln, sondern mußte einschlafen und verlorengehen. Sie muß deshalb bei Eintritt neuen Bedarfs stets von neuem entwickelt werden.

Man unterscheidet überhaupt nur drei Städtebauperioden bei uns in Deutschland: eine etwa im 12. und 13. Jahrhundert, eine im Ende des 17. und im 18. Jahrhundert und eine in der neuesten Zeit. Es sind dieses eben die drei Perioden, in denen unsere Städte Hochkonjunkturen in ihrer Entwicklung erlebten, die sie entweder zu großen Erweiterungen oder inneren Umbildungen zwangen. Da merkte man dann jedesmal von

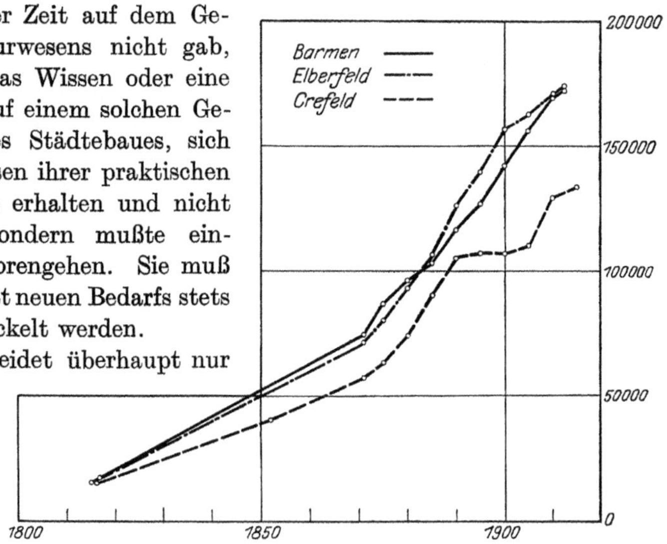

Abb. 5.

neuem, wohin es führte, wenn man diese Entwicklung sich selbst überließ, und mußte erkennen, daß sich hier eine gestaltende und organisatorische Aufgabe allerersten Ranges bot.

War diese Aufgabe sodann aber wieder einmal in weitblickender Weise gemeistert und war damit der Gestaltung der Stadt erneut der Weg gewiesen, und hörte gar der Entwicklungsprozeß allmählich wieder ganz auf, so verschwand dieses Thema eben auch wieder von der Tagesordnung. Die Karre lief nun allein, der Bürger nahm das Geschaffene als etwas Selbstverständliches hin und lebte seinem Erwerb.

Dann nach langer Zeit kam eine neue Hochwelle der Entwicklung, die alten Grundlagen reichten nicht aus, Ratlosigkeit und Konfusion traten ein, und endlich zeigte sich auch diesmal wieder ein starker Wille, der die Entwicklung auch jetzt wieder in klare feste Bahnen zwang. Damit begann dann eine neue „Städtebauperiode“, d. h. eine Zeit zielbewußter Stadtgestaltung.

So mag also die Tatsache, daß die neueste Entwicklungsperiode der Städte von der vorhergehenden durch eine längere Zeit der Ruhe getrennt war, und besonders mag die Plötzlichkeit und Stärke, mit der sie, im Westen und bei den Großstädten beginnend, nach und nach alle Landesteile und nahezu alle Städte bis zu den Kleinstädten herab in den Bann ihrer Einwirkung gezogen hat, viele Fehlschläge der letzten Vergangenheit leichter verständlich machen. Aber restlos sind diese damit keineswegs zu erklären. Denn man sollte meinen, daß die Überraschung sich nur in den ersten Orten, die von der plötzlichen Entwicklung ergriffen wurden, hätte so unselig auswirken dürfen, daß aber nicht jahrzehntelang bis in die allerneueste

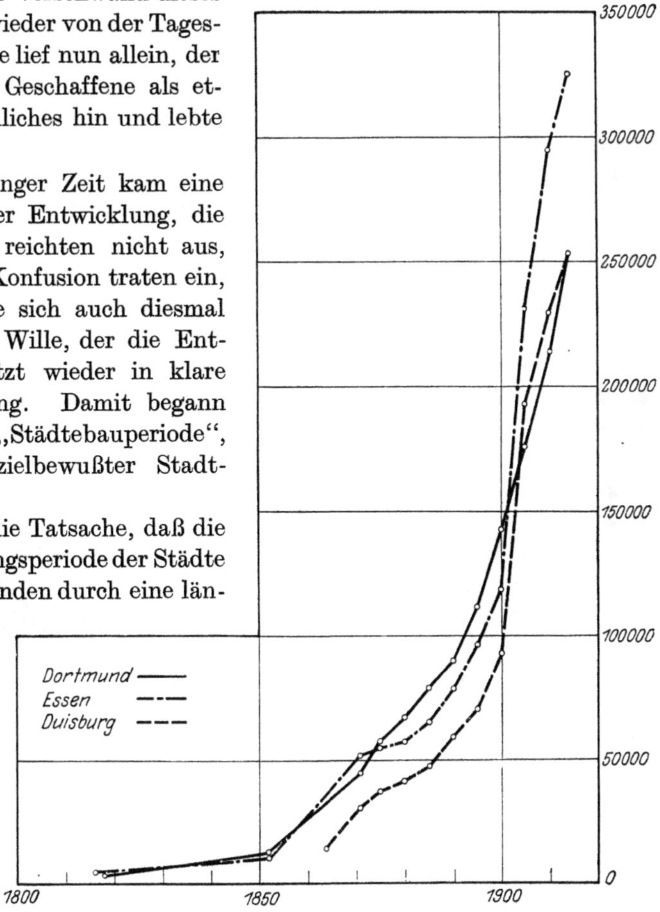

Abb. 6.

Zeit hinein allerorten höchst unglückliche Fehler und Unterlassungen hätten vorzukommen brauchen.

Mag auch das Ausmaß der Aufgabe, die das diesmalige äußerst schnelle und starke Wachstum der Städte stellte, alles früher Dagewesene um ein Vielfaches übertroffen haben, so sind doch auch unsere geistigen Verkehrsmittel und die sonstigen Möglichkeiten, aus schwierigen Problemen durch Studium und gemeinsame Beratung aller Fachkreise einen Ausweg zu suchen, gegen früher ungemein gestiegen.

In der Tat hat man auch in der Literatur, auf Kongressen und vielen anderen Wegen eifrigst danach gesucht, wie man der Schwierigkeiten Herr werden könne. Wäre in den zuerst betroffenen Orten tatsächlich die Lösung des vorliegenden Problems gelungen und wäre man durch sie anerkanntermaßen zu einer befriedigenden Stadtgestaltung und festen Regeln gelangt, wäre also das „Problem“ als solches gelöst oder wäre das Wesen dieses Problems auch nur allmählich ganz klar geworden und hätte man somit auch an den fehlerhaften Versuchen zu seiner Lösung wenigstens die Mittel und Wege zu seiner Behandlung studieren können, so hätten die später Betroffenen daraus ihre Lehre ziehen können. Das Chaos, über das man allenthalben klagt, hätte sich nicht bis in die neueste Zeit hinein erhalten und ständig steigern und weiter ausbreiten können.

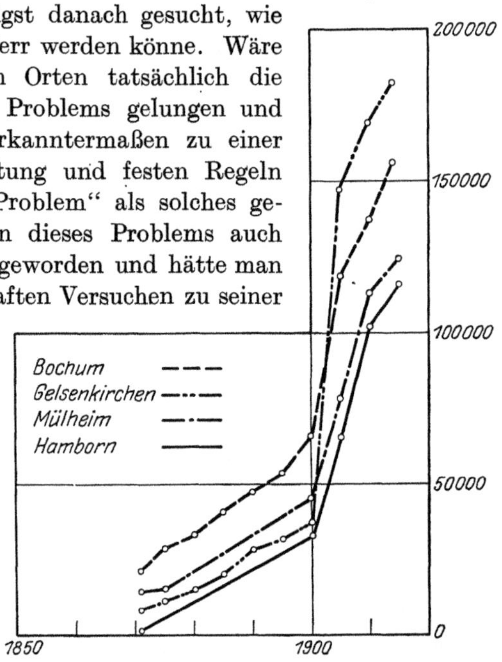

Abb. 7.

Wenn wir demgegenüber aber tatsächlich erkennen müssen, daß auch bis heute hin noch die schwersten Fehlgriffe nahezu allerorten festzustellen sind, so ist das ein Beweis, daß das Problem der Stadtgestaltung im großen und ganzen noch unklar und ungelöst ist und daß es eben tiefer liegen muß, als man im allgemeinen annimmt.

Weil man dieses Problem selbst noch nicht richtig und klar erkannt hatte, mußten auch die Wege, auf denen man der entstandenen Schwierigkeiten Herr zu werden suchte, in die Irre und in Gestrüpp führen.

Es muß ein recht verwickeltes sein, sonst würde es leichter gemeistert werden.

Auf den Punkt, in welchem die Schwierigkeiten liegen, scheint mir Eberstadt treffend hinzuweisen, wenn er im Vorwort seines Handbuches des Wohnungswesens etwa sagt, daß „der Städtebau (E. spricht freilich nur von einem Teil desselben, nämlich dem Wohnungswesen) in größerem Umfange als irgendein anderer Teil unseres Kulturlebens seine Wirkungen vervielfältige und auf andere Gebiete übertrage. Die Einrichtungen, die der Jurist schaffe, seien bestimmend für die Werke der Techniker. Die Maßnahmen des Technikers wiederum hätten in hervorragender Weise volkswirtschaftliche Bedeutung. Die Ergebnisse der Bodenparzellierung, der Bauweise, der Besitzverteilung griffen aufs tiefste in die Gestaltung der politischen Verhältnisse ein. Jede Handlung scheine hier ihren Erfolg nach verschiedenen Richtungen zugleich zu erstrecken und, ob gewollt oder nicht gewollt, über ihren ursprünglichen Bereich hinauszugreifen."

Aus diesen Worten geht hervor, wie vielseitig die Gesichtspunkte sind, die im Städtebau ineinandergreifen. Rechts- und Ingenieurwesen, Volkswirtschaft, Politik bilden kein Nebeneinander, sondern einen geschlossenen Kreis. Es ist naturgemäß eine schwere Aufgabe, alle die Gesichtspunkte, die in gegenseitiger Abhängigkeit untereinander in Betracht zu ziehen sind, und alle die Folgerungen, die sich aus jeder einzelnen Maßnahme nach verschiedenen Richtungen hin ergeben werden und ergeben sollen, so zu wägen und einerseits allen miteinander, gleichzeitig aber und anderseits jedem einzelnen für sich nur in dem durch seine Wertigkeit gebotenen Maße so gerecht zu werden, daß schließlich ein harmonischer und in seinem ganzen Endergebnis möglichst nützlicher Gesamtorganismus entsteht.

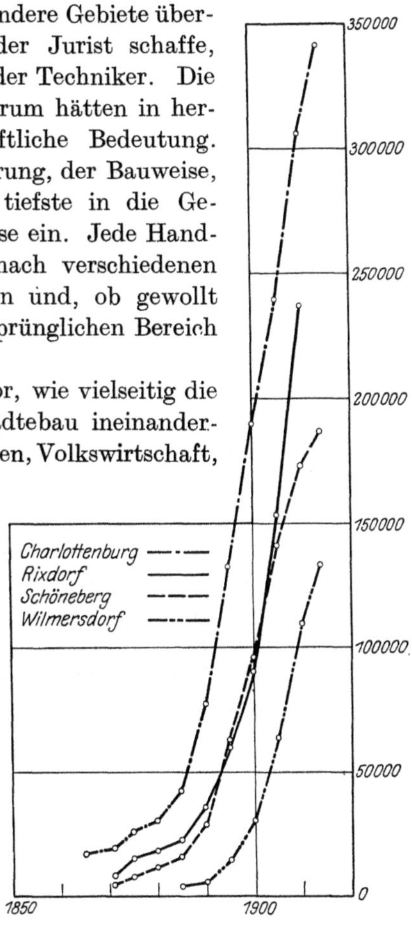

Abb. 8.

Es muß aber doch einen Generalnenner geben, auf den sich alle Beziehungen und Verhältnisse der einzelnen Ressorts, die Eberstadt nebeneinander nennt, bringen lassen, so daß alsdann das Exempel in einer verhältnismäßig einfachen Form erscheint.

Stehen die Maßnahmen des Ingenieurs, des Juristen und des Volkswirtschaftlers und noch mancher anderer in Ursache und Wirkung wechselseitig in so enger Abhängigkeit voneinander, so wird eben nicht jeder von ihnen als Sonderfachmann wirken dürfen, sondern nur im Orchester, das der Städtebauer dirigiert und in dem Jura, Technik, Wirtschaft usw. zu gemeinsamer Melodie sich zusammenfinden und aufeinander abstimmen müssen. Motiv und Melodie aber müssen aus dem Problem des Städtebaues entwickelt werden, um es nach dessen klarer Erkenntnis in harmonischer Weise zu lösen.

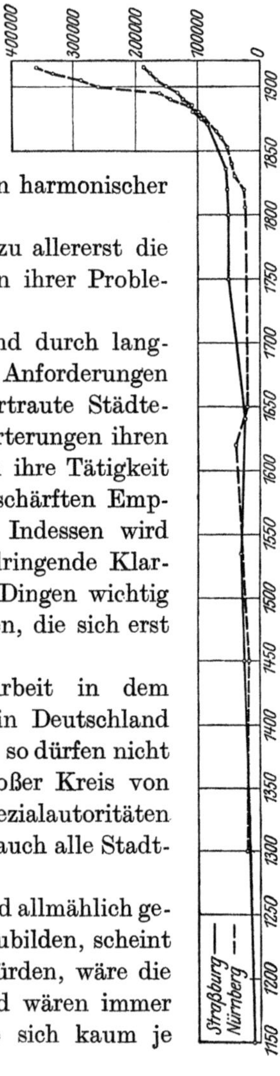

Abb. 9.

Deshalb erscheint es mir notwendig, zu allererst die Aufgaben des neuzeitlichen Städtebaues in ihrer Problematik klarzulegen.

Freilich mögen einige alterfahrene und durch langjähriges Wirken in der Praxis mit allen Anforderungen und Wechselwirkungen dieses Gebietes vertraute Städtebauer auch ohne derartige langwierige Erörterungen ihren rechten Weg finden allein aus dem durch ihre Tätigkeit und Kämpfe allmählich geborenen und geschärften Empfinden für die Notwendigkeiten heraus. Indessen wird gewiß auch mancher Praktiker eine eindringende Klarlegung als nützlich erachten. Vor allen Dingen wichtig ist diese aber für die große Zahl derjenigen, die sich erst einarbeiten wollen.

Wenn wir ferner städtebauliche Arbeit in dem weiten Rahmen leisten wollen, wie sie in Deutschland aller Orten dringend der Behandlung harrt, so dürfen nicht nur einzelne wenige, sondern muß ein großer Kreis von Männern mithelfen, nicht nur einige Spezialautoritäten und Baudirektoren großer Städte, sondern auch alle Stadtbaumeister kleiner Orte.

Diese allein durch praktische Arbeit und allmählich gesammelte Erfahrung und Einblicke heranzubilden, scheint ein nicht gangbarer Weg. Ehe sie reif würden, wäre die Entwicklung über sie hinweggegangen und wären immer weitere schwere Schäden entstanden, die sich kaum je wieder gutmachen lassen.

Außerdem aber ist zu beachten, daß auch viele Ingenieure aus den anderen Fachrichtungen verständnisvolle Hilfe und Mitwirkung leisten müssen. Sie alle müssen das Problem, wie es die praktische Arbeit darstellt, zunächst einmal nicht nur äußerlich, sondern voll innerlich erfassen.

Beachtet man endlich, daß in jedem Einzelfalle gerade infolge des Wesens der Städte als Organismen und als Individuen je nach den besonderen örtlichen Verhältnissen und Gegebenheiten jeweils immer verschiedene und neuartige Gesichtspunkte auftreten und immer neue und andere Mittel und Wege zu wählen sind, so erscheint es mir unzweckmäßig, eine Einführung in die Aufgaben des Städtebaues mit Einzeldarstellungen und der Erörterung einzelner technischer Regeln zu beginnen. Vielmehr scheint es mir notwendig, als Grundlage aller weiteren Erörterungen zuvörderst in eingehenden Betrachtungen Klarheit über das Wesen städtebaulicher Arbeit zu suchen.

2. Wert und Sinn historischer Betrachtungen für die Klärung des heutigen Problems des Städtebaues.

Um das in seiner Gesamtheit zunächst noch unklare Problem städtebaulicher Arbeit zu erkennen, wie es heutzutage und in Zukunft zu lösen sein wird, wird es eine nützliche Vorübung sein, wenn man nachforscht, nach welchen Gesichtspunkten man bislang im Städtebau vorging, welche Wege man einschlug und inwiefern und weshalb diese Ergebnisse uns heute nicht mehr befriedigen.

Da nun aber die Städte nicht vergängliche Konstruktionen sind, wie etwa Maschinen und dergleichen, da sie ferner nicht, wie selbst die Gebäude, nach einer gewissen Nutzungszeit abgebrochen und durch ganz neue Gebilde ersetzt werden, da vielmehr vieles von dem, was einmal entstanden ist, Jahrhunderte und Jahrtausende dauert und nachwirkt, wie z. B. die einmal geschaffenen Straßenzüge und die dadurch gegebene Grundstruktur des Gesamtkörpers, so ist es nicht zu umgehen, daß man sich, wenigstens in ganz kurzen Zügen, mit dem Gang der Entwicklung und Gestaltung der Städte vom Beginn ihrer Entstehung an bekanntmacht.

Stellt man dann den alten Städten und ihren Formen, sowie den Verhältnissen, aus denen heraus sie entstanden, die Städte unserer Zeit in ihrem Leben und ihren Bedürfnissen gegenüber, so werden wir erkennen, wie ganz anders die Aufgaben und Probleme der Gegenwart geworden sind, und daß neue Ziele auch ganz neue Wege verlangen.

Obgleich ich also der Meinung bin, daß der Ingenieur stets seine Blicke weit mehr in die Zukunft richten soll, und daß demgegenüber das Wissen um die Vergangenheit eine verhältnismäßig geringere Rolle in seiner Wissenschaft spielt als die klare Erkenntnis dessen, was in Zukunft *werden* soll, bin ich beim Städtebau doch gezwungen, mit einem „historischen" Rückblick zu beginnen.

Ich beschreite indessen diesen Weg nicht in der Absicht, in ausgedehntem und etwa in ganz erschöpfendem Maße geschichtliche Tatsachen festzulegen und mich schwelgend in sie zu vertiefen, sondern ich möchte aus dem Geschichtlichen in möglichst knapper Form nur das für uns Wissenswerteste herausziehen.

Deshalb knüpfe ich mit meinen folgenden Betrachtungen an den Leitsatz an, welchen auch Paul Wolf an die Spitze des ersten Kapitels seines Buches: „Städtebau, das Problem der Stadt in Vergangenheit und Zukunft" stellt: „Es ist nicht mehr die Form, sondern der Formprozeß, den wir, uns kräftigend, miterleben möchten."

Es ist dieses eines jener vorzüglichen Worte Prof. A. E. Brinckmanns, des an Stadtbaukunst so lebhaft interessierten Kunstgeschichtlers. Ich kenne zwar den Zusammenhang nicht näher, in dem Brinckmann diesen Ausspruch getan hat, und weiß deshalb nicht, ob er ihn ganz in dem Sinne meint, den ich darin finde, und ob er das besonders betonen will, was mir an diesem Worte als das Wesentliche erscheint. Ich übernehme es in dem Sinne: „Uns interessiert nicht die Form und die Schönheit der alten Städte an sich. Wir freuen uns zwar daran, und sie ist uns ein Ansporn in unserem eigenen Wirken. Aber über die Tatsache und Erkenntnis dieser Schönheit an sich ist annähernd genug geschrieben und gesagt. Gesichert und gestärkt durch das Wissen um diese Schönheit und aufgerüttelt durch die Erkenntnis, daß wir Gleichartiges schaffen müssen, aber nicht das Alte einfach als Technik nachahmen können, wollen wir die Kräfte und Gründe und Vorbedingungen zu erforschen suchen, aus denen diese vortrefflichen Gestaltungen ihrer Zeit entstanden. Wir wollen sie so eindringlich erkennen, daß wir sie gleichsam miterleben. Das soll uns die Schulung sein, auf welcher fußend und durch die befähigt wir die Kräfte und Vorbedingungen studieren, aus denen die Stadtformen unserer Zeit und die der Zukunft hervorgehen müssen.

Indem wir sodann den Formprozeß auch unserer Zeit, uns in ihn vertiefend, miterleben, wollen wir ihn packen und die gesunden Kräfte ausnutzen und leiten zum Effekt der wahrhaft schönen Stadt.

Wir wollen also nicht mit einer Technik, die alles nachmacht, und nicht mit willkürlichen Schönheitsformen wirken, sondern aus dem Formprozeß heraus die Schönheit entwickeln."

Diesen Sinn finde ich in Brinckmanns Sentenz.

Nun sind diese Worte zwar von Brinckmann selbst wohl in erster Linie für sein eigenes Tätigkeitsfeld als Kunstgeschichtler geprägt. Sie beziehen sich also naturgemäß zunächst auf das Teilgebiet, welches meines Wissens ebenfalls Brinckmann als erster durch die Wahl der Sonderbezeichnung „Stadtbaukunst" aus dem großen allgemeinen Komplex des Städtebaues herausgehoben hat und das sich in Sonderheit zur Aufgabe macht: das schön zu machen, was gemacht werden muß.

Aber was Brinkmann von diesem Teil der Gesamtaufgabe sagt, kann man ohne weiteres auf das Gesamtgebiet übertragen.

In welcher Richtung wir uns auch mit den Stadtgestaltungen der Vergangenheit beschäftigen mögen, so werden wir demnach als Ingenieure und Städtebauer nur dann vollen Nutzen aus dieser Beschäftigung ziehen, wenn wir uns nicht begnügen, das Endergebnis damaliger Gestaltungen als Tatsachen zu betrachten und uns einzuprägen, sondern wir müssen vielmehr stets dabei zu erkennen suchen, wie die Rechtsformen und die Lebens- und Wirtschaftsverhältnisse der Menschen jeweils die Städte beeinflußten und wie ihre Körperformen durch sie gezeugt und gebildet wurden.

Ebenso wird das, was Brinkmann als Kunsthistoriker mehr für die Vergangenheit als richtig empfunden und erkannt hat, in gleicher Weise für die Gegenwart und Zukunft gelten. Auch bei unserem heutigen Wirken müssen wir uns tief hineinleben in den Werdeprozeß und in alle Triebkräfte und die Bedürfnisse alles Werdens und Entstehens der Städte, um daraus dann die rechte Form zu entwickeln.

Dafür kann die Betrachtung der Vergangenheit eine nützliche Schulung darstellen. Hierin haben wir den Wert des Rückblickes auf historische Entwicklungen und auf ihre Werke und Tatsachen zu suchen. Wir müssen Vergangenes betrachten, nicht um es nachzuahmen, sondern um durch sein Verstehen Richtlinien für die Wege zu gewinnen, die wir heute und künftig einzuschlagen haben.

Über die Entstehung, Fortbildung und Form der Städte in der Vergangenheit sind nun sehr viele Abhandlungen und umfangreiche Bücher mit teilweise gewiß sehr wertvollem Tatsachenmaterial in bisweilen geradezu überreicher Fülle erschienen. Aber der schaffende Ingenieur steht dieser Fülle oft ratlos gegenüber, weil sie mehr vom Standpunkt des Historikers und nicht von dem des Ingenieurs geschrieben sind. Es ist in ihnen kaum je gesagt, welche Folgerungen man aus der Erkenntnis des Früheren für die Lösung der Aufgaben der Zukunft ziehen kann und muß. Sie sind zumeist geschrieben vom Standpunkt der reinen Wissenschaftler: Nihil flere, nihil ridere, nihil admirari, sed intellegere. Auch wir wollen intellegere, aber wir wollen uns nicht mit der „reinen Erkenntnis" begnügen, sondern sie soll uns Werkzeug werden zu schaffender Tat. Um das Erkannte nutzen zu können, müssen wir es prüfen, wägen und sichten und müssen uns mit dem vertraut machen, woraus sich im geeigneten Moment Folgerungen für künftiges Wirken ziehen lassen. Macht man sich klar, welche Bedürfnisse und rechtlichen, sowie wirtschaftlichen Verhältnisse bei der Bildung der alten Stadtformen wirksam waren, und vergleicht man diese sodann mit den heutigen Verhältnissen, so wird sich gleichsam von selbst das herausschälen, was man zu verwerten vermag gegenüber der Fülle dessen, was uns zwar „interessiert“, ohne aber verwendbar zu sein.

Gleichzeitig wird man manches von dem, was in zu junger Vergangenheit entstand, als daß man bereits den zu ganz unparteiischer Betrachtung erforderlichen Abstand hätte gewinnen können, aus der mißverstandenen oder zu Unrecht beibehaltenen Überlieferung heraus sich zu erklären lernen. Man wird es dann gerechter würdigen, anstatt verächtlich darüber hinwegzugehen. Man wird mindestens das gute Wollen auch in diesen fehlerhaften Werken anerkennen. Auch aus den Fehlern der Vergangenheit und Gegenwart wird man manches Nützliche lernen können, wenn man sich übt, den Zusammenhang zwischen den Gestaltungsformen und den jeweils obwaltenden Verhältnissen zu beobachten.

Vornehmlich wird man aber aus einem geschichtlichen Rückblick entnehmen können, wie zu allen Zeiten kulturelle und wirtschaftliche Verhältnisse die Stadt bildeten und wie der Formprozeß in ihnen zwangläufig begründet war.

Es zeigt sich hierin wieder klar das Wesen der Stadt als Organismus insofern, als jede Stadtform den Charakter ihrer Zeit ebenso getreulich widerspiegelt, wie die Eigenart des Menschen in seiner Körperbildung zum Ausdruck kommt.

Im übrigen aber wird man erkennen, wie verschieden infolge des Wandels der Verhältnisse die heutigen Anforderungen an die Bildung des Stadtkörpers und demgemäß auch der Formprozeß ist, wie stark sich unsere Aufgaben geändert haben und wie wenig wir aus Überkommenem entnehmen können, soweit es sich um Körperformen und die Mittel und Wege zu ihrer Verwirklichung handelt.

Es ergibt sich daraus, daß hier nicht technische, sondern Ingenieuraufgaben zu lösen sind im vollsten Sinne des Begriffs.

Die wichtigste Lehre also, die wir aus einem historischen Rückblick ziehen können, wird demnach die sein: daß wir fast alles, was wir neu schaffen, auch in seiner Gestaltung neu entwickeln müssen, dagegen nur weniges in Anlehnung an überkommene Beispiele übernehmen können.

Wenn ich nun das Material suche, das mir die Vergangenheit liefert, um an ihm das Problem der Stadtgestaltung in Gegenwart und Zukunft klar erkennen zu lernen, und um dann Wege zu seiner Bewältigung zu suchen, so reizt mich die Versuchung, zunächst auch zurückzugreifen auf die Städte in den Kulturländern des Altertums. Sogleich stellt sich dann aber die weitere Versuchung ein, nicht nur weiter zurück, sondern auch seitlich weiter auszugreifen und die Städte anderer Länder und Erdteile einer Betrachtung zu unterziehen. Man müßte dann den Untersuchungen die Fragestellung zugrunde legen:

Welche Stadtgestaltungen finden wir allerwärts zu allen Zeiten bis zur Gegenwart heran, aus welchen Bedürfnissen menschlichen Lebens, der Wirtschaft und des Rechts heraus ergaben sie sich, welche Vorteile als Siedlungsstätte boten sie oder bieten sie auf der einen Seite noch, und welche Schäden ergaben sich andererseits eben aus diesen selben Gestaltungsformen, aus welchen Ursachen heraus entstanden sie, wie kann man Gleiches oder Ähnliches bewußt herbeiführen, soweit es nachahmenswert ist, oder es verhindern, soweit es als unzuträglich und verwerfenswert erkannt wird.

Es steht außer Frage, daß solche Erörterungen in weitestem Rückblick und weitester Ausspannung über alle Länder bis in die Gegenwart hinein viel interessanten und wertvollen Stoff zu Studien und viele lehrreiche Parallelen zeitigen würden.

Die Städte des alten Griechenlands zeigen z. B., wie man damals nicht nur dem Bedarf nach Unterkunft und Arbeitsstätte Rechnung trug, sondern in gewaltigen Anlagen das Bedürfnis nach geistiger Erhebung und Pflege des Körpers zu befriedigen suchte. Das alte Rom bietet demgegenüber ein schlagendes Beispiel für die Gefahren und das Verderben, denen Stadt und Volk anheimfallen, wenn nur das finanzielle Interesse gewisser Kreise und äußerliche Gesichtspunkte die Maßnahmen diktieren, aus denen sich die Stadtgestaltung ergibt, oder wenn man dem „freien Spiel der Kräfte“ zu weitgehend Raum zu ungeleiteter Betätigung gibt.

Die Städte aller Länder, genau in ihrem Formprozeß und seinen Ergebnissen, in seinen Vor- und Nachteilen analysiert, würden eine unerschöpflich scheinende Fülle von Anregungen bieten.

In dieser Feststellung aber drückt sich bereits die Tatsache aus, daß man mit diesen Erörterungen gar zu leicht ins Uferlose geraten würde. Es wird sich deshalb empfehlen, damit zu warten, bis erkannt ist, was der deutsche Städtebau für Aufgaben und Probleme bietet, und dann erst den Blick umherschweifen zu lassen und zu suchen, was uns das Altertum und das Ausland an Beispielen liefert, an denen wir lernen können, was zu erstreben und zu vermeiden sein wird.

Außerdem muß auch folgender Gesichtspunkt beachtet werden: Trotz aller historischen Forschungen ist uns das Sein und Wirtschaftsleben der Antike doch zu fremd, und es zeigt sich klarer nur das Leben und Weben einer verhältnismäßig dünnen Oberschicht, als daß wir daraus wissenschaftlich einwandfreie Lehren für unsere Aufgaben der Gestaltung, also sichere Konsequenzen ziehen könnten.

Ich werde mich deshalb zunächst darauf beschränken, nur unsere deutschen Städte in ihrer Entwicklung und deren Ursachen und Wirkungen kurz zu betrachten, d. h. die Städte, deren Substanz oder wenigstens deren Struktur, sei es in Form alter Stadtteile, sei es in überkommenen Rechtsformen, Gepflogenheiten, Technik und — Vorurteilen heute noch vorhanden und wirksam oder begründet und somit bei den Maßnahmen künftigen deutschen Städtebaues in Rechnung zu stellen und zu berücksichtigen ist.

Ich fuße dabei mitunter, manchmal sogar unter wörtlicher Verwendung auf dem ersten Buch des Werkes von Roman Heiligenthal: „Deutscher Städtebau. Ein Handbuch für Architekten, Ingenieure, Verwaltungsbeamte und Volkswirtschaftler". Auch meine Abbildungen sind teilweise diesem Buch entnommen, das ich zu näherer Information wärmstens empfehle.

Als es erschien, waren meine Arbeiten, aus denen dieses Buch entstand und die anfangs nur den Stoff und dessen Fassung für meine Vorlesungen ergeben sollten, noch stark in der Entwicklung begriffen. Ich habe damals das Werk Heiligenthals mit großer Freude aufgenommen, da es mich nicht nur der Mühe enthob, viele Einzelheiten meinerseits zu sammeln, sondern weil es mir auch in der Tendenz mit der meinigen viel Gemeinsames zu haben scheint. Ich trage wegen dieser Gemeinsamkeit keine Bedenken, mich dort der Worte und Beispiele Heiligenthals zu bedienen, wo mir diese besonders treffend das auszudrücken scheinen, was auch ich sagen will. Ich halte es sogar für empfehlenswert, wenn der Leser gleiche Gedanken durch gleiche Worte ausgedrückt und damit unterstrichen findet.

Andererseits kann ich nicht einfach auf sein Buch verweisen. Ich will ja hier kein Handbuch schreiben, das eine lückenlose Darstellung jener Zeiten gibt, sondern nur die Grundlage für ihr Verständnis liefern. Dazu erscheint es mir aber notwendig, aus dem, was dort in reicher Fülle der Einzelheiten und in breitem Rahmen geboten wird, die großen Linien herauszuarbeiten und die manchmal schwer übersehbare Fülle zusammenfassend übersichtlicher zu machen. Auch sind von mir nicht nur viele dort enthaltene Einzelheiten fortgelassen, sondern auch manches ergänzend zugefügt und manches Gleiche wird von mir unter einem anderen Gesichtswinkel betrachtet.

3. Die deutschen Städte des Mittelalters.

In Deutschland beginnt das Entstehen von Gebilden, die die Bezeichnung von „Städten" verdienen, etwa im 11. Jahrhundert. Was vordem bestand, waren Plätze, Dörfer, Pfalzen, Burgen mit Zubehör, Klöster u. dgl., aber keine Gemeinwesen. Sie boten deshalb noch nicht die wesentliche Grundbedingung für eine Entwicklung zu Organismen höherer Ordnung.

Erst als der allgemeine kulturelle und wirtschaftliche Fortschritt unseres Volkslebens dazu drängte, entwuchsen seinem Stamm die

„Städte“ als neuartige Gebilde. Sie wurden zunächst nicht bewußt als Städte gegründet und angelegt, sondern sie sprossen, von tieferen Kräften als menschlicher Absichtlichkeit und Planung getrieben, selbständig hervor, und erst allmählich erkannte man, was Neues wurde und entstand.

Das, was von diesen ersten Städten auf uns überkommen ist, wird man unschwer verstehen, wenn man in ihrer Entstehung drei Linien unterscheidet.

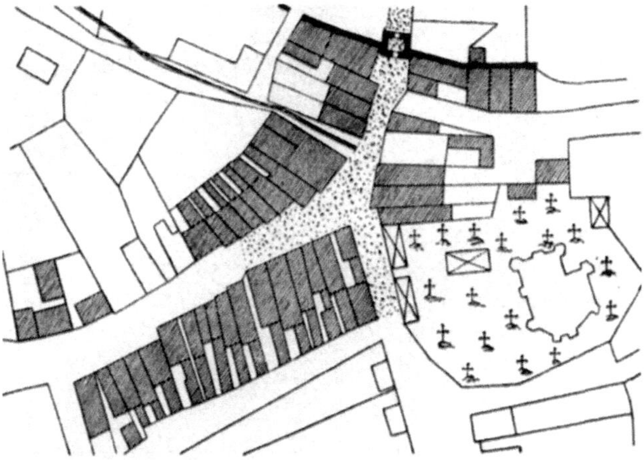

Abb. 10. Gnesen 1787. Die Judenhäuser vor dem Tore der Stadt. (Nach Heiligenthal, Städtebau.)

1. Die Angliederung an einen einzelnen, wenngleich mitunter starken Einzelkern, an den sich städtische Zellkörper, wie bei einer Inselbildung Korn an Korn, anlagern. Die Urzelle kann z. B. eine Burg, ein Kloster, eine Heilquelle mit den dazugehörigen Bauten gewesen sein oder dergleichen mehr. Sie behielt im entstehenden Gebilde dann weiterhin eine dominierende Stellung, bis sie, wenngleich immer noch erkenntlich, doch mehr und mehr im größer wachsenden Gesamtkörper aufgesogen wurde.

2. Die Entwicklung aus einem Dorf, einem alten Römerlager oder dergleichen durch teilweise Umwandlung der bestehenden Zellgebilde in städtische Anwesen und durch weitere Angliederung städtischer Elemente.

3. Die Entstehung aus dem Nichts, gewissermaßen die Anlage oder Zeugung ex ovo, durch Schaffung eines Marktes oder später auch anderer Zentren, die mit Siedlungsstätten umgeben werden — mit dem bewußten Zweck, eine Siedlungsstätte der neuen, durch die Zeitverhältnisse gegebenen Art, also die Urform einer „Stadt“ zu schaffen.

Als die kulturelle Entwicklung der Menschen in deutschen Gegenden diese dazu antrieb, die Schranken dessen, was die Natur ihnen

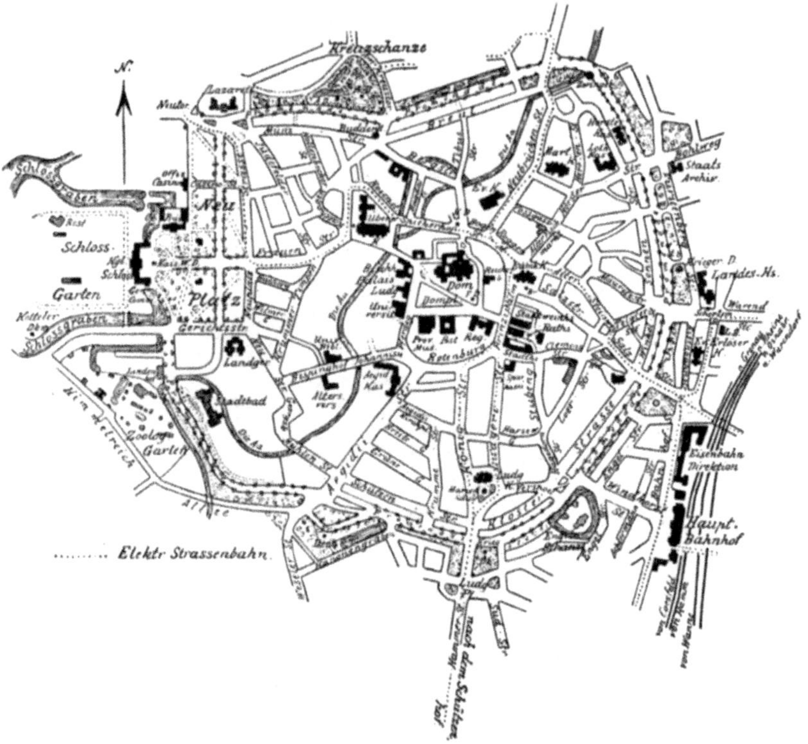

Abb. 11. Münster i. Westf.

Abb. 12. Essen. (Nach Heiligenthal, Städtebau.)

unmittelbar bot, durch eigenes gestaltendes und verbesserndes Schaffen zu überklimmen und sich Gerät und Bedarfsartikel zu fertigen, setzte mit der hierbei benötigten „Kunstfertigkeit", über die nicht mehr jeder in gleichem Maße zu verfügen vermochte, eine primitive Arbeitsteilung und auf den Fronhöfen die Ausbildung dessen ein, was wir heute etwa gelernte Handwerker nennen würden, z. B. Walker, Schmiede, Gerber, Tischler und Stellmacher, sowie ein Bedarf an besonderen Hilfsmitteln, Werkstätten und sonstigen Einrichtungen.

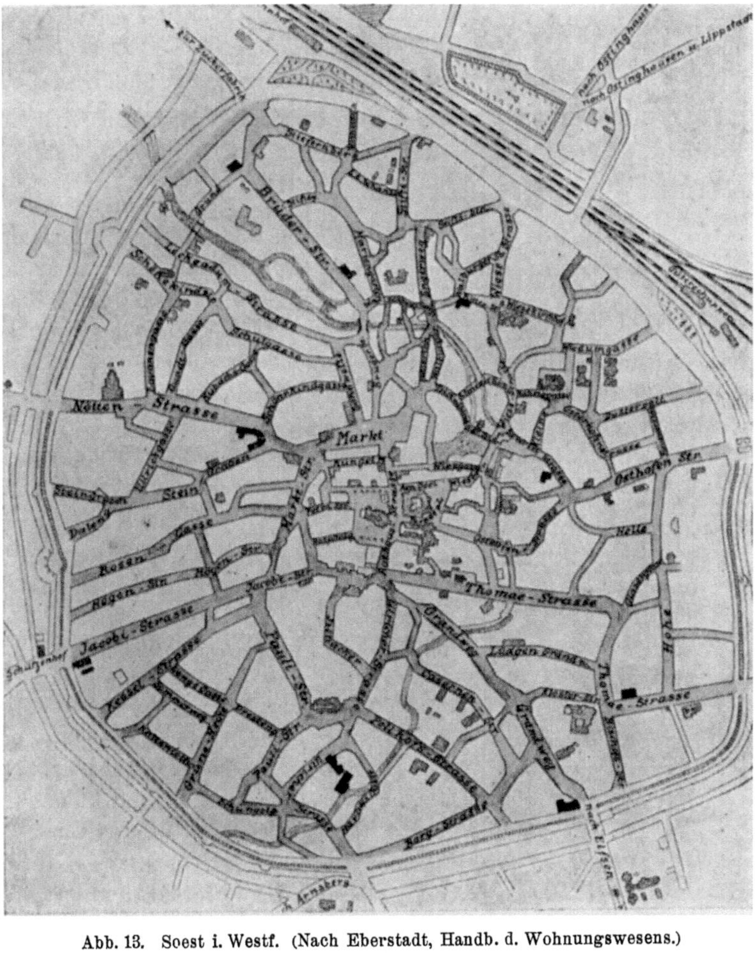

Abb. 13. Soest i. Westf. (Nach Eberstadt, Handb. d. Wohnungswesens.)

Arbeitete wohl anfangs der Leibeigene nur im Fron für den Bedarf seiner Herrschaft, so bildete sich vermutlich bald mit deren Genehmigung und unter Rechnungslegung an sie das Lohnwerk aus, d. h. die Arbeit Höriger für Fremde.

Ganz von selbst wird sich dann weiter aus eigenem oder hinzu erworbenem Rohstoff eine Überschußproduktion auf Vorrat und zum

Verkauf zunächst auf Rechnung des Fronherrn, dann gegen geregelte Abgabe an diesen auf eigene Rechnung des Hörigen eingestellt haben. Damit aber entstand ein neuer Stand: die Handwerker und zugleich ein zweiter: die Händler.

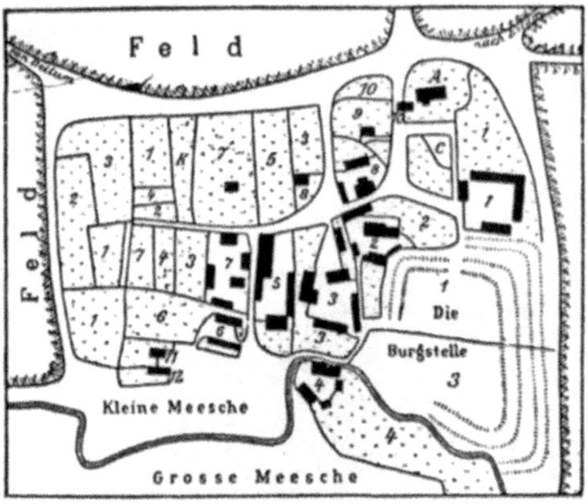

Abb. 14. Haufendorf.
(Nach Mielke, Städtebaul. Vorträge Bd. VI, Heft 5.)

Diese Menschen brauchten Haus und Werkstatt oder Lagerraum und Laden, aber wenig Land. Denn nicht der Acker, sondern die Geschicklichkeit ihrer Köpfe und ihrer Hände ernährte sie, die Arbeit für andere, die ihnen zum Austausch Brot lieferten.

Man mag ihnen wohl zunächst ein kleines Anwesen gegeben haben, das, anders geartet als die anderen Teile der ländlichen Hofstatt, sich neben diese legte; angegliedert, aber nicht organisch damit verwachsen.

Übte der Platz wegen seiner Lage oder wachsenden Bedeutung als Handelsplatz oder Produktionsstätte bevorzugter Artikel besondere Anziehungskraft aus, so erhielt er Zuzug von Ansiedlern von außen her.

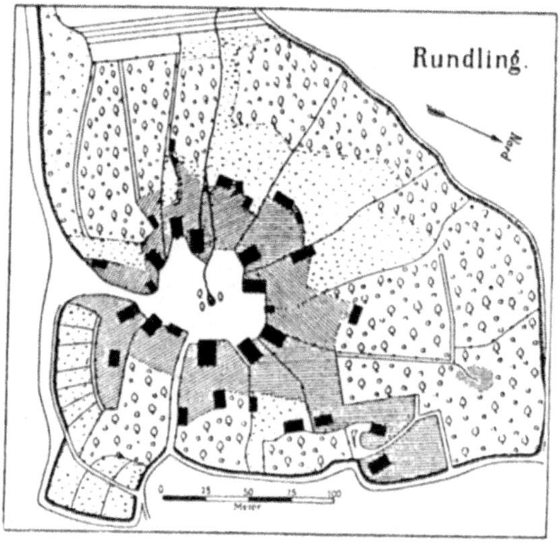

Abb. 15. Rundling.
(Nach Franz, Städtebaul. Vorträge Bd. II, Heft 3.)

Meist werden sich diese Anwesen, schmal und tief bebaut, etwa wie es die Judenhäuser vor den Toren der Stadt Gnesen noch im 18. Jahrhundert zeigen (Abb. 10), außerhalb des Burgrings oder der Klostermauern längs der Zufahrtstraße angesetzt haben. Im befestigten Hof des Kernplatzes fanden die Siedler persönlichen Schutz in kriegerischen Zeiten. Um diesem nahe zu bleiben, breiteten sich deshalb später die Anwesen auch seitab der Straßen an den Feldwegen entlang aus und füllten endlich an schmalen und unregelmäßigen Gäßchen auch das Innere der zunächst großen und nur am Rande bebauten Blocks aus. So wird man sich etwa im Laufe der Zeit das Entstehen der ganz unregelmäßigen Stadtgrundrisse von Münster, Essen, Soest usw. Abb. 11—13 zu erklären haben.

Eine eigene Marktstätte wurde später durch Freilassung eines Streifens neben der Straße oder Ausscheidung einer mehr gedrungenen Platzfläche geschaffen. Die Siedlung erhielt wohl auch weiterhin eine eigene Kirche mit Kirchhof an geeigneter Stelle.

Denn es *lohnte* sich durchaus deren Entwicklung zu *fördern*. Außer dem Hauszins, der dem Grundherrn als Entgelt für Hergabe der benötigten Baustellen zufloß, war auch der Handel, soweit nicht vielleicht Geburt und Besitz einen bislang nur kleinen Kreis von Menschen zu seiner Ausübung berechtigte, an ein Privilegium geknüpft, das gegen eine Abgabe verliehen werden konnte. Die Ausübung des Handwerks durch Hörige dürfte ebenfalls mit einer Abgabe an den Herrn verbunden gewesen sein. Auch die Vermietung von Marktständen brachte Standgeld.

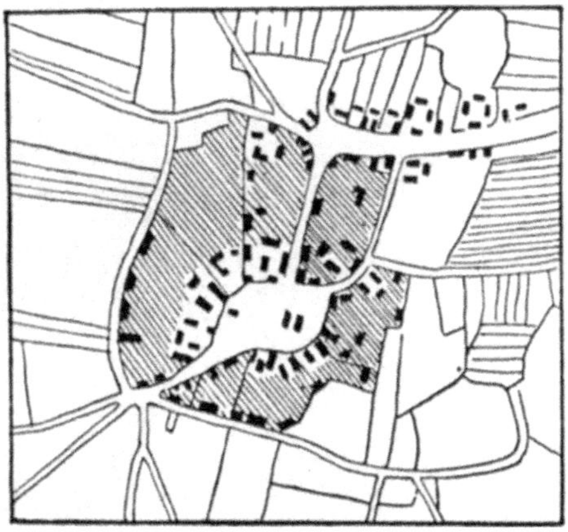

Abb. 16. Rundling.
(Nach Mielke, Städtebaul. Vorträge Bd. VI, Heft 5.)

Das Werden und Wachsen, dem die neuen Siedlungen entstammten, wurde verstärkt durch den Umstand, daß der Mangel an herrenlosem Ackerland, auf dem sich die Nachkommenschaft der Bauern seßbar machen konnte, weitere Volkskreise aus dem Bauernstande in die neuen „städtischen“ Berufe trieb.

Ein Teil derselben mag aus dem Heimatsort, besonders in späterer Zeit, ausgewandert sein, um sich ebenfalls bei Burgen und Klöstern usw. niederzulassen. Ein anderer Teil blieb aber auch wohl daheim, arbeitete zunächst mit Rohstoff und Gerät des Bestellers auf dessen Hof „auf der Stör“, machte sich allmählich aus seinen Ersparnissen selbständig und siedelte sich in Anlehnung an die heimischen Dorfstätten an.

So kommt auch in diese ein neues Element hinein. Hier vollzieht sich die Siedlung schon etwas systematischer, nicht *bewußt* planvoll, aber gewissermaßen kristallinisch gesetzmäßig. In der Anordnung des Dorfkerns waren bestimmte Tendenzen vorhanden. Je nach den Lebensgewohnheiten der Volksstämme, ihren Rechtsgebräuchen und ihrer Wirtschaftsweise, die auch in der Landverteilung zum Ausdruck kommen, finden wir in der Anordnung der alten Dörfer ganz ausgeprägte Formgruppen. Je tiefer diese Formen im Wesen der Menschen und in ihrer Art wurzelten, desto klarer mußten sie sich auch bei der weiteren Entwicklung des Ortes erhalten und fortsetzen.

Abb. 17. Gemünden a. d. Wohra.

Wo zwar das Haufendorf (Abb. 14) sich vorfand, erhält auch die wachsende Siedlung kein System. Es bleibt eine romantische Häufung.

Aber der Rundling wächst unter deutlichem Hervortreten ringförmig um den Kern sich lagernder Kreise (Abb. 15—17)[1]), das Straßen-

[1]) Bei vielen Städten, besonders in den in späteren Zeiten entwickelten Teilen, ist die in den Straßenführungen scharf ausgeprägte Rundlingsform auf die Umwallung und deren mehrfache konzentrische Verlegung zurückzuführen. Bei Gemünden trifft dieses nicht zu. Dieser Ort war nie befestigt.

dorf dagegen an langgestreckten Linien weniger paralleler Straßen auch in Gegenden, wo die Geländeformation, wie z. B. enge Täler, nicht dazu zwang (Abb. 18—22). Das slawische Straßendorf neigt, gleichzeitig dem Charakter der Bevölkerung entsprechend, zur Haufenbildung (Abb. 23).

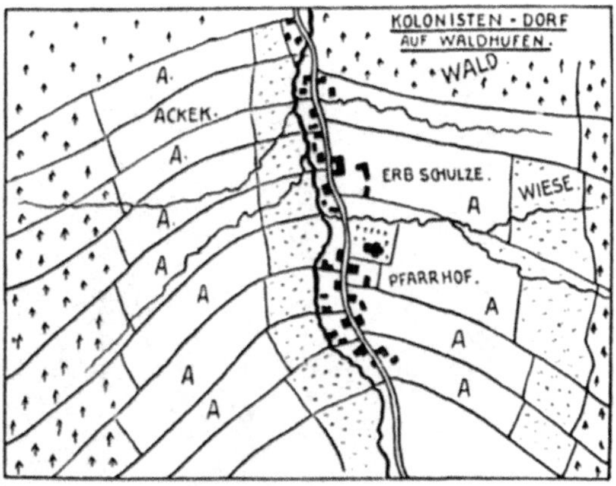

Abb. 18.. Straßendorf.
(Nach Franz, Städtebaul. Vorträge Bd. II, Heft 3.)

Was so entstand, nicht als Bildung einzelner Menschen, sondern als unbewußtes Sinnbild des Volkstums und der Zeitverhältnisse, hat alle Jahrhunderte überdauert bis auf unsere Zeit und, wo nicht ganz starke und wichtige Gründe anders gebieten, sollte man es ehrfurchtsvoll weiter erhalten. Zwar die Gebäude sind zerstört, verfallen oder abgebrochen, wenn ihre Dauer abgelaufen war. Die Neubauten aber wurden immer wieder an gleicher Stelle errichtet und dadurch blieb die Grundstruktur des

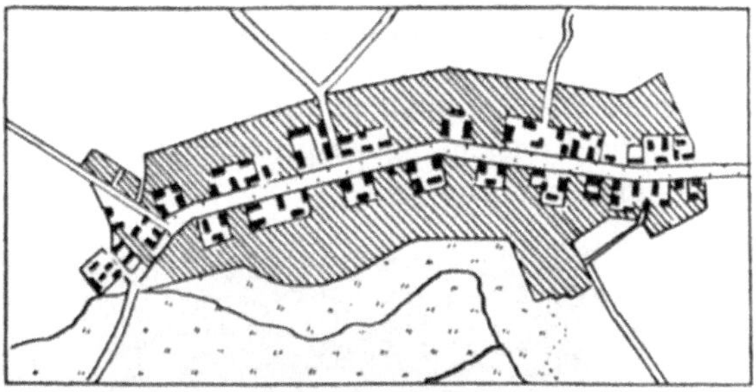

Abb. 19. Straßendorf.
(Nach Mielke, Städtebaul. Vorträge Bd. VI, Heft 5.)

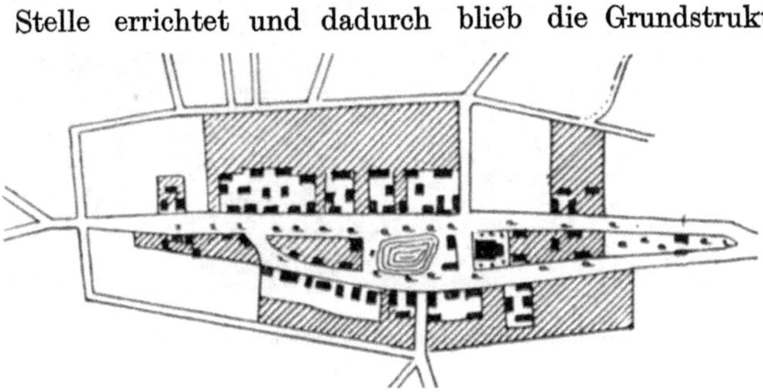

Abb. 20. Straßendorf mit Anger. (Nach Mielke, Städtebaul. Vorträge Bd. VI, Heft 5.)

Städtegrundrisses unverändert (Abb. 24). In den Plätzen, Märkten, Straßengabelungen finden wir noch heute den alten Dorfanger wieder

(Abb. 20, 25, 26, 27, 28). Nie wieder ist eine solche Fülle in gewisser Hinsicht ähnlicher und doch grundverschiedener, immer und immer wieder neue Eigenarten und sich gegenseitig überbietende Reize auf-

Abb. 21. Straßendorf. (Nach Ewald, Deutsches Bauwesen Bd. I, 1925.)

weisender Formen gebildet, wie in diesen aus örtlichen Gegebenheiten, mancherlei Zweckmäßigkeitsgründen und der Wesensart der Menschen entstandenen Bildungen.

Abb. 22. Straßendorf. (Nach Ewald, Deutsches Bauwesen Bd. I, 1925.)

Einen Beleg für die Dauer einmal vorhandener Grundlinien des Stadtkörpers bilden auch die Orte, die aus alten Römerlagern entstanden sind (Abb. 29—30). In Aosta, Turin, Florenz, Köln und Straß-

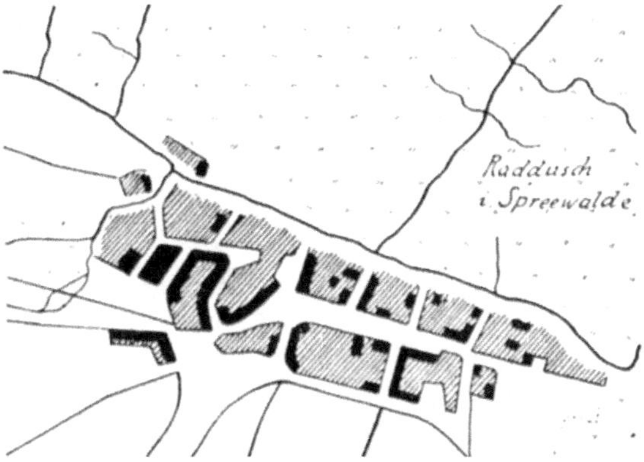

(Nach Mielke, Städtebaul. Vorträge Bd. VI, Heft 5.)

burg findet man heute noch die alte rechteckige Grundform und die Lagerstraßen in zuweilen überraschender Unversehrtheit wieder. Freilich in italienischen Städten weit klarer als in deutschen. Sollte hier auch die Tatsache eine Rolle spielen, daß die ganze Anordnung der Römerlager lateinischem Wesen näher stand als deutschem, so daß dieses nach und nach eine Umformung durchsetzte? Oder liegt es nur daran, daß zeitweilig die Fläche innerhalb der Lagergrenzen teilweise brach und unbebaut dalag und bei neuer Inanspruchnahme die alten Linien verwischt waren?

Abb. 24. Nördlingen.
(Nach Mielke, Städtebaul. Vorträge Bd. VI, Heft 5.)

Zunächst wird in Dörfern die Ansiedlung von Angehörigen der neuen Stände nur langsam fortgeschritten sein, weil die Voraussetzungen der Lage nicht immer günstig waren und vor allem niemand an der Förderung einer solchen Entwicklung ein sonderliches Interesse hatte. Den freien Bauern war an der Abgabe von Land gegen Zins an einzelne Ansiedler wenig gelegen. Eher mochte ihnen das Überhandnehmen neuer Elemente in ihren Gemeinden und deren Ansprüche, die ihren eigenen Bedürfnissen wesensfremd waren, bedenklich erscheinen. Auch die Grundherren, sofern sie geeignete Handhaben hatten, waren gar nicht geneigt, auf eine solche Entwicklung der Dorf-

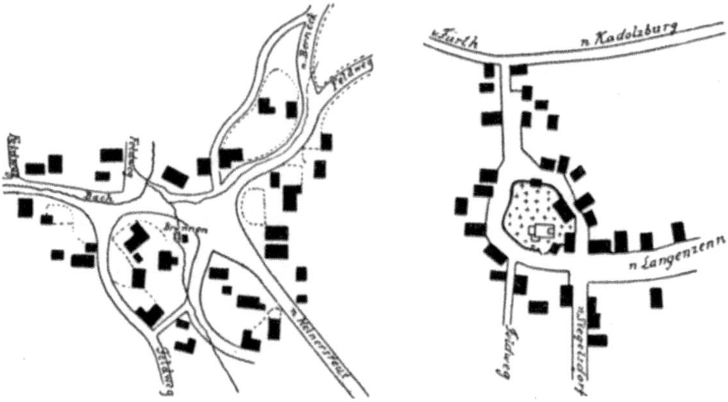

Abb. 25. Dorf mit Anger. (Nach Mielke, Städtebaul. Vorträge Bd. VI, Heft 5.)

gemeinden zu drängen. Gesetzt den Fall, daß sie an die Dorflage anstoßenden Grundbesitz hatten, so konnte die Nähe der freien Bauernschaften, in denen ihr eigener Einfluß nur gering war oder ganz fehlte,

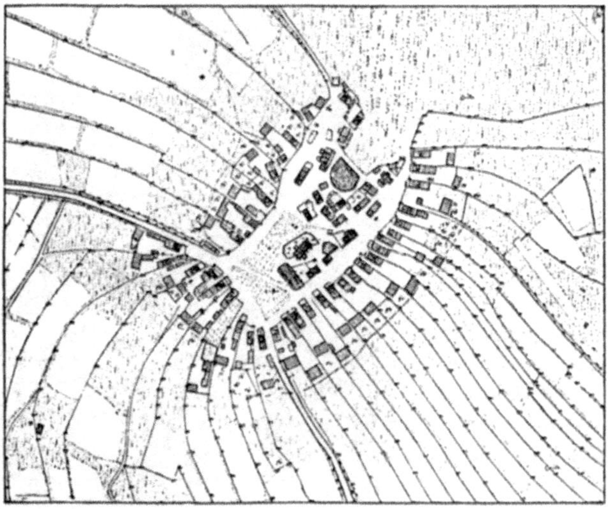

Abb. 26. Dorf mit Anger. (Nach Mielke, Städtebaul. Vorträge Bd. VI, Heft 5.)

nur Verwicklungen bringen, wenn es sich darum handelte, die bei den Standesherren zunächst noch im Fronverhältnis stehenden Handwerker und Händler erst in höriger, dann in geldlicher Abhängigkeit zu halten.

Je mehr allmählich das Geschäft sich entwickelte, desto mehr waren die Handwerker und Händler geneigt, sich in ganz neuen Siedlungen

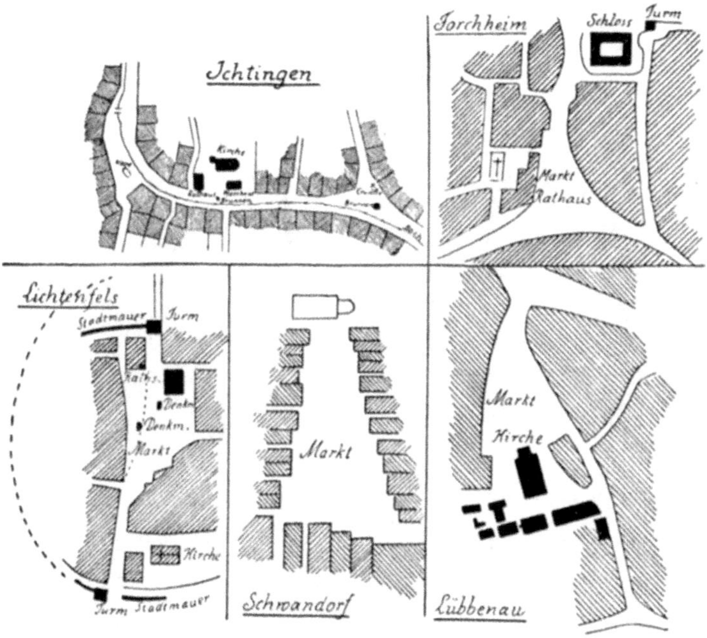

Abb. 27. (Nach Mielke, Städtebaul. Vorträge Bd. VI, Heft 5.)

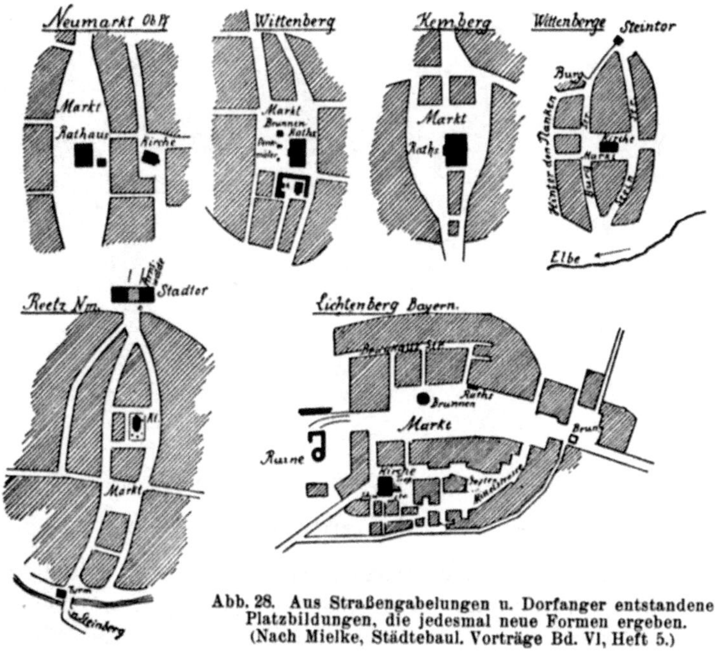

Abb. 28. Aus Straßengabelungen u. Dorfanger entstandene Platzbildungen, die jedesmal neue Formen ergeben. (Nach Mielke, Städtebaul. Vorträge Bd. VI, Heft 5.)

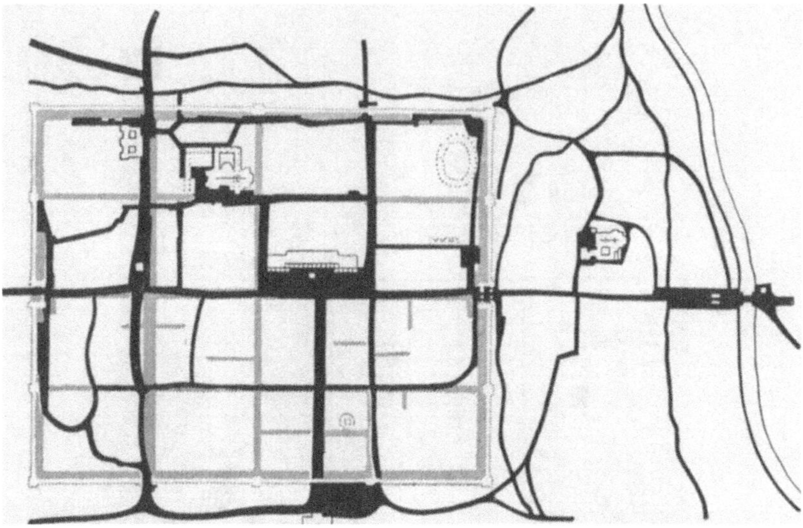

Abb. 29. Aosta. (Nach Genzmer, Städtebaul. Vorträge Bd. IV, Heft 1.)

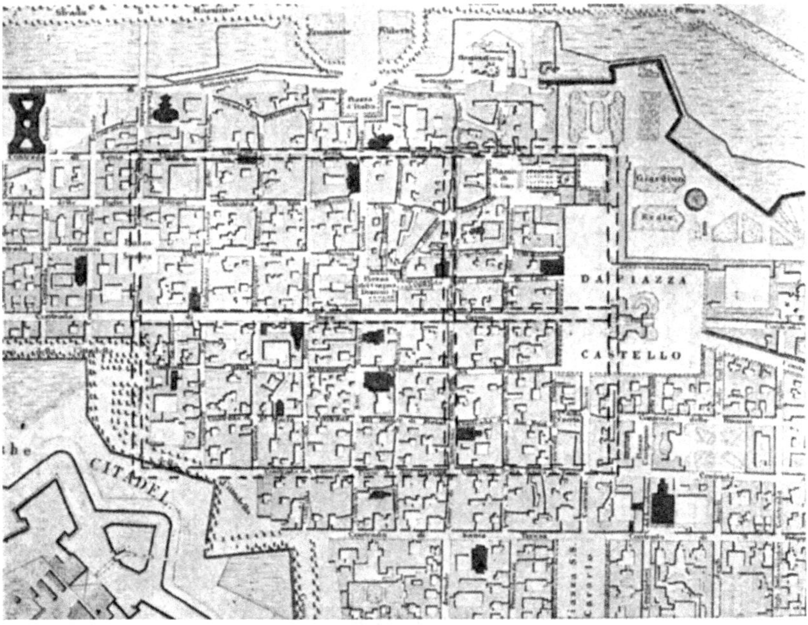

Abb. 30. Turin. (Nach Genzmer, Städtebaul. Vorträge Bd. IV, Heft 1.)

seßhaft zu machen, wo eine Kreuzung wichtiger Straßen, Flußübergänge oder sonstige Verhältnisse eine besonders günstige Lage boten.

Die Grundherren aber fanden Gefallen an der neuen Einnahme-

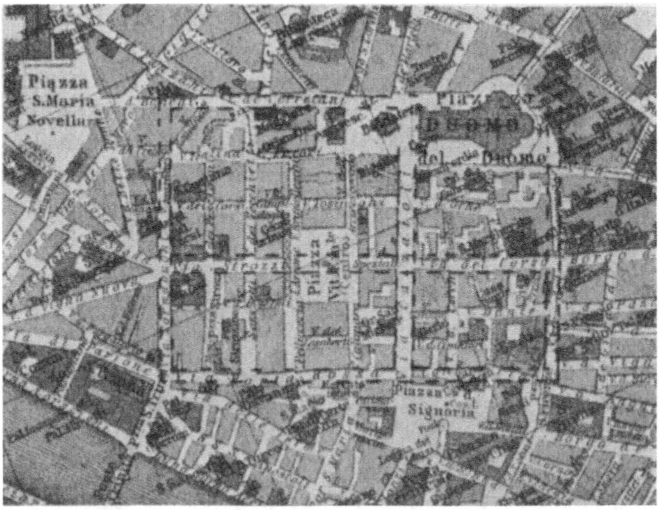

Abb. 31. Florenz. (Nach Genzmer, Städtebaul. Vorträge Bd. IV, Heft 1.)

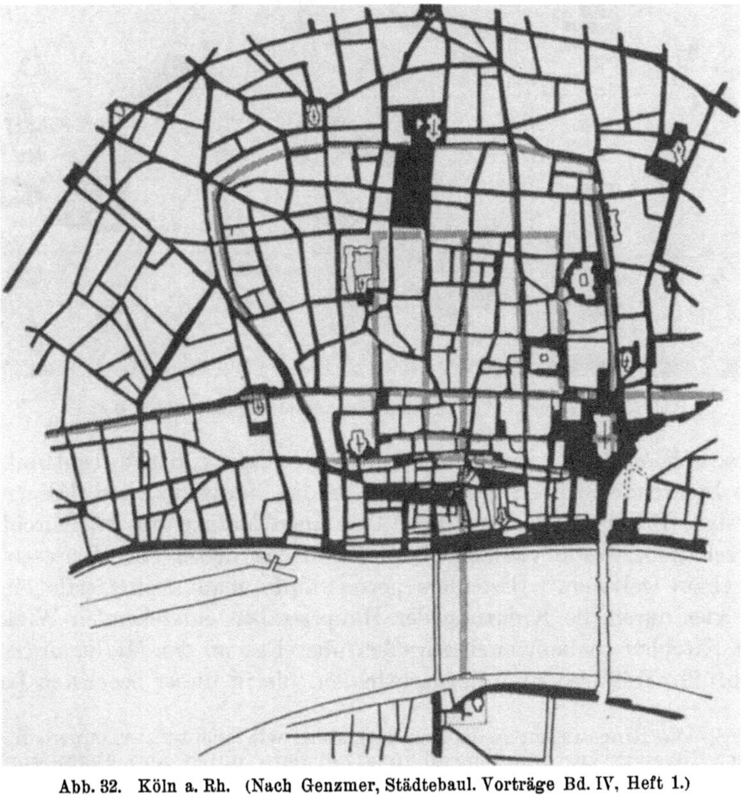

Abb. 32. Köln a. Rh. (Nach Genzmer, Städtebaul. Vorträge Bd. IV, Heft 1.)

quelle und begünstigten das Entstehen solcher neuen Siedlungen durch die Anlage von Marktstätten.

Klar treten die alten Straßenkreuzungen z. B. in Brandenburg a. H., Rothenburg[1]) (Tauber), Freiburg und München hervor (Abb. 34—37).

Je tieferes Interesse die Landherren an dem Aufblühen der Neugründung nahmen, desto sorgsamer suchten sie die Siedlung durch Aufteilung des Landes in Blocks und Grundstücke vorzubereiten, um einen fertigen Vorrat an Baustellen zur Verfügung stellen zu können.

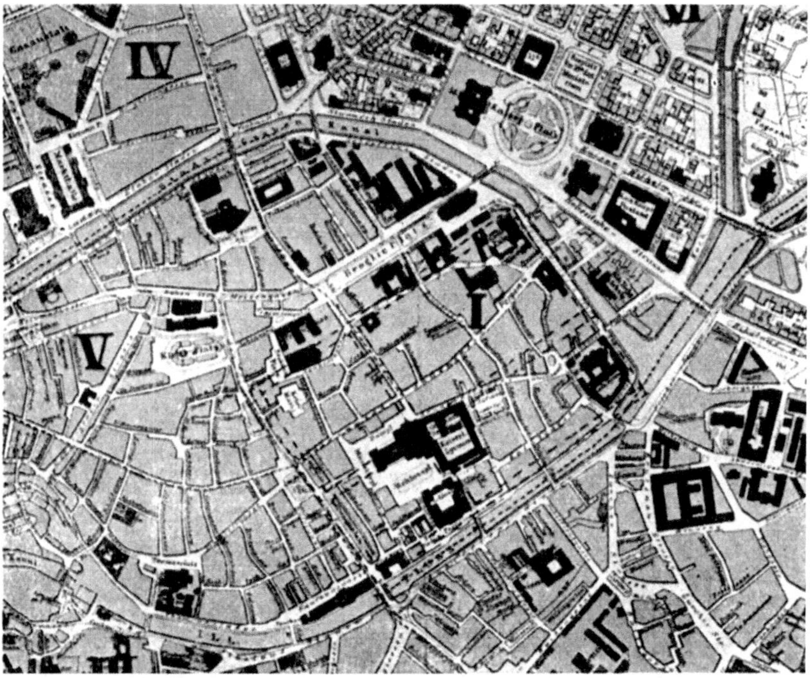

Abb. 33. Straßburg. (Von Genzmer, Städtebaul. Vorträge Bd. IV, Heft 1.)

Desto schematischer wurden aber auch gleichzeitig, durch rechtwinklig sich kreuzende Straßen gekennzeichnet, die Stadtgrundrisse (Villingen, Breslau, Dresden, Abb. 38—40). Um einen Marktplatz und Kirchhof zu schaffen, wurde vielfach eine Blockfläche neben der Hauptstraße unbebaut gelassen. Besonders gern wählte man auch hierfür einen der vier durch die Kreuzung der Hauptstraßen entstehenden Winkel. Der Kirchhof schließt auch zuweilen über Eck an den Markt an (z. B. Abb. 52). Teilweise sind die Marktbuden, die in dieser begehrten Lage

1) Die Ringstraßen in Rothenburg sind, wie leicht zu erkennen, nicht durch Neigung zur Rundlingsbildung, sondern durch alte Befestigungsanlagen entstanden.

später entstanden, in den folgenden Jahrhunderten zu festen Häuschen und Häusern ausgebaut. Wo diese sich an die mächtigen Kirchen anlehnten, kam durch den Kontrast deren gewaltige Masse zu sinnfälligem Ausdruck. Es war ein Fehler, daß man in jüngerer Zeit vielfach die kleinen Gebäude abriß, um die Kirchen in ihre Schönheit „freizulegen". Anstatt ihre Wirkung zu heben, zerstörte man die Wucht der Eindrucks.

Die Kirche ist meist genau in die Ost-West-Richtung gelegt.

Wenn auch die Rechtsverhältnisse dieser neuen Marktsiedlungen sich auf dem alten deutschen Landrecht aufbauten, so entwickelten sich aus den Handelsgepflogenheiten und sonstigen neuen Bedürfnissen heraus doch bald Weiterungen und eigene Formen. Auch das Handwerkerrecht nahm in Anlehnung an die Ausbildung des Handelsrechts und in paralleler Ausgestaltung dazu seinen eigenen Lauf. Diese Entwicklung wurde dadurch gefördert, daß bei den Grundherren das Interesse abnahm, die Handwerker und Händler im Verhältnis der Hörigkeit zu erhalten. Anstatt dessen rückten vielmehr als Ausgleich die Abgaben und Zinserträgnisse in den Vordergrund, also eine Einnahme, die den Herren ohne Sorgen und ohne ständige Schererei mit den in persönlicher Abhängigkeit Gehaltenen zufloß.

Abb. 34. Brandenburg a. H. (Nach Heiligenthal, Städtebau.)

Alsbald neigten deshalb die Grundherren mehr und mehr dazu, der Entwicklung dieser Siedlungen und ihrer inneren Ordnung freie Bahn zu lassen.

Wo eine ganz neue Siedlung geschaffen werden soll, wird ein Unternehmer (Lokator) mit der Vorbereitung beauftragt. Er teilt durch ein schematisches Straßennetz das Gelände in Blocks auf und sucht Siedler in möglichst großer Zahl herbeizuziehen. Er erhält zur Belohnung das Amt des Stadtrichters und auch sonstige eigene Machtbefugnisse, die er seinerseits zuweilen wieder gegen Entgelt an die Gemeinden abgab, um sich selbst neuen Unternehmungen zuzuwenden. Auf diese Weise konnten sich die Rechts- und Ordnungsverhältnisse immer ungebundener von innen heraus weiter entwickeln.

Endlich ergab sich im 12. Jahrhundert der Grundsatz „Stadtluft macht frei!“ Wer nicht freiwillig in das Hörigkeitsverhältnis zurück-

Abb. 35. Rothenburg o. d. T. (Nach Eberstadt, Handb. d. Wohnungswesens.)

kehren wollte, konnte von nun ab dazu nicht mehr gezwungen werden, sobald er Stadtluft atmete.

Die sogenannten „Freiungsurkunden“, die dieses Recht festlegten, sanktionierten damit formell den Tatbestand, der sich praktisch in allmählicher Entwicklung ergeben hatte, in kluger Weise. Die Städte waren selbständige und starke Gemeinwesen geworden.

Diese Neuerungen setzten sich allmählich auch in Dörfern durch. Nachdem an anderen Orten aus dem Lohnwerk das Handwerk, aus

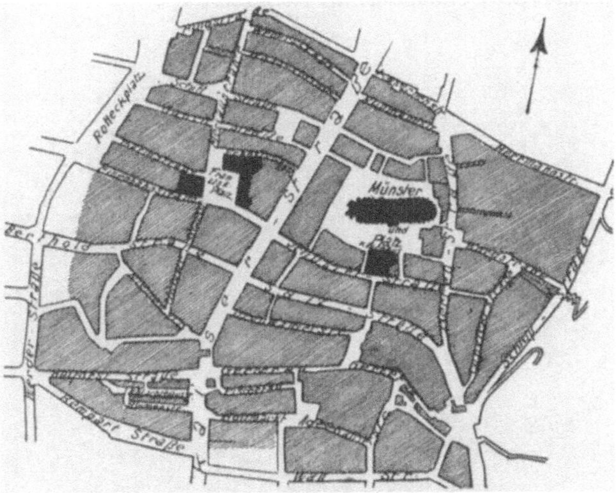

Abb. 36. Freiburg i. Br. (Nach Heiligenthal, Städtebau.)

dem Handwerker und Händler der freie Bürger geworden war, ließ sich auch dort die Entwicklung zum städtischen Organismus nicht

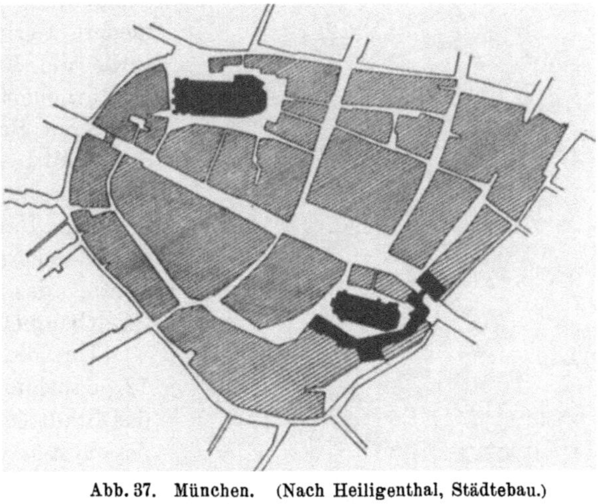

Abb. 37. München. (Nach Heiligenthal, Städtebau.)

aufhalten, sofern bei sonstigen günstigen Verhältnissen Angehörige der neuen Berufe in genügender Zahl vorhanden waren. Die bis dahin den Hofrechtsverbänden angehörenden Handwerker und Händler traten als gleichberechtigte Bürger in die Gemeindeverwaltung ein und je mehr damit der Anreiz zum Zuzug aus den umliegenden Landesbezirken wuchs, desto schneller konnte sich auch hier städtisches Gemeinwesen und Gemeinderecht heranbilden.

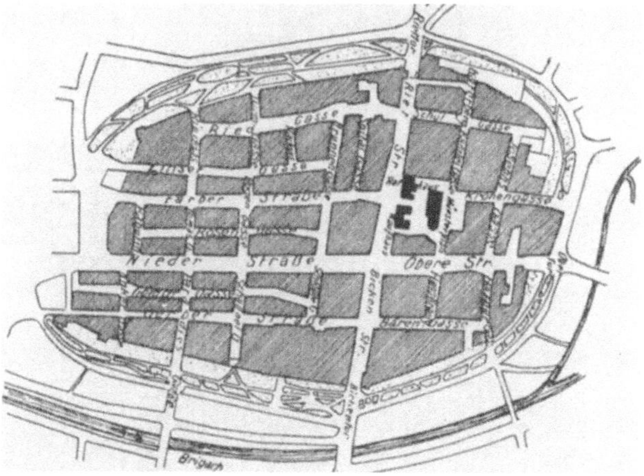

Abb. 38. Villingen. (Nach Heiligenthal, Städtebau.)

Allmählich wußten in der Folgezeit die Städte immer weitere Befugnisse der Selbstverwaltung als Privilegien und durch Kauf an sich zu bringen, wie z. B. die niedere Gerichtsbarkeit sowie die Finanz- und Militärhoheit. Sie wählten ihren Rat und aus dessen Mitte ein bis zwei Bürgermeister.

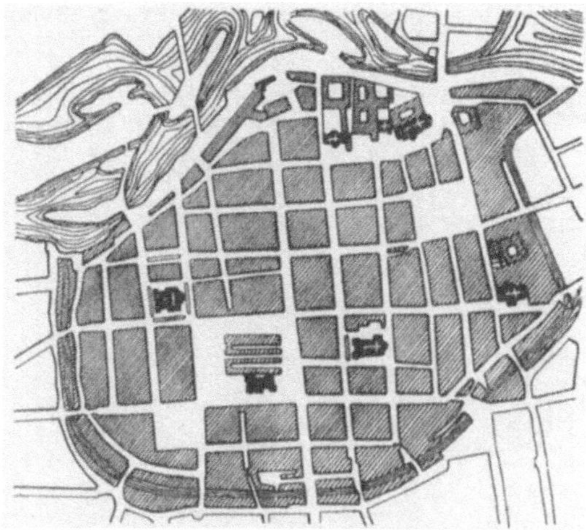

Abb. 39. Breslau. (Nach Heiligenthal, Städtebau.)

Ein Bürgermeister oder Ratsherr bekleidete häufig das Amt des Stadtbaumeisters.

Um die Mitte des 12. Jahrhunderts war das Stadtrecht als eigenes System ausgebildet und entwickelte sich seitdem langsam weiter. Die Städte, wenngleich nach heutigen Begriffen noch klein und in ihrer Körperform primitive Gebilde, sind da als eigene Organismen.

Erst mit der Freiheit, dem Selbstbestimmungsrecht und der Stadtverfassung, sind die Städte Organismen, d. h. Gebilde mit eigenem

Willen, eigener Art und selbständigem Dasein und gleichzeitig in ihrer Bürgerschaft eine einzige Gemeinschaft mit Pflichten und Rechten der einzelnen gegenüber dem Ganzen und auf Gedeih und Verderb miteinander verbunden. Sie können fortan eine eigene Stadtpolitik treiben, um für ihr Gedeihen zu sorgen.

Aus der großen, bis dahin einheitlichen Volksmasse haben sich auf diese Weise in der Zeit bis etwa 1150 neue Gebilde gewissermaßen auskristallisiert, die es früher nicht gab. Siedlungskerne und Ansammlungen, die lange Zeit ein Sonderdasein im Lande führen, deren Bürger sich in mancherlei Streit gegen Fürsten und Bauern enger zusammenschließen, ihren Ort mit Wall und Graben gegen die ländlichen Volksgenossen und die Landesherrn abschließen und später zeitweise, wie z. B. in den Zeiten der Hansa, sogar Heere und Flotten ausrüsten und ihre eigene Außenpolitik führen.

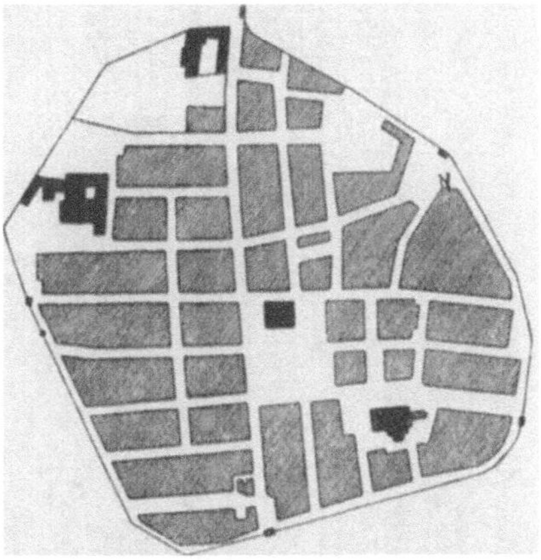
Abb. 40. Dresden. (Nach Heiligenthal, Städtebau.)

Die Möglichkeit, ihre inneren Angelegenheiten ganz nach ihrem Bedürfnis zu gestalten, wirkte sich anfangs vornehmlich in der Schaffung eigenen Rechtes und eigener Verwaltungsordnung, weniger in bewußter und zielsicherer „Gestaltung" des Stadtkörpers aus. Noch lange Jahrhunderte waren die einzelnen Grundstücke das wesentliche Element, in dem sich das Dasein jedes einzelnen Bürgers abspielte, und, wie das Dasein selbst, waren die Anwesen gleichartig und konnten sich ohne weitere innere Gebundenheit untereinander als die der örtlichen Aneinanderlagerung und die der Umschließung durch gemeinsamen Wall und Graben aneinanderfügen. Es gab noch keinen besonderen Wert der „Lage", wenig inneren Verkehr, keine Benachteiligung des einen durch die Maßnahmen des anderen, keine Gemeinschaftsanlagen außer der Umwallung und etwa dem Rathaus und der Kirche.

In deren Ausbildung spricht sich freilich die Stärke und der Stolz der Bürgerschaft auf ihre Organisation mächtig aus.

Körperlich sind deshalb die Städte jener Zeit sehr einfache Gebilde. Ihr wesentliches Merkmal ist Recht und Verfassung. Diese geben zunächst die innere Bindung.

Seit diese sich ausgebildet hatten, werden nun bewußt „Städte" gegründet und auf sie Recht und Verfassung der Mutterstädte übertragen.

Neue Entwicklungsimpulse erhielten in der Folgezeit die Städte dadurch, daß sie sich von den Territorialherren das Bannmeilenrecht zu verschaffen wußten, welches die Bauern zwang, in der Stadt ihres Bezirkes zu kaufen, ihre Rohstoffe dort verarbeiten zu lassen und die Produkte ihres Feldbaues dort zu verkaufen.

Abb. 41. Frankfurt a. d. O. (Nach Siedler, Märkischer Städtebau.)

Auf diesem gesicherten Boden entstanden die strengen und machtvollen Handelsgilden und Handwerkerzünfte mit festen Grundsätzen (z. B. nur Kauf aus erster Hand, ernste Vorbildung, um Qualitätsware zu liefern). Sie traten aber infolge ihrer strengen inneren Zucht auch als einflußreiche Gemeinschaften auf, die sich in allen Stadtfragen geltend machten.

Durch die Kreuzzüge wurde der Orienthandel erschlossen, an den Durchzugstraßen gelegene Orte kamen zu größerer Bedeutung, die Stapelwirtschaft wurde ein wichtiger Faktor und führte, wennschon in beschränktem Maße, immerhin zum Entstehen gewisser neuer Zellformen und zu inneren Umbildungen innerhalb der Städte. Einige größere Gasthöfe, Kaufhäuser, Bauten der Stadtherren und gewichtiger Bürgerstände entstanden am Markt und auch wohl bei dem Kirchhof.

Auch neue Gemeinden entstanden hier oder dort neben den alten.

Dieser innerlich gefestigten Gemeinwesen bedienten sich nun im 13. und 14. Jahrhundert die Fürsten und die geistlichen Orden, um die Herrschaft des Deutschtums in den Kolonialgebieten östlich der Elbe zu sichern.

Die neuen Siedlungen, die dort entstanden, liegen aber nicht an Straßenkreuzungen, die es vielleicht in diesem Entwicklungsstadium jener Gegenden auch selten gab, sondern als Festpunkte im unterworfenen Gebiet in günstiger Lage für die Verteidigung (Abb. 41). Der Marktplatz wird durch Ausfall von 1—2 Blocks im Zentrum gebildet und häufig mit dem Rathaus besetzt. Ein weiterer unbebauter Block dient als Kirchhof, auf dem die Kirche in Ost-West-Richtung orientiert aus dem Schema der Rechteckteilung herausfällt (Abb. 42—46)[1]).

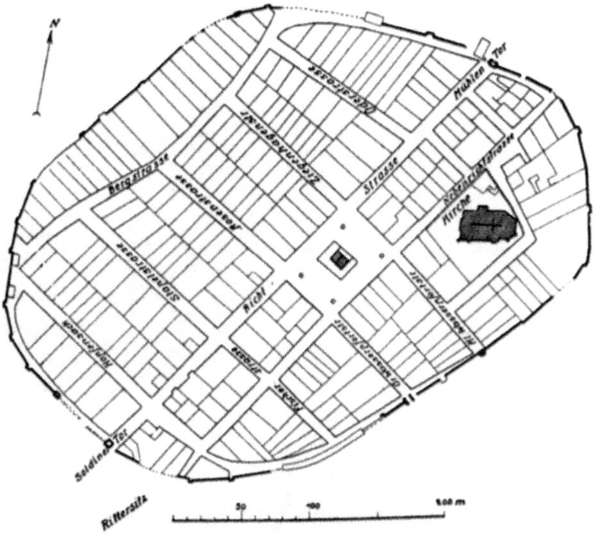

Abb. 42. Berlinchen. (Nach Siedler, Märkischer Städtebau.)

Der rein äußere Zweck dieser Gründungen der Kolonisationsstädte spiegelt sich in den rein schematischen Grundrissen der Orte wider. Es gilt lediglich, einen Wallring zu schaffen, innerhalb dessen sich eine genügende Anzahl von Grundstücken

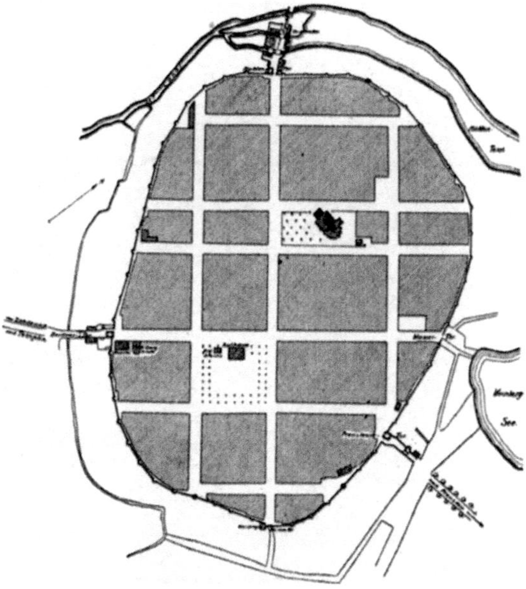

Abb. 43. Templin. (Nach Siedler, Märkischer Städtebau.)

[1]) Die Abbildungen der Kolonisationsstädte sind meist dem Buch entnommen: Jobst Siedler, Märkischer Städtebau.

befinden, auf denen sich die Einwohner ihre Unterkunft erbauen können, und in deren Ring nur Raum für einen Markt und Kirchengebäude frei bleibt. Es sind harte, lieblose Gründungen ohne jeden tieferen organischen Sinn.

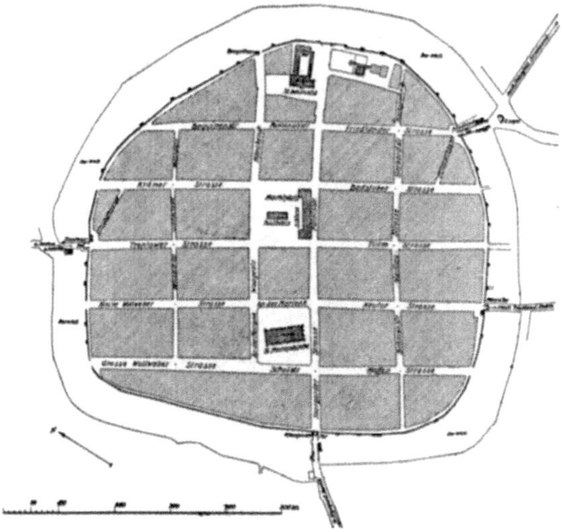

Abb. 44. Neubrandenburg.) (Nach Siedler, Märkischer Städtebau.)

Nur wo ein eigenes Leben im Zusammenhang mit dem umgebenden Lande durch Kirchenwesen, Handel oder dgl. gedeiht, entwickeln sich die Stadtkörper organischer, wie z. B. in Danzig, Marienburg, Königsberg i. Pr., Heilsberg usw.

Um 1350 hat diese Entwicklung dann etwa ihr Ende erreicht, deren Milieu hier in ganz knappen Strichen gekennzeichnet wurde, soweit es zum Verständnis der überkommenen Reste und der umfangreichen Literatur notwendig ist, die diese Zusammenhänge durchforscht hat.

Abb. 45. Kulm (Westpreußen).
(Nach Siedler, Märkischer Städtebau.)

Die Städte hatten die Größe erlangt, welche ihr Einflußgebiet ernähren konnte (Stadtwirtschaft), und den Stand der inneren Entwicklung erreicht, welcher den wirtschaftlichen Verhältnissen entsprach.

Schon früher (Hamburg 1277) hatten sich Gemeinden vereinigt. Das geschieht auch fernerhin. Dorfsiedlungen werden eingemeindet und die Einwohner in die Stadt übersiedelt. Aber das sind Kleinigkeiten, die nichts daran ändern, daß die erste Stadtbauperiode ihrem Wesen nach abgeschlossen ist.

Die größte deutsche Stadt war Köln mit 37000 Einwohnern um 1550 auf 397 ha des von Mauern umgebenen Stadtgebietes, also 94 Einwohner pro Hektar. Lübeck hat 1488 ca. 22200 Einwohner oder 230 Einwohner pro Hektar des ummauerten Stadtgebietes, Straßburg um 1500 eine Bürgerschaft von 20000 Köpfen oder 134 Einwohner pro Hektar, Nürnberg 20000 Einwohner auf dem ummauerten Gebiet von 138 ha, also 152 Kopf pro Hektar.

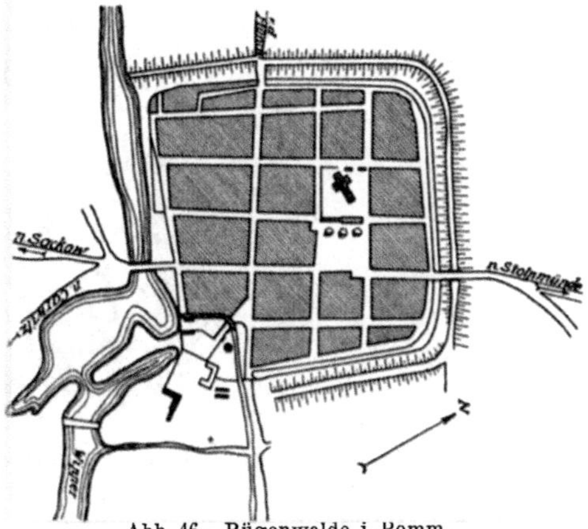

Abb. 46. Rügenwalde i. Pomm.
(Nach Siedler, Märkischer Städtebau.)

Was ist nun das **Ergebnis**, wenn wir zu einer **städtebaulichen Wertung** zu kommen suchen?

Von „Städtebau“ in dem Sinn **planvoller Gestaltung** des Stadtkörpers kann in dieser ersten Städtebauperiode eigentlich nur bei den ganz neu gegründeten Siedlungen die Rede sein. Aber auch bei diesen nur in sehr beschränktem Maße.

Nicht, daß man bei den angelehnten und den aus Dorfformen entwickelten Stadtbildungen ohne jede Überlegung gehandelt hätte. Die Lage der mitunter bereits für verschiedene Zwecke bestimmten einzelnen Marktplätze und ihre Formung ist durchaus fachgemäß durchgebildet. Ganz besonders die Lage der Kirchen und die Führung der Straßen in ihrer Umgebung sind oft fein abgewogen, um sie auf Weg und Steg sichtbar zu machen und sie den Menschen nahe zu bringen. Und anderes mehr spricht dafür, daß man seinen Einfluß in den Dingen, die man für wichtig hielt, geltend machte.

Doch gab es eben solch wichtiger Dinge nur wenige.

Gerade die Möglichkeit, unbehindert von vorherigen starren Planungen vom grünen Tisch aus, sich anzusiedeln, ließ hier bei der Auswahl der Baustellen und Plätze je nach Bedarf und Bauabsicht die mannigfaltigsten Ideen und individuellen Lösungen in stets neuen Motiven und glücklichsten Bildungen entstehen, sowohl vom Standpunkt der Schönheit wie der zeitgemäßen praktischen Bedürfnisse aus betrachtet. Nur ist das, was darin wirkte, kein „Städtebau“ im **heutigen** Sinne, dessen Kennzeichen gerade in der dira necessitas der **vorherigen Planung** des Ganzen liegt — man kann ruhig sagen: „leider“.

Im ganzen folgte in diesen Arten von Städten der „Städtebau" der Entwicklung nach, hat sie aber nicht geleitet. Infolge der langsamen über Jahrzehnte und Jahrhunderte sich erstreckenden Entstehung dieser nach heutigen Begriffen doch nur kleinen und sehr einfachen Gebilde,

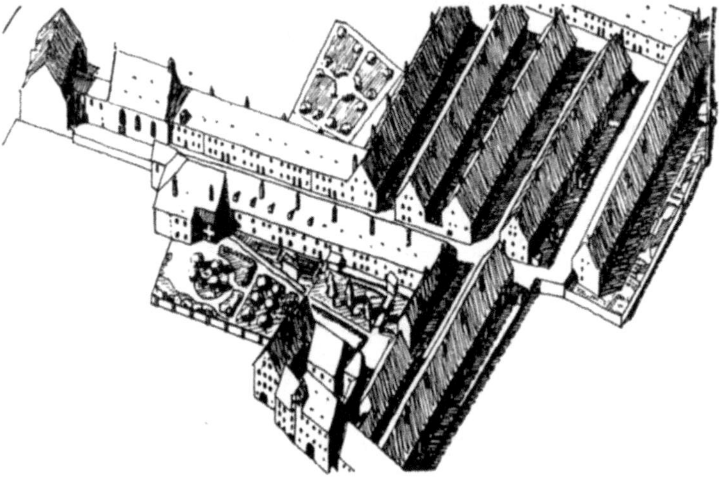

Abb. 47. Die Fuggerei in Augsburg. (Nach Heiligenthal, Städtebau.)

Abb. 48. Kleinhäuser, Wohnhöfe und Hausgärten in Lippstadt. (Nach Heiligenthal, Städtebau.)

infolge der Gleichförmigkeit der die Einzelzellen bildenden kleinen Gebäude (in Fürth wohnten 1604 343 Familien in 368 Stuben, die sich auf 140 Häuser verteilten) und dadurch, daß sich die Ansiedlung der geringen Zahl größerer Bauten von selbst auf prominente Punkte, wie die Marktstraße oder den Marktplatz, konzentrierte, entstanden zumeist kristallinisch sich aufbauende Körper in durch innere Entwicklungsprozesse bestimmten Ordnungen und Systemen, die sich erst in großen Linien auswuchsen und dann die Zwischenräume ausfüllten. Eine geregelte Ordnung finden wir nur ausnahmsweise, wie z. B. in der Fuggerschen Webersiedlung in Augsburg und einer Wohnsiedlung in Lippstadt (Abb. 47 und 48).

Im allgemeinen entsteht in diesen sog. „gewachsenen" Städten ein Gebilde, das wir für siedlungstechnische Arbeiten, wie wir sie in unserer heutigen Zeit und in der vor uns liegenden Zukunft zu bewältigen haben werden, nicht zum Vorbild nehmen können. Die unregelmäßig geformten großen Blocks, die dann später wegen der Schwierigkeit, für eine Hinausverlegung der Befestigung die Mittel aufzubringen und die Stadt zu erweitern, mit Bauten vollgepfropft werden, führen zwar mit ihren Gäßchen und Winkeln (Abb. 11—13 und 49) zu einem Bilde, das äußerlich unser Auge entzücken mag. Aber wenn wir unseren Verstand zu Hilfe nehmen und die Verhältnisse vom Standpunkt der Zweckmäßigkeit der Siedlung und der menschlichen Daseinsbedürfnisse betrachten, so ist das Ergebnis ein zumeist geradezu erschreckend ungünstiges. Diese alten Stadtteile (späteres Beispiel das Dörfle in Karlsruhe) machen trotz ihrer Kleinheit noch heute genug Schwierigkeiten, wenn man sie dem Stadtorganismus eingliedern und zu gesunden Bestandteilen des Gesamtkörpers umwandeln will. Ihre Ungesundheit zeigt sich daran, daß sie oft recht verkommene Bezirke darstellen, die man heutzutage nur durch Niederlegung und vollkommene neue Aufteilung sanieren kann.

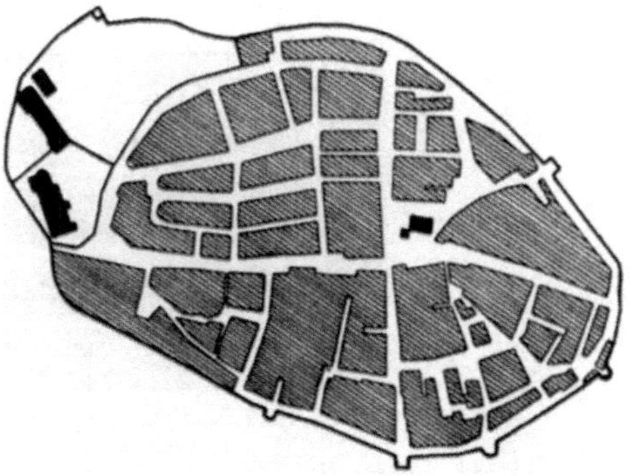

Abb. 49. Isny. (Nach Heiligenthal, Städtebau.)

Wer sich in diese Stadtgrundrisse vertieft, kann sich selbst leicht erklären, wie der Aufbau ihrer Grundlinien entstanden ist. Wir sehen den Einfluß der Befestigung in einer Anschmiegung des Blocks an diese, wir sehen die Straßen hinter dem Festungstor sich spalten oder noch weiter verzweigen, wir finden mitunter zwei Hauptstraßen in einigem Abstand parallel miteinander verlaufen, die zuweilen den Marktplatz einschließen, zuweilen auch wohl dadurch sich entwickelt haben, daß die eine oder die andere in ihrem unbefestigten Zustand zeitweilig unwegsam war. Wir sehen um die westfälischen Domburgen die Straßen und Blocks in malerischer Ungezwungenheit sich herumlagern, wir erklären uns die schmalen Blocks am Markt durch den

Ausbau früherer Verkaufsstände zu festen Häusern. Es ist alles sehr interessant, und gern vertieft man sich in diese Zusammenhänge. Aber eine Richtschnur für unser Wirken gibt uns alles dieses allenfalls nur in einer Richtung: wir können für die äußere ästhetische Wirkung auf das Auge des Beschauers aus dem, was da entstand, manche fruchtbare Anregung entnehmen.

Indessen sei gleich an dieser Stelle bemerkt, daß eine bewußte Verwertung dessen, was in alten Städten aus halbunbewußtem Empfinden und aus der Anpassung an den Bedarf, das Werturteil und die Anschauungen jener ganz andersgearteten Zeiten entstand, für die Befriedigung der Bedürfnisse und für die ästhetische Gestaltung der Werke unserer Zeit ein sehr schwieriges Problem für sich ist. Gar zu leicht entsteht die

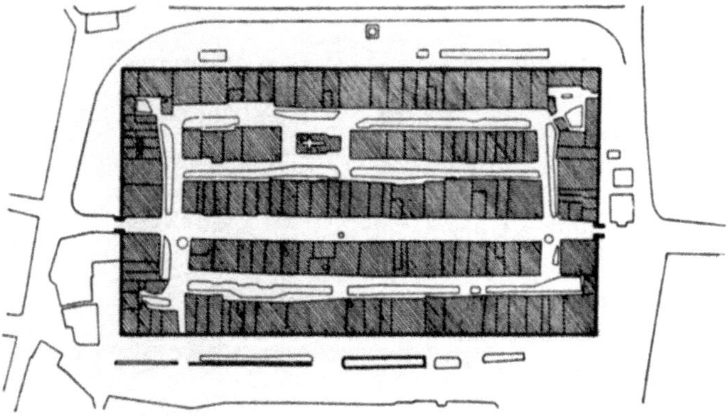

Abb. 50. Neunkirch b. Schaffhausen. (Nach Heiligenthal, Städtebau.)

Gefahr, daß durch bewußte Unbewußtheit und vorgeschriebene Individualisierung die beste Absicht zu einem Fehlschlag führt.

Einfach nachahmen kann und darf man diese Formen nicht.

Was damals wesensecht war und durch seine innere Begründung und Wahrhaftigkeit uns achtungs- und liebenswert erscheint, wirkt in einer heute geschaffenen Kopie hohl, seelenlos, unwahr und abstoßend. Schüfe man heute Gleiches unter den obwaltenden anderen Verhältnissen und zu anderen Zwecken, so fehlt ihm die organische Bedingtheit. Wenn auch oft genug der irrende „Künstler“ dieses nicht fühlt, so doch der gesunde Menschenverstand des Laien.

Man darf nur die Motive und Wirkungen an diesen alten Bildungen studieren, nicht nachmachen.

Indessen ist auch deren übertragene Verwertung auf die Lösung unserer heutigen Bauaufgaben nicht einfach. Das beweisen die zahlreichen Mißgriffe, die weit häufiger sind, als die wenigen Erfolge, die feines Empfinden auf Grund der Schulung an alter Schönheit erzielte.

Außer etwaigen Anregungen in ästhetischer Richtung aber wird man aus diesen Stadtgrundrissen kaum je eine weitere Richtschnur für unsere Planungen entnehmen können. Zum Studium schönheitlicher Wirkung wird man sich mit diesen alten Städten eingehender beschäftigen. In allen anderen Fragen, die der Städtebau zu lösen hat, wird man besser tun, seine Blicke vorwärts zu richten, anstatt in den alten Städten dieser Art Rat und Vorbild zu suchen.

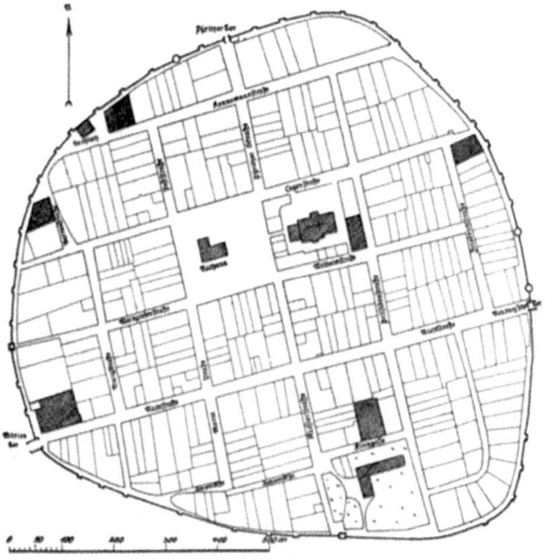

Abb. 51. Soldin. (Nach Siedler, Märkischer Städtebau.)

Selbst bei den Städten, deren Grundriß schon in jenen Zeiten „planvoll angelegt" wurde, finden wir, wie man allmählich erkannt hat, weniger Beherzigenswertes. Das liegt daran, daß lediglich der Gesichtspunkt der Grundstücksparzellierung leitend war, aber keine Gestaltung als Siedlungsstätte in dem heutigen Sinn

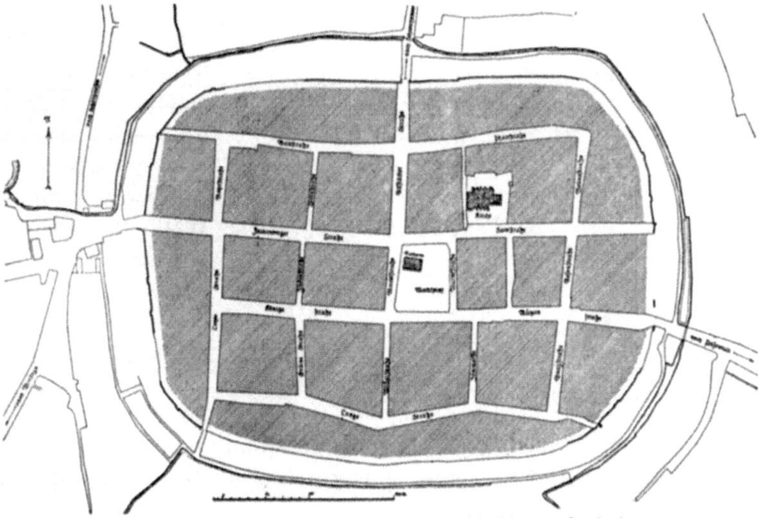

Abb. 52. Straßburg i. d. U. (Nach Siedler, Märkischer Städtebau.)

getrieben wurde, deren Aufgaben durch die früher von mir umschriebenen Ansprüche gekennzeichnet sind.

Diese „bewußt angelegten“ Stadtsiedlungen bieten immerhin aus einsichtigen Erwägungen gewählte Maße für die Blocktiefen (ca. 40—90 m), wenngleich diese zuweilen auffallend gering waren

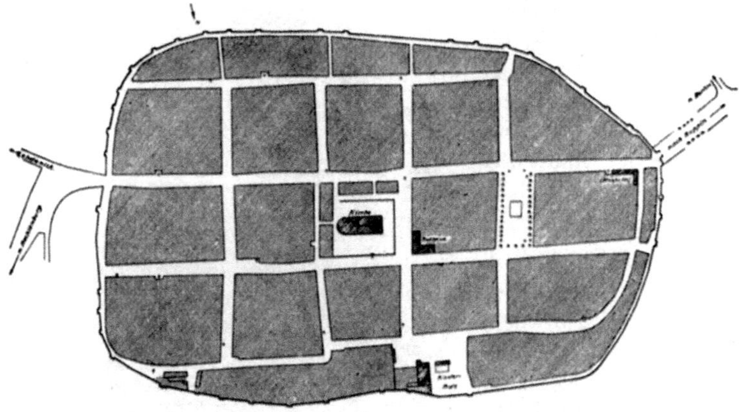

Abb. 53. Gransee. (Nach Siedler, Märkischer Städtebau.)

(Abb. 50). Aber die Grundstücksverhältnisse sind immerhin gesündere und für die Bebauung bessere als in den planlos entstandenen Orten.

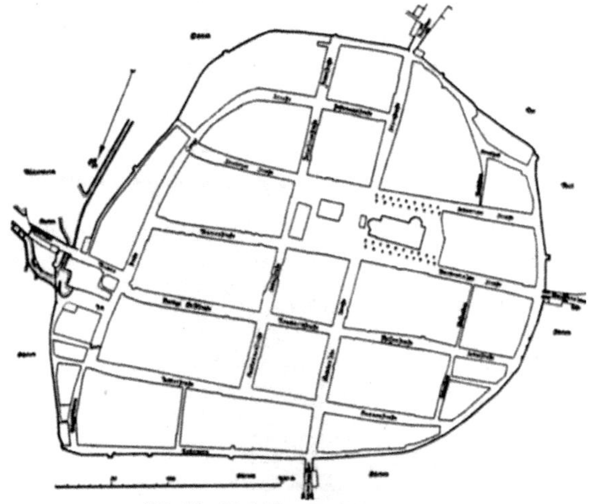

Abb. 54. Malchin (Mecklenburg). (Nach Siedler, Märkischer Städtebau.)

Im übrigen sind diese Planungen ganz primitiv; auch wo mit einer baldigen Befestigung von vornherein zu rechnen war, stoßen bei manchen Städten die Straßen stumpf auf Wall und Graben auf (Abb. 42—46, 51, 52). Erst bei dem Ausbau anfangs frei gebliebener Flächen in späteren Zeitläuften scheint man die Führung einiger Straßen parallel zur Umrahmung gewählt zu haben, so daß sich die Blocks dann einigermaßen an diese anschmiegten (Abb. 53—55).

Anfangs nahm man auf die Höhenverhältnisse des Geländes kaum Rücksicht, sondern führte das Straßennetz über Erhebungen und Senkungen fort (Abb. 56a und b). Eine Anschmiegung der Straßen an das Gelände ergab sich erst, seit man bei Festungserweiterungen die Wallinie den Höhenlinien folgen ließ, d. h. also nicht aus Prinzip, sondern nur dadurch, daß gleichzeitig in späterer Zeit das Straßennetz konzentrisch zum Befestigungsring entwickelt wurde (Bernburg, Abb. 57).

Hier entstanden dann andererseits aber oft wieder unregelmäßig geformte und zu tiefe oder zu flache Blocks, deren Ausbau zu unzuträglichen Siedlungsverhältnissen geführt hat.

Im übrigen war anfangs eine Biegung der Straßen selten. Wo sie vorkommt, dürfte sie auf den Lauf vorhandener Landstraßen, an denen die Siedlung entstand, oder sonstige besondere Gründe zurückzuführen sein (Abb. 56a).

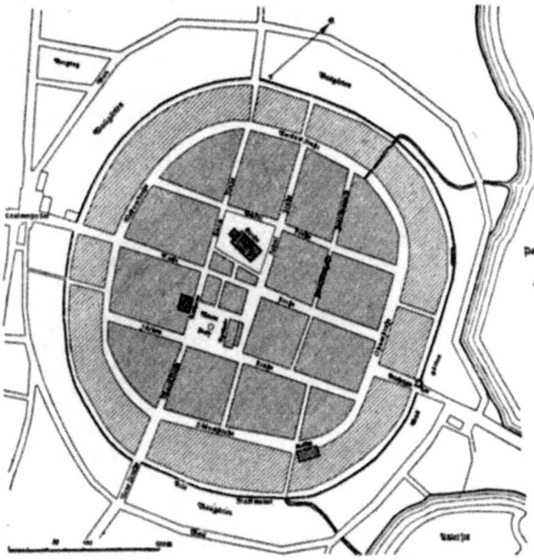

Abb. 55. Friedeberg. (Nach Siedler, Märkischer Städtebau.)

Meist sind diese Stadtgrundrisse recht kunstlos. Wo sich belebende Abweichungen vom Schema zeigen, sind sie kaum planvoll beabsichtigt, sondern entstanden, weil die vorherige Planung fehlte.

Erwähnt möge noch werden die eigentümliche Ausbildung der Straßenmündung in den Platzecken. Sie erklärt sich durch Laubenbauten, die vor die durchlaufende Straßenfront vorgezogen waren und die später in den geschlossenen Bau einbezogen wurden (Abb. 58). Wir finden diese Platzgestaltung besonders oft in den alten Ordensstädten. Teilweise sind die Bauten noch erhalten.

Als ausländische Beispiele seien die Piazza Colonna zu Rom und der Plan von Montpazier hier angeführt (Abb. 59 und 60).

Dem Gedächtnis einzuprägen sind, wenn man die allgemeinen Entwicklungsverhältnisse verstanden hat, insonderheit vier Punkte:

1. Die Stadtform ist ein Spiegelbild der Entwicklungsverhältnisse.

Sie ist entstanden aus den örtlichen Gegebenheiten, den wirtschaftlichen Verhältnissen und den Bedürfnissen oder der Bedürfnislosigkeit des ganzen allgemeinen Lebens. Das bedeutet im Grunde nichts anderes, als daß auch die Stadt ein Zweckwerk ist, nur daß sein Zweck eben Dienst gegenüber Menschen und Wirtschaft ist.

2. Die Straßenzüge und Blockformen haben sich, wo keine gewaltsame Neuordnung später eingriff, durch alle Jahrhunderte erhalten.

Diese Unwandelbarkeit des Stadtgrundrisses, dem man fast ewige Dauer zusprechen möchte, ist desto bemerkenswerter, wenn man bedenkt, daß in jenen Zeiten die Straßen noch unbefestigt waren, und

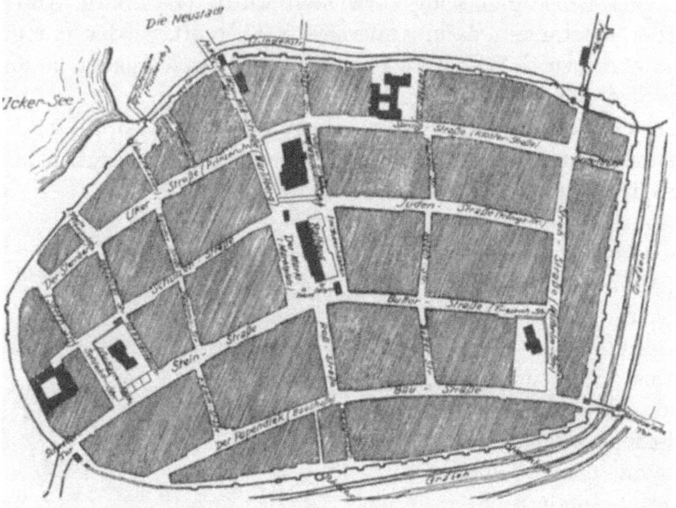

Abb. 56a. Prenzlau. (Nach Heiligenthal, Städtebau.)

weder Fluchtlinien noch die Grundmauern der Häuser — denn solche fehlten — eine Neuordnung verhinderten.

Wir werden sehen, wie auch in späteren Zeiten die alte Aufteilung sogar trotz aller gegenteiligen Versuche nach Bränden und Kriegsverwüstung immer wieder neu ersteht.

Wieviel stärker muß die Dauerhaftigkeit heute sein? Das muß zur Vorsicht und weitschauendster Voraussicht bei allen Planungen mahnen, die wir vorzunehmen haben.

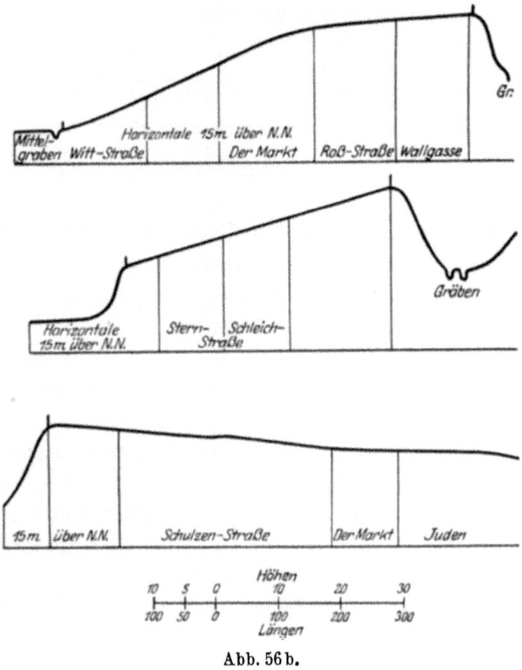

Abb. 56b.

3. Wo man die Entwicklung sich selbst überließ, kam man zu äußerlich malerischen Stadtgrundrissen, die das Auge erfreuen, aber zu schlechten Siedlungsverhältnissen im Sinne heutiger sozialer Auffassung.

4. Einzig maßgebender Gesichtspunkt bei den Planungen, wo diese bewußt stattfanden, war die Parzellierung zur Gewinnung von Grundstücken, daneben allenfalls einmal die Sichtbarmachung von Kirchenbauten. Tiefere Ideen waren sonst noch nicht maßgebend, und ein systematischer Ausbau der Stadt als Siedlungsstätte fand noch nicht statt.

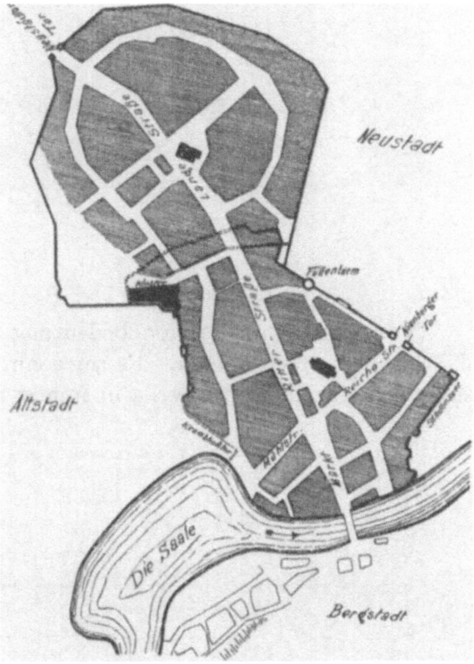

Abb. 57. Bernburg. (Nach Heiligenthal, Städtebau.)

Man muß sich davor hüten, die damals in den Städten herrschenden Zustände mit dem in Parallele zu setzen, woran wir heute als an etwas Selbstverständliches gewöhnt sind. Man kannte weder eine Wasserversorgung und noch weit weniger irgend etwas der Art, wie man es heute an Anlagen, Maßnahmen, Organisationen oder auch nur Vorschriften auf dem Felde der Städtereinigung allgemein hat. Alles Abwasser floß auf den Straßen oder sonstwie auf seinem natürlichen Wege ab, die Straßen waren unbefestigt, von Tieren belebt und oft vor tiefem Schmutz vollkommen unwegsam. Die Häuser hatten erst in späterer Zeit Fundamente. Fluchtlinien waren im allgemeinen nicht festgelegt. Nur auf die Freihaltung der Reichsstraßen von Überbauung wurde von der Obrigkeit Obacht gegeben, indem die Grafen in vollem Harnisch diese Straßen beritten, einen 16 Fuß langen Speer quer vor sich im Sattel, und für jede Schmälerung des Verkehrsraumes den Königsbann in Höhe von 60 Schillingen als Buße erhoben.

Aus der Masse der kleinen Bauten und Gehöfte heben sich desto mächtiger heraus wenige Kirchen und Dome als Verkörperung der alles packenden Gewalt der religiösen Idee, sowie ferner allmählich die Rathäuser und schließlich einige Privatbauten, in denen zu Wohlstand und Einfluß gelangte Bürgerkreise gleichzeitig ihre Geltung und durch liebevolle Ausgestaltung ihre Freude am Besitz zum Ausdruck brachten (Abb. 61 und 62).

Ich glaube, daß mit vorstehendem das Wesentlichste über die Bildung und Form der Städte des Mittelalters gesagt ist, soweit es notwendig ist, um sich einen Einblick und ein Urteil zu bilden über die damaligen Verhältnisse im Vergleich mit heute.

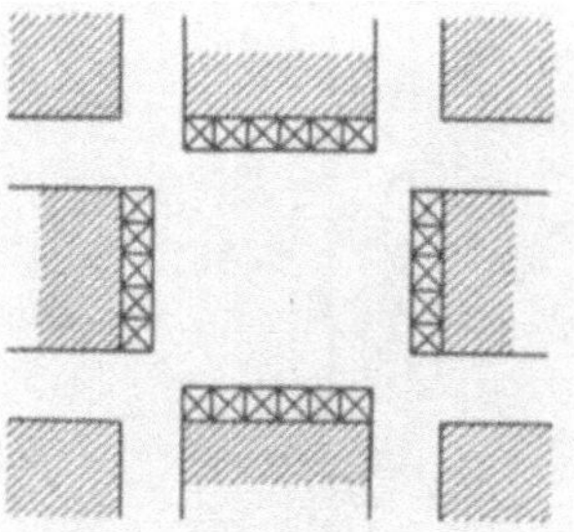

Abb. 58.

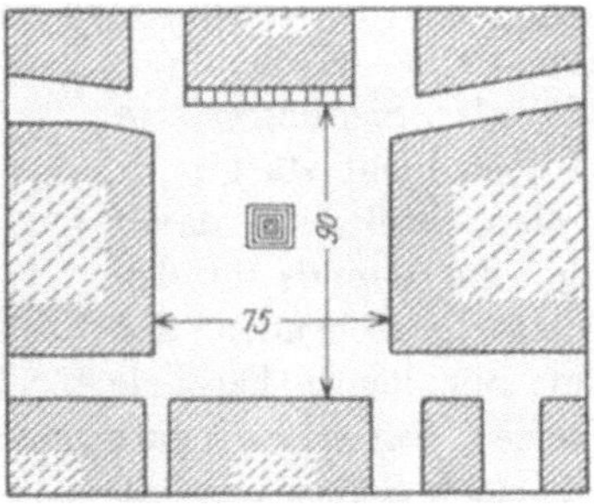

Abb. 59. Piazza Colonna (Rom).

Neue Erscheinungen von Bedeutung treten nun während mehrerer Jahrhunderte nicht hinzu. Es sei denn, daß mit wachsendem Wohlstand die einzelnen Bauwerke in immer höherem Maße eine liebevolle

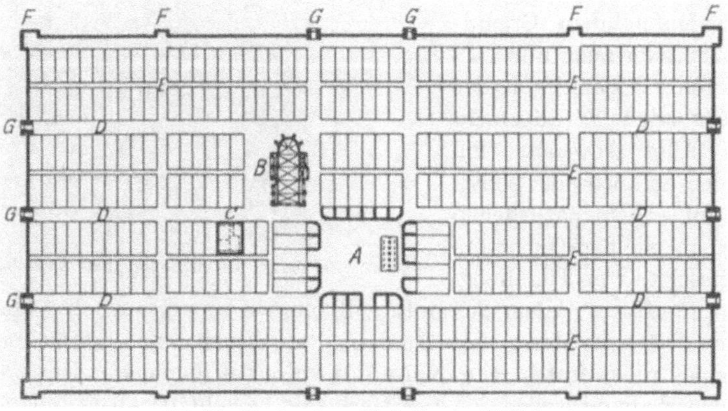

Abb. 60. Montpazier. (Nach Unwin, Städtebau.)

und künstlerische Durchbildung erfahren, die unerreicht, mindestens in einer so allgemeinen Anwendung unerreicht dasteht. Deshalb bieten die mittelalterlichen Städte dem Architekten eine unerschöpfliche Fülle von Stoff für Studien, Anregungen und Genuß. Neben ihm wird aber auch der Städtebauer für das Teilgebiet der Stadt baukunst einiges Lehrreiche in ihnen finden.

Mit staunenswertem Geschick hat man in damaliger Zeit verstanden, den Standort monumentaler Bauten so zu wählen, daß sie beherrschend und eindrucksvoll zur Geltung kamen, und die Form der Bauten im ganzen sowie im Verhältnis der Flächen und Konstruktionsteile zueinander und zum Ganzen zu günstigster Wirkung und

Abb. 61. Soest. (Nach Franz, Städtebaul. Vorträge Bd. II, Heft 3.)

unter immer wieder verschiedenen Verhältnissen in Einklang mit der Örtlichkeit und Umgebung zu bringen. Vorbildlich ist ferner, wie bei

Abb. 62. Wasserburg. (Nach Franz, Städtebaul. Vorträge Bd. II, Heft 3.)

der Masse der Einzelhäuser eine unübertreffliche Gleichartigkeit des Gesamtbildes entstand.

Den Grund hierfür dürfen wir freilich nicht in einem bewußten architektonischen oder stadtbaukünstlerischen Prinzip suchen. Die

Grundform der einzelnen Bauten ergab sich ausschließlich aus deren Zweck und den Lebensgewohnheiten der Bürger. Da aber der Zweck allgemein gleich war und die Einwohnerschaft, aus gleichem Volksstamm und gleichem Landbezirk stammend und jahrhundertelang ohne wesentlichen Wechsel in ihm seßhaft, die gleichen Gewohnheiten und Ansprüche hatte, so ergab sich von selbst der gleichartige Typ aller Einzelbauten. Da nun ferner neue Gesichtspunkte während einer uns schnelllebigen Menschen heute schier unendlich lang erscheinenden Zeit nicht eintraten, vermochten die Baumeister an gleichartigen Aufgaben in immer neuer Wiederholung das Maß der Leistung, am Vorhandenen lernend, es verbessernd und launig in Einzelheiten wandelnd, zu immer größerer Schönheit zu steigern. Daraus bildete sich die feine Abgewogenheit jeder Linie, unterstützt von einer ebenfalls aus langer Übung geborenen und zu geradezu künstlerischer Sicherheit geschulten Handfertigkeit der Baugewerkler und unterstützt ferner durch die Opferwilligkeit der Bauherren, für welche das Haus und Anwesen den Stolz bildete und das Sinnbild ihrer Wohlhabenheit und gefestigten wirtschaftlichen Lage darstellte.

Die Stadtanlage in ihrem ganzen Aufbau blieb die gleiche. Die Zeit war satt, wohlhabend, zufrieden und in ausgeglichenem Gleichgewicht. Die Städte hatten die Größe erreicht, die ihr Wirtschaftsgebiet ernähren konnte. Umwälzende Neuerungen im Wirtschaftsleben, die zu neuen Ansprüchen an die innere Gestaltung der Städte hätten führen können, traten nicht ein.

In dieser Ruhe und äußerlichem Wohlsein ohne großes Streben und neue Ziele begann die menschliche Gesellschaft einerseits in Fäulnis und Verfall zu geraten, begannen sich anderseits sodann neue Kräfte und Bestrebungen zu regen, die schließlich die ruhige Fläche des allgemeinen Daseins in der großen geistigen und ethischen Revolution der Religionskämpfe durchbrachen. In der dadurch hereinbrechenden Zeit maßloser Erregung, unendlicher Verarmung und Elends wandelt sich aufgerüttelt das menschliche Denken, und nach Überwindung der Erschlaffung ziehen sodann auch andere Rechts- und Wirtschaftsverhältnisse ein. Aus diesen entstanden für die Städte, deren Wesen und deren Gestaltung neue Grundlagen und neue Aufgaben.

4. Die Entwicklung des Städtebaues im 17. und 18. Jahrhundert.

Wenn wir fortan die Erscheinungen und Ergebnisse der weiteren Städtebauperioden betrachten, werden wir unsere Aufmerksamkeit nach zwei Richtungen zu lenken haben, sowohl dann, wenn wir die Städte des 17. und 18. Jahrhunderts betrachten als auch ganz besonders dann, wenn wir die Aufgaben und Probleme unserer Gegenwart und Zukunft ins Auge fassen:

1. Erstens wird man darauf zu achten haben, ob Neubildungen und in welcher Art diese infolge Bevölkerungszunahme und aus dergleichen anderen Gründen entstehen — sei es, daß diese zur vollkommenen Neuanlage von Städten oder daß sie zu einer Vergrößerung bestehender Ortskörper führen.

Beides können wir gemeinsam unter dem Begriff der „Stadterweiterung“ zusammenfassen, für die man auch zuweilen die Bezeichnung „äußere Stadterweiterung“ wählt.

Diesen Ausdruck auch für Neugründungen anzuwenden, wofür er zunächst nicht ganz treffend klingt, wird zulässig sein. Denn das Wesen der Aufgabe, die hierbei zu lösen ist, hat viel Gemeinsames mit derjenigen, die aus der Angliederung neuer Stadtteile an altbestehende Orte erwächst.

Vollkommene Neugründungen umfangreicher Siedlungen mit dem ausgesprochenen Ziel, eine Stadt zu schaffen, kommen zudem nur selten vor. Häufiger entsteht zunächst ein kleiner Kern, eine dörfliche Siedlung oder ähnliches, der sich erst allmählich zur Stadt erweitert und auswächst.

Außerdem kann man sagen, daß in neuerer Zeit oft mehr und mehr die durch das Wachstum der Städte bedingten richtigen Stadterweiterungen in der Form erfolgen, daß die neuen Stadtteile als Vorstädte oder in der Art ganz nahegelegener Satellitenstädte entstehen und bis zu einem gewissen Grade das Wesen eigener organischer Geschlossenheit und Selbständigkeit zeigen. Sie erhalten ihre eigene Marktstätte, eigene Geschäfts-, Gewerbe-, sogar Fabrik- und andererseits Wohngegend, eigene Kirche, Sportplätze usw. Sie stehen anfangs in einer ähnlichen Art der Wechselbeziehung zum Mutterkörper, wie solche zwischen nahegelegenen und zunächst körperlich selbständigen und erst allmählich zusammenwachsenden Städten herrscht. Ferner beobachten wir andererseits in neuester Zeit, daß selbst in beträchtlicherer Entfernung voneinander liegende Orte, die früher vollständig selbständig waren, immer mehr in Zusammenhang und Abhängigkeit voneinander kommen, je mehr der Verkehr die scheidende Distanz überbrückt und je mehr zunächst weite Landbezirke und später vielleicht einmal immer mehr ganze Staaten, Reiche und schließlich ganze Erdteile zu einem wirtschaftlichen und kulturellen Gesamtorganismus zusammenwachsen. So fließen mehr und mehr die Grenzen zwischen Neugründungen und Stadterweiterungen ineinander über, und je mehr die Möglichkeit einer scharfen Trennung in der sachlichen Behandlung der daraus entstehenden Aufgaben verlorengeht, desto schwieriger und überflüssiger wird es, besondere Bezeichnungen dafür zu wählen.

2. Eine grundlegend anders geartete Erscheinung und Aufgabe gegenüber der äußeren Stadterweiterung haben wir dagegen in der inneren Umwandlung bestehender Ortsteile zu erblicken. Den Kreis der Probleme, die sich hierbei ergeben, faßte man wohl früher unter dem Begriff der Sanierung oder Stadtregulierung zusammen. Otto Schilling[1]) wählt dafür den Namen „innere Stadterweiterung".

Je tiefgehender die Wandlung der Verhältnisse und Bedürfnisse ist und je mehr alte Städte und Stadtteile sich infolgedessen als unbefriedigend erweisen, desto breiteren Raum wird dieses Problem der „inneren Stadterweiterung" beanspruchen. Ihr wird man daher künftig in einem immer mehr gesteigerten Maße seine Aufmerksamkeit zu widmen haben.

Eine treffendere Bezeichnung dafür wird sich vielleicht mit der Zeit von selbst einstellen.

Die Aufgaben und die Probleme, die sich einerseits aus dem „Wachstum" und andererseits aus der „Wandlung" der Städte ergeben, und die Wege zu ihrer Lösung bedürfen gesonderter Behandlung nebeneinander. Der Grund und Boden aber, aus dem sie erwachsen, ist, im großen und ganzen betrachtet, derselbe: die allgemeine Entwicklung der „Verhältnisse", denen die Menschheit, die Völker und Staaten, Wirtschaft und Recht unterworfen sind, und die letzten Endes wieder mit geistigen Vorgängen in engster Wechselbeziehung stehen.

In nichts zeigt sich das organische Wesen der Städte, ihr Charakter als soziale Lebewesen, oder die Tatsache, die Spengler mit dem Wort bezeichnen will, „die Stadt habe eine Seele", so klar als in der Abhängigkeit der Stadtgrößen und Stadtformen von der Entwicklung der „allgemeinen Verhältnisse".

Geht man nun von dieser Tatsache aus, daß Ursprung und Wesen einer Städtebauperiode in engster Abhängigkeit von der Entwicklung der allgemeinen Verhältnisse, Anschauungen und Bedürfnisse der betreffenden Zeit stehen, so erscheint es mir fraglich, ob man von der Zeit des 17. und 18. Jahrhunderts oder von der Spanne, die zwischen dem 30jährigen Krieg und den napoleonischen Kriegen liegt, als von einer zweiten deutschen Städtebauperiode sprechen kann, wie man es bislang allgemein gewohnt ist. Zu groß scheint mir die Zahl der Städte, die von ihr unberührt blieben, und zu gering das Maß der neuen Bildungen, die sich ergaben, und zu gering der Wesensunterschied, den sie in Ursache und Wirkung mit unserer neuesten Stadtentwicklung zeigen.

Mir würde es näher liegen, zu sagen, daß in dieser Zeit der „Städtebau" in dem Sinne „planmäßiger Stadtgestaltung" überhaupt erst entstand, und daß jene Zeit die Vorstufe darstellt zu unserer Städtebau-

---

[1]) Otto Schilling, Innere Stadterweiterung, Zirkel-Verlag 1921.

periode, in der wir heute noch mitten darin stehen. Denn gemeinsam ist diesen beiden Abschnitten die Idee, durch die bewußte „Gestaltung" des Stadtkörpers die breitesten Schichten der Einwohnerschaft und des Volkes zu fördern.

Wie man etwa die zwei Jahrhunderte von 1450—1650 als die Zeit der großen religiösen Revolution und religiösen Kämpfe auffassen kann, so glaube ich, wird man dermaleinst auch die Ereignisse von 1750 bis — sagen wir einmal — ungefähr 1950 ansehen als eine einheitliche Entwicklungskette, die durch die Religionskämpfe sich anbahnte und zur geistigen und allgemein menschlichen Freiheit führte, und in der alle Einzelheiten überschattet sind durch das eine große Streben, das allem anderen Stempel und Gepräge aufdrückt, nämlich durch das Streben der großen Masse des Volkes, zur Geltung zu kommen. Es drückt sich aus durch die großen Probleme der Volkswirtschaft, Volksfürsorge und Volksherrschaft oder, was schließlich dasselbe bedeutet: Sozialismus und Demokratie. Dieses Streben führte zu vulkanartigen Ausbrüchen kurz vor 1800 in der großen französischen und kurz nach 1900 in der großen russischen Revolution. Es vollzog sich ruhiger und mehr in Gestalt stillen Ringens, das nur zeitweise durch kleinere Revolutiönchen durchbrochen war, in deutschen Landen.

Im Grunde genommen und in seinen Folgerungen ist es nun freilich keine so wichtige Frage, ob man vom 17. und 18. Jahrhundert als von einer zweiten und von unserer Zeit als von der dritten Städtebauperiode sprechen will oder nicht. Es lohnt sich nicht, darüber zu streiten.

Wichtig aber scheint mir folgende Feststellung: Was in dieser ganzen Zeit seit 1650—1800 geschaffen wurde, wird man am besten verstehen, wenn man es in Zusammenhang bringt mit dem erwachenden Streben der Fürsten und Staatsregierungen nach Fürsorge für das Volk. Auch unsere städtebaulichen Aufgaben und Probleme von heute aber wird man nur meistern können, wenn man ebenfalls alle städtebaulichen Maßnahmen gründet in dem Streben, die Gesamtheit der Einwohnerschaft und des Volkes durch zielbewußte Stadtgestaltung zu fördern.

Betrachtet man die äußeren Geschehnisse, aus deren Wirkung sich die Entwicklung einer Reihe von Städten im 17. und 18. Jahrhundert erklärt, so findet man etwa folgendes:

An die Stelle der Stadtwirtschaft trat die Territorialwirtschaft. Der Staat begann Handel und Gewerbe, den Urboden, aus dessen unbewußter Bildung heraus die Städte seinerzeit geboren waren, bewußt zu pflegen (Merkantilismus in Frankreich und Adam Smiths Lehre von der Volkswirtschaft in England). Zölle schützten die heimische Produktion. Wege und Straßen wurden gebaut. Das Bannmeilenrecht der Städte fiel, die Landleute konnten kaufen und verkaufen, wo und an wen sie wollten, einzelne Gewerbe wanderten auch auf die Landorte und Gehöfte aus. Dadurch traten gewisse Verschiebungen ein und gaben Anlaß zu Wachstum und — einer damals freilich im Vergleich zu heute nur geringen — Wandlung der Stadtkörper. Während manche Städte stehenblieben oder gar zurückgingen, gelangten andere zu größerer Bedeutung. Größere und reichere Handelshäuser traten hervor. Der Verlag als neue Erzeugungs- und Handelsform und Vorläufer unserer industriellen Entwicklung saugte kleine Existenzen auf oder brachte sie in seine Abhängigkeit. Bestimmte Zweige des Handels und der Produktion traten bereits damals in einzelnen Orten und Gegenden in den Vordergrund und führten wohl hier und da in einzelnen Städten zu typischen Betriebs- und Wohnformen. Wir sehen also damals die Anfänge der Konzentration im Wirtschaftsleben und die Differenzierung der Stadtformen je nach ihrem Wirtschaftswesen.

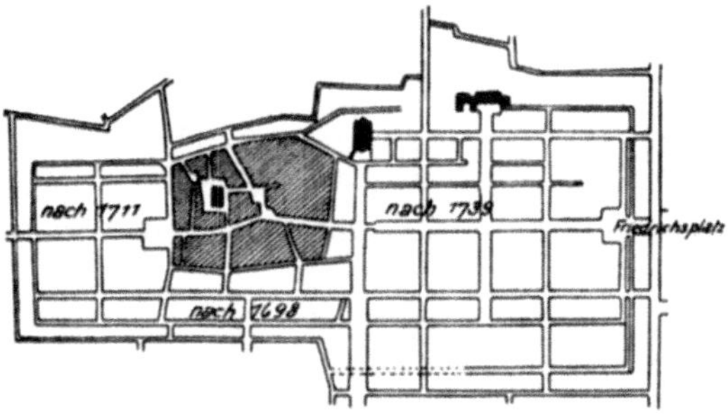

Abb. 63. Krefeld. (Nach Heiligenthal, Städtebau.)

Die inneren Umbildungen der Stadtkörper, die sich daraus ergaben, sind noch wenig durchforscht. Sie vollzogen sich langsam, nicht stürmisch drängend, als Evolution und nicht in revolutionärer Form. Sie waren im ganzen gering im Verhältnis zu dem langen Zeitraum, der dazu zur Verfügung stand, und führten infolgedessen nicht zur Aufrollung so schwieriger und drängender Probleme wie in unserer neusten Zeit.

Beträchtlicher waren wohl die Neuerungen, die sich bei der Neubildung von Ortsteilen oder ganz neu angelegten Orten, also bei Stadterweiterungen oder Stadtgründungen ergaben. Aber auch dort ist, alles in allem betrachtet, die Ausbeute nicht sehr groß, wenn man die Gesamtheit der deutschen Städte ins Auge faßt. Viele Städte wachsen langsam. Bei einem Teil von ihnen hinderten Wall und Graben die Ausdehnung nach außen, und die Bevölkerungszunahme und neuen Betriebsanlagen fanden Unterkunft durch engeren Ausbau des Stadtinneren. Bei den meisten anderen ließ man das Wachstum sich weiter kristallinisch wie früher, ohne bewußte Ordnung und planmäßige Leitung, selbst vollziehen. Bei einigen wiederum strebte man wohl nach planmäßiger Leitung, konnte sich jedoch trotz jahrelanger Beratung zu keinem festen Entschluß durchringen, welche Form man ihnen geben solle. Dagegen nur verhältnismäßig wenige, durch die Lage und sonstige Verhältnisse besonders begünstigte Orte entwickeln sich so sprunghaft, daß Erweiterungen in nennenswertem Maßstabe planmäßig vorgenommen werden mußten.

In besonders starkem Maße führten in der Folgezeit des 30jährigen Krieges zunächst die Wanderungen infolge der Religionskämpfe zu

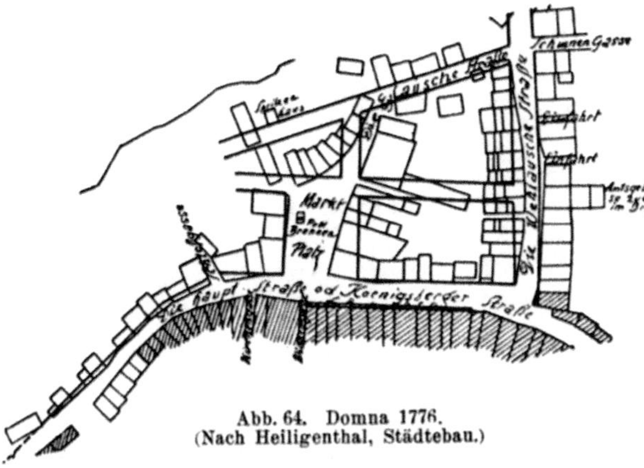

Abb. 64. Domna 1776.
(Nach Heiligenthal, Städtebau.)

einer Anzahl von Neubildungen in kurzer Zeit. Durch Aufnahme der Mennoniten in seine Mauern erfuhr Crefeld von 1698—1739 eine Zunahme auf das Zehnfache seiner Einwohnerzahl und machte drei Stadt-

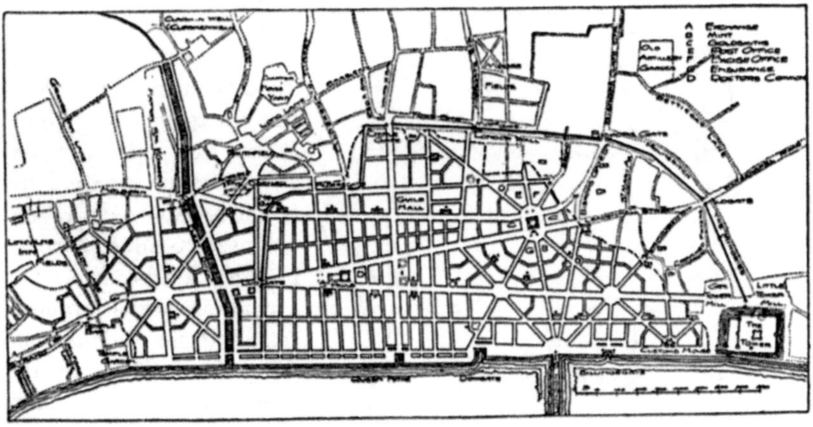

Abb. 65. Wrens Plan von London 1666. (Nach Unwin, Städtebau.)

erweiterungen durch (Abb. 63). Besonders deren letzte war im Verhältnis zur ursprünglichen Ortsgröße bedeutend, aber immer noch klein im Vergleich mit den Maßstäben unserer Zeit. Die Berliner Bevölkerung stieg von 18000 im Jahre 1685 auf 55000 im Jahre 1709. Die neu angelegte Friedrichstadt, die noch eine selbständige Gemeinde bildete, hatte 1721 erst 687 Häuser, 1737 bereits deren 1682. Hanau wurde von vertriebenen Wallonen und Niederländern, kurz darauf 1599 Freudenstadt als Siedlung österreichischer Protestanten, 1607 der Waffenplatz Friedrichsburg und unter dessen Mauern Mannheim angelegt. In Mülheim a. Rh. konnte wegen der Nähe Kölns der geplante Ausbau keine Fortschritte machen.

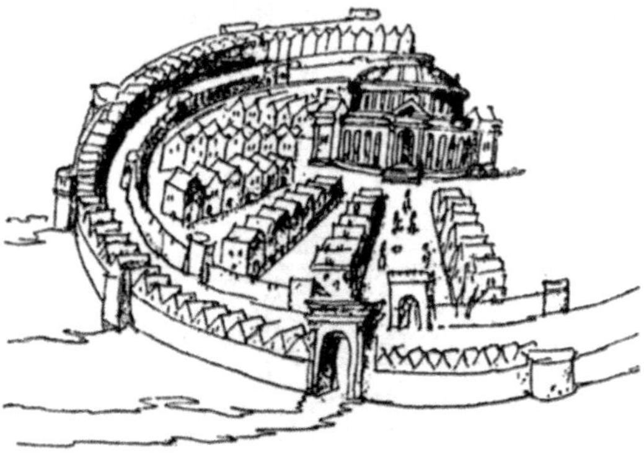

Den größten Zustrom bildeten die 1685 durch das Edikt von Nantes aus ihrer Heimat vertriebenen 400000 Hugenotten, die sich größtenteils in den calvinischen Staaten, Brandenburg, Pfalz, Hessen-Kassel, Hessen-Homburg und Franken, ansiedelten. Besonders die Hohenzollern suchten diese gewerbekundigen und fleißigen Vertriebenen und ebenso auch die Salzburger und Pfälzer planmäßig heranzuziehen, indem sie sie durch Rundschreiben einluden und ihnen Agenten an die Grenzen entgegensandten. Friedrich Wilhelm I. von Preußen baute ihnen 16 kleine Städte neu auf. Von diesem Fürsten stammt der bezeichnende Ausspruch: „Menschen halte vor den größten Reichtum.“

Abb. 67. Idealstadt nach Maggi 1564. (Nach Brinckmann, Stadtbaukunst.)

Andererseits wanderten Deutsche nach Siebenbürgen und Rußland aus, in besonders großen Mengen aber, nach dem Besuch William Penns in den Jahren 1671 und 1677 in Deutschland, nach Pennsylvanien, wo beispielsweise 1683 Germanstown gegründet wurde. Die schnell wachsenden Städte des Auslandes, besonders Amerikas, bilden also in städtebaulicher Hinsicht nicht ausschließlich eine getrennte Parallele mit den deutschen

Städten, sondern in manchen Gegenden stehen sie mit diesen in innerer Verwandtschaft und verdienen dadurch ein erhöhtes Interesse.

Von besonderer Bedeutung für die Siedlungstechnik jener Zeit und für das Verständnis ihrer Werke scheinen mir zwei Punkte zu sein:

1. Der Übergang der Initiative in der Stadtgestaltung an den Staat und
2. das Ringen nach einer Idee, aus der man die Stadtform folgerichtig zu entwickeln sich bestrebte.

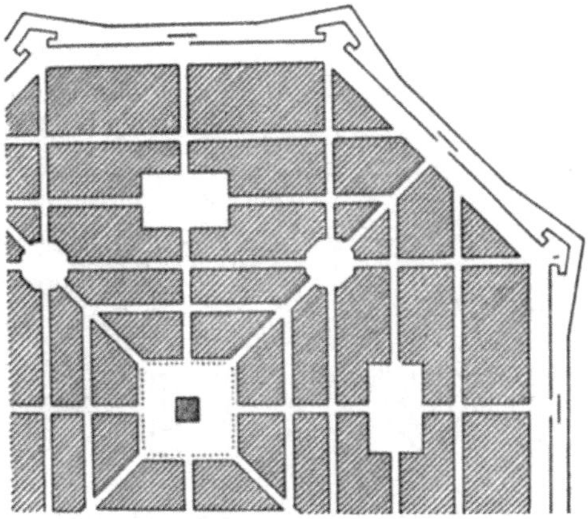

Abb. 68. Idealstadt nach Vasari. (Nach Brinckmann, Platz und Monument.)

Die Zünfte und Gilden waren zerfallen. Die Städte waren unmächtig geworden. Bei der Schlichtung von Streitigkeiten zwischen den Städten und den Dörfern und dem platten Lande und unter der Wirkung der Kriege, in denen die Städte in wechselnde Abhängigkeit bald von diesem, bald von jenem Landesherrn gerieten, hatten diese Gelegenheit gefunden, die Selbständigkeit der Städte zu brechen und ihren eigenen Einfluß auch bei der Regelung innenstädtischer Verhältnisse geltend zu machen.

Abb. 69. Idealstadt nach Perret. (Nach Brinckmann, Stadtbaukunst.)

Im Staat nun lag die Zentralgewalt in Händen des Hofrats, eines Kollegiums juristisch oder kameralistisch vorgebildeter Männer. Mochten diese auch weniger tief im Leben der Städte und der Bürger selbst stehen als die Ritter, die vorher ihre Stelle eingenommen hatten, und die, obwohl nicht allzu gut des Lesens und Schreibens kundig, doch unter

Bürgern und Bauern gelebt hatten und ihre Bedürfnisse kannten, oder als die Bürgermeister und der Rat der Städte, mochten sie deshalb auch mehr von oben her regieren, so brachten sie doch gerade dadurch neue Gesichtspunkte in die Stadtentwicklung hinein. Es waren Männer, die über den einzelnen Stadthorizont hinausblickten und bestrebt waren, die Erfahrungen und Ideen, die sich an anderen Orten und in anderen Ländern ergaben und regten, auf die Städte ihres Landes zu übertragen.

Abb. 70. Idealplan nach Levirloys, neu aufgestellt von R. Unwin.

Der äußere Anlaß, um sich mit der Gestaltung der Städte zu befassen, war für die Regierungen teilweise durch die Errichtung von Verwaltungsgebäuden, Zuchthäusern und sonstigen Staatsbauten, vornehmlich aber auch durch die Notwendigkeit gegeben, im Interesse der Landesverteidigung weit vollkommenere Befestigungsanlagen zu schaffen, als wie das Mittelalter solche kannte. Infolgedessen treten diese Anlagen in den Städten und deren Gestaltung auch allenthalben stark hervor. Man suchte sie samt den erforderlichen Nebenanlagen mit der Stadt in organische Verbindung zu bringen.

Abb. 71. Idealstadt nach Levirloys.

Die folgenreiche Bedeutung dieser Entwicklung liegt darin, daß auf diesem Wege das schon seit längerer Zeit beobachtete Ringen nach einer Idee in der Stadtgestaltung aus dem Zustande der Theorie in das Fahrwasser praktischer Verwirklichung übergeleitet wurde.

Wie es stets bei großen Neuerungen der Fall zu sein pflegt, war dieses Bestreben geboren aus der Vorarbeit einzelner führender Köpfe und wurde getragen von der allgemeinen Entwicklung der Verhältnisse und von tief, wenngleich noch lange unklar, im Volk empfundenen Bedürfnissen. Es wurde jetzt jedoch von den Regierungen und Fürsten aufgenommen und in einer Reihe von Fällen (nicht selten gegen den Widerstand der Stadtverwaltungen selbst) zur Durchführung gebracht.

Wie der Plan von Domna 1776 (Abb. 64) und die Entwürfe für den Wiederaufbau der durch Brand zerstörten Städte, wie z. B. Magdeburg und z. B. auch London (Abb. 65), zeigt, hatte man damals erkannt, daß die regellos gebauten Städte keine zweckmäßige Form mehr darstellten, und suchte deshalb System in deren Körperbau zu bringen.

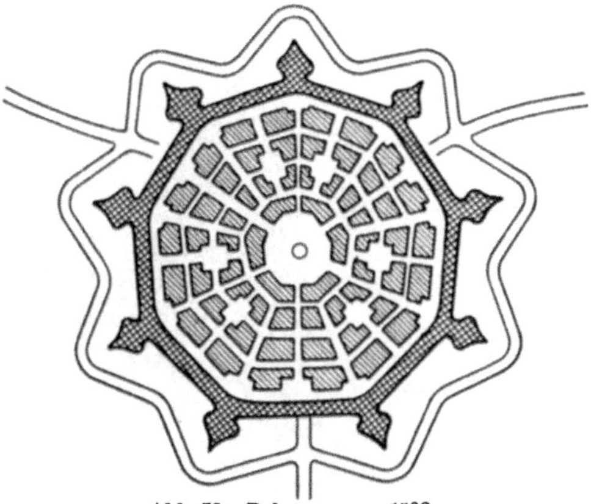

Abb. 72. Palma nuova 1593. (Nach Brinckmann, Stadtbaukunst.)

Die rohe Sanierung von Domna ist vom malerischen Standpunkt aus fraglos ein Rückschritt und auch vom siedlungstechnischen an sich nicht gut. Man hatte die Mängel des alten erkannt und wollte es verbessern. Nur leider war man sich über das „Wie“ nicht klar und setzte Schlechtes an Stelle des Alten. Auch viele andere Städte suchte man in geeigneten Fällen, z. B. nach Bränden und Zerstörung durch Krieg, zu sanieren. Doch scheiterte vielfach dieses Vorhaben, weil Jahre über Jahre vergingen und man sich über den Plan nicht klar werden konnte. Schließlich ließen sich die Einwohner nicht abhalten, auf den alten Grundmauern, an deren Wiederbenutzung ihnen ohnehin viel gelegen war, ihre Stadt in alter Form wieder aufzurichten.

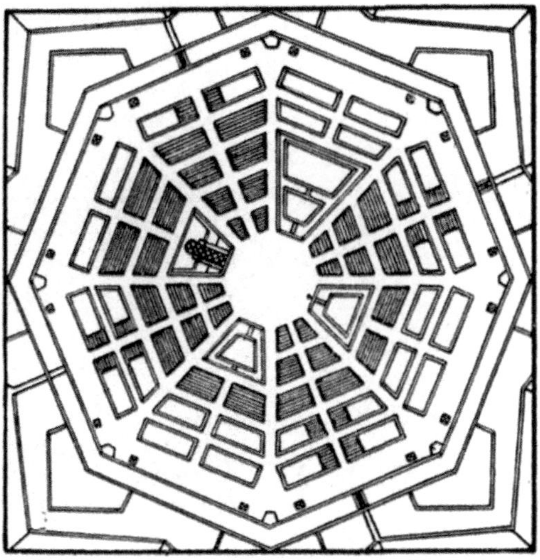

Abb. 73. Idealplan nach Speckle. (Aus Heiligenthal, Städtebau.)

Daraus aber, daß die Planungen so lange Zeit beanspruchten, sehen wir das Ringen nach einer Formidee für die Gesamtstadt klar zutage treten. Der „Aufbau“ der Stadt war ein Problem geworden.

In diesem Ringen um die Gestaltungsidee sehen wir von Anfang an zwei Linien nebeneinander laufen.

Erstens die der rein äußerlichen Ästhetik, der Gruppierung der Elemente nach einem innerlich — zunächst mindestens — vielfach

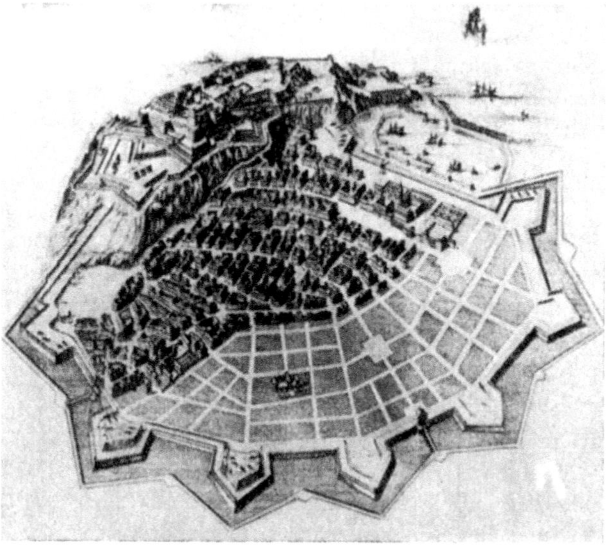

Abb. 74. Nizza. (Nach Brinckmann, Stadtbaukunst.)

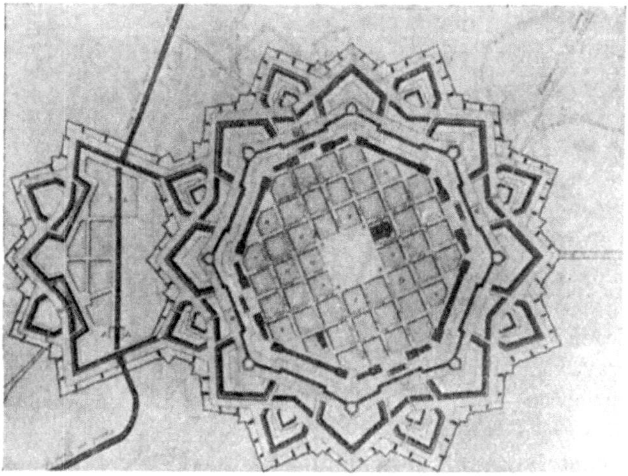

Abb. 75. Neu Breisach. (Nach Brinckmann, Städtebaul. Vorträge Bd. VII, Heft 1.)

sehr flach begründeten Schema, das lediglich auf optischen Eindruck des Lageplanmusters berechnet ist.

Daneben läuft eine zweite Linie, die ich bezeichnen will als das Bestreben siedlungstechnischer Gestaltung. Es geht aus dem

Wunsche hervor, die inneren Bedürfnisse der Stadtschaft zu befriedigen, für alles zu sorgen, was die Bürgerschaft braucht. Sie fußt dabei vielfach auf den alten, aus der Grundstücksparzellierung stammenden Rechteckmustern und sucht diese den neuen Bedürfnissen gemäß weiterzubilden.

Bei beiden spielten eine große Rolle die Befestigung und sonstige militärische Anlagen, die als sehr bedeutsame Organe der Stadt erfaßt sind, und oft der Schloßbau. In diesem prägt sich der Einfluß der Landesgewalt und der Fürsten in der Stadtentwicklung aus.

Es ist bezeichnend, wie die Stadtideen dem Wesen und Denken der Volksstämme entsprechen, wie also auch hier wieder das Produkt

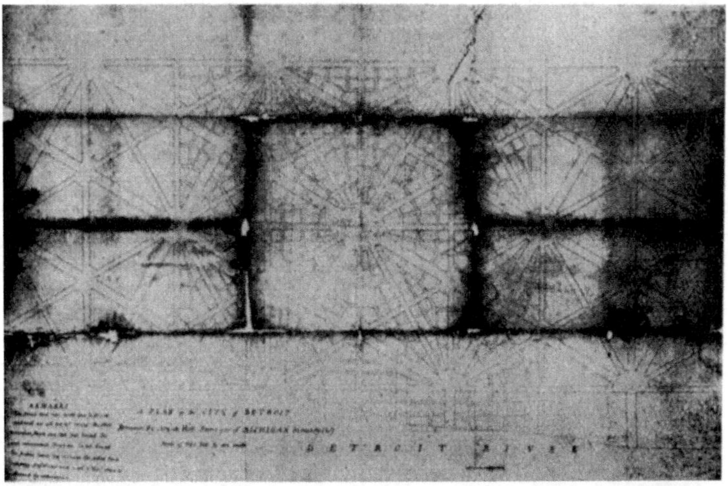

Abb. 76. Woodwards Plan von Detroit 1807. (Nach Hegemann, Amerikanische Architektur.)

der Stadtformung herauswächst als organisches Lebensgebilde aus der Menschenart und den Verhältnissen.

Die äußerlich ästhetische Idee ist italienischen und französischen Ursprungs, also romanisch. Sie nimmt ihren Ausgang von einer rein kunsttheoretischen Gruppierung der eigens zu diesem Zweck vielfach recht wenig zweckmäßig zurechtgestutzten Gebäudemassen. Wenn nicht der hohe Gedanke, Schönes zu schaffen, sie davor schützte, könnte man geneigt sein, diese Sternmuster als spielerisch willkürlich zu betrachten. Das wäre wohl zu weit gegangen. Aber andererseits möchte ich sie nicht als „architektonische“ Gebilde bezeichnen, weil man dem ernsten Streben der Architekten, auch den Zweck zu erfüllen, damit unrecht täte (Idealstadt nach Geymuller, Ley du Cereau, G. Maggi, Vasari, Perret, Levirloys, Alessandro Pisonis Plan für Palma Nuova, Speckle [Abb. 66—73]).

Meist sind diese Stadtmuster reine Theorien geblieben, die nur in stark abgewandelter Form zu Einfluß kamen. Doch bildet z. B. Nizza (Abb. 74) den Beleg, daß sie auch hier oder da tatsächlich zur Ausführung kamen oder mindestens zu ernsthaften Planungen führten,

Abb. 77. Detroit, Grand-Circus. (Nach Hegemann, Amerikanische Architektur.)

deren Verwirklichung tatsächlich in Aussicht genommen war. In Neubreisach (Abb. 75) ist dagegen die Stadtanlage im Rechteckschema zur Ausführung gekommen.

Abb. 78. Place de France (Entwurf). (Nach Hegemann, Amerikanische Architektur.)

Der Entwurf Woodwards für Detroit von 1807 (Abb. 76) plante noch die Anordnung eines solchen Systems in vielfachen Wiederholungen. Eine Idee, die selbst als Tischdecke langweilig wirken müßte. Glücklicherweise ist von alledem nur ein Platz, der „Grand-Circus" (Abb. 77), ausgeführt worden. Er zeigt ein „wirres Durcheinander" (Hegemann). Schuld daran ist nicht allein die Ausführung der Bauten als Hochhäuser, die freilich den Maßstab ungeheuer verzerrt und die der Formung zugrunde liegende Idee notzüchtigt. Aber auch der von Heinrich IV.

geplante Torplatz (Abb. 78) wäre kaum eine sehr befriedigende Anlage geworden, wenngleich der Platz selbst gegenüber den niedrigeren Gebäuden weit mehr zur Geltung gekommen wäre, als es beim Grand-Circus der Fall ist.

Die Idee des Zentralplatzes finden wir auch bei Dürers Idealplan (Abb. 79) und Schickhards Entwürfen für Freudenstadt (Abb. 80 a und b). Aber die übrige Anordnung zeigt die Rückführung aus den freien Weiten der Gedanken auf die rauhe Erde siedlungstechnischer Rücksichten. Abb. 81 zeigt die Form, in der der Kern von Freudenstadt noch heute besteht. Die Häuser haben keine Höfe, sondern gehen von Straße zu Straße durch.

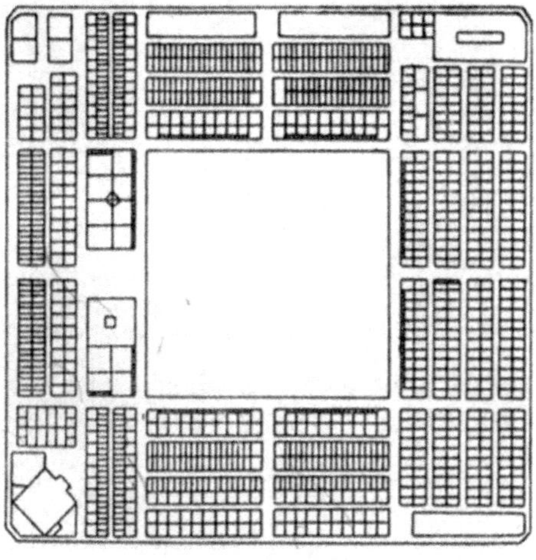

Abb. 79. Idealplan nach Dürer. (Nach Heiligenthal, Städtebau.)

Als leitenden Gesichtspunkt während der ersten Stufe der Städteentwicklung im Mittelalter erkannten wir das Bestreben, Siedler heranzuziehen, um Baustellen an sie zu verkaufen und Marktstätten oder sonstigen Zins von ihnen zu erheben. Deshalb beschränkte sich der „Städtebau", sofern diese Bezeichnung überhaupt dafür Geltung hat, auf die Bodenparzellierung. Im übrigen überließ man die Einwohner sich selbst.

Der allgemeinen Entwicklung im 17. und 18. Jahrhundert dagegen entspricht es, daß man die Menschen um ihrer selbst willen als tüchtige und leistungsfähige Bürger haben will und, wenngleich man sie gutenteils als Objekte und noch nicht als Glieder und Elemente oder Träger des Staates behandelte, so suchte man doch für sie zu sorgen, um sie zu wertvollen Objekten zu machen. Man war bestrebt, auch die inneren Bedürfnisse der Stadtschaft zu befriedigen und alles zu schaffen, was nach damaligen Begriffen für die Menschen und für die Wirtschaft und die Hebung ihrer Leistungsfähigkeit für förderlich angesehen wurde. Dieses Bestreben läuft auf den gleichen Bahnen, die im Merkantilsystem zum Ausdruck kamen. Es war der Grund, aus dem heraus man die wegen ihres Glaubens Vertriebenen aufnahm, und es kommt besonders klar und programmatisch bewußt in den Worten König Friedrich Wilhelms I. von Preußen zum Ausdruck: „Menschen halte vor den größten Reichtum."

Man trieb fürsorglich Siedlungspolitik.

Politik ist ein Begriff, der vielfach unklar geworden ist — ähnlich wie „Städtebau“ — seit man allzuviel von Politik spricht und alles unter „politischem“ Gesichtswinkel zu sehen gewohnt ist. Man sagt wohl, Politik sei „die Kunst des Erreichbaren“. Das ist sicher nicht treffend, wenn man diese auch in der Wortbildung hinkende Definition so versteht, wie sie gerade zur Erklärung der Bezeichnung Städtebaupolitik nicht ungern gebraucht wird: sie sei die Kunst, sich mit Erreichbarem zu begnügen. Das verleitet gar zu leicht dazu, gar zu weniges für erreichbar zu halten und das „Begnügen“ zu betonen, während in Wirklichkeit für den festen und starken Willen und mit lange anhaltender Zähigkeit fast alles erreichbar ist. Das Gegenteil von Politik ist das, was man vulgär „fortwursteln“ nennt, während Politik das zähe Verfolgen eines weitgesteckten Zieles bedeutet, bis man es allmählich erreicht. Politik ist zielbewußtes Streben nach dem, was nötig und wichtig ist. Man kann auch sagen: Politik besteht darin, daß man weitschauend überblickt, wohin man die Entwicklung leiten will, und daß man dann unter Ausnutzung aller Möglichkeiten und Gelegenheiten, um Stück für Stück voranzukommen, und unter Behebung aller Schwierigkeiten und Widerstände das gefaßte Ziel zäh verfolgt, ohne das Wesentlichste, selbst wenn Umwege und Opfer nicht zu umgehen sind, je aus den Augen zu verlieren.

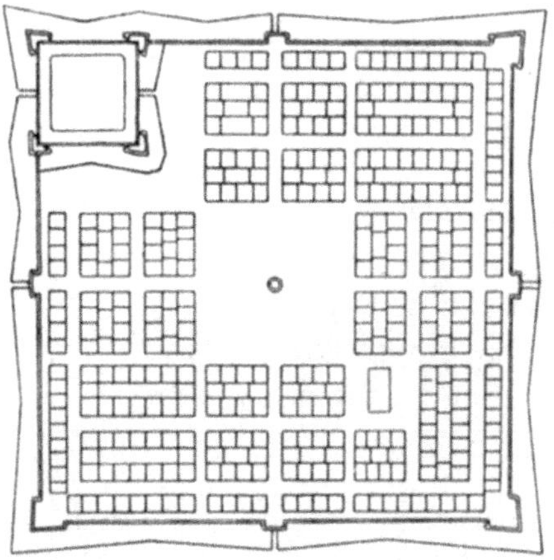

Abb. 80a. Schickhards erster Entwurf für Freudenstadt. (Nach Heiligenthal, Städtebau.)

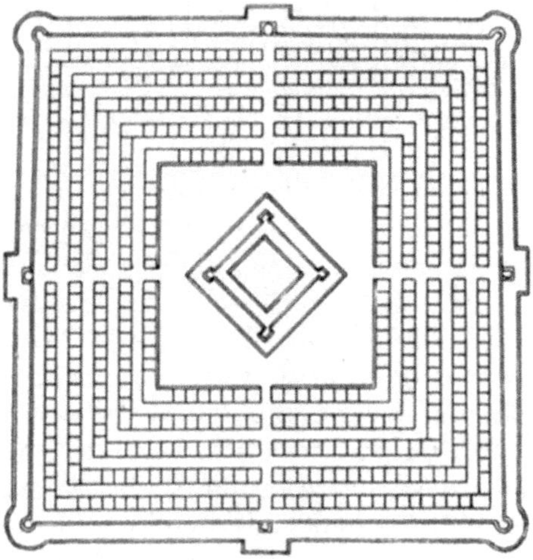

Abb. 80b. Schickhards zweiter Entwurf für Freudenstadt. (Nach Heiligenthal, Städtebau.)

In dieser Epoche ist man also bestrebt, Siedler dadurch heranzuziehen und die Bürger der Städte dadurch zu fördern, daß man zielbewußt für sie sorgt. Man will nicht aus dem Verkauf von Baustellen

Geld machen, sondern gibt sie sogar vielfach umsonst her. Man gibt auch Baumaterialien, besonders Bauholz aus staatlichen Waldungen, zu ermäßigten Preisen oder ganz kostenlos her und gewährt sogar Baukostenzuschüsse oder billige Darlehen. Man betrachtet die Bürger nicht nur als Steuerzahler, sondern will durch Hereinnahme von Menschenkraft und Intelligenz dem Stadtorganismus Blut zuführen. Man will, daß gebaut wird. Durch Brand oder sonstwie frei gewordene Baustellen müssen innerhalb einer gewissen Frist wieder bebaut werden, widrigenfalls sie eingezogen und an einen anderen übergeben werden. Vermutlich sprechen hierin Überlieferungen aus der Zeit nach dem 30jährigen Kriege mit, in der die durch Leiden abgestumpfte Bevölkerung getrieben werden mußte, ihre Hände zu rühren, um nicht im Elend zu verderben. Es spricht für die Bedeutung, die man der Beschaffung von Hausung beimaß, daß man Zwangsmittel auch hier anwandte. Im Zeitalter der Territorialwirtschaft betrachtete man mit Recht die Städte als sehr wichtige Teile des Staats- und Volksorganismus und leitete daraus die Befugnis und Pflicht her, für ihre Entwicklung zu sorgen. Die Städte selbst zwang man, die Straßen anzulegen und mitunter auch das Gelände für die Stadterweiterung bereitzustellen. Man gab ihnen dabei auch das Recht, es zum Ackerpreise zu enteignen.

Abb. 81. Plan von Freudenstadt. (Nach Stübben, Städtebau.)

Auf das Bestreben, Wohnungen zu schaffen, dürfte auch die vielfach gegebene Vorschrift zurückzuführen sein, zweigeschossig zu bauen. Wenn man ferner die mit den Giebeln nach der Straße stehenden Häuser mit schmalem Traufgang (Wich) nach französischem oder italienischem Vorbild durch die mit dem First parallel zur Straße stehenden Bauten zu ersetzen suchte, erzielte man dadurch nicht nur den Fortfall eines schmalen und ungesunden Streifens, in den nicht Luft und Sonne kam und durch den Regen, Hauswasser und Unrat zur Straße floß. Es ergab sich vielmehr bei der neuen Bauweise gleichzeitig eine Verbilligung infolge gemeinsamer Benutzung der Gemeinschaftsmauern.

Welche ungenierten Verhältnisse allgemein geherrscht hatten, kann man sich vorstellen, wenn man liest, daß in Lippstadt und anderwärts zwar die Anlage von Aborten an der Straße verboten war, aber jeder der beiden Nachbarn einen solchen im gemeinsamen Traufgang

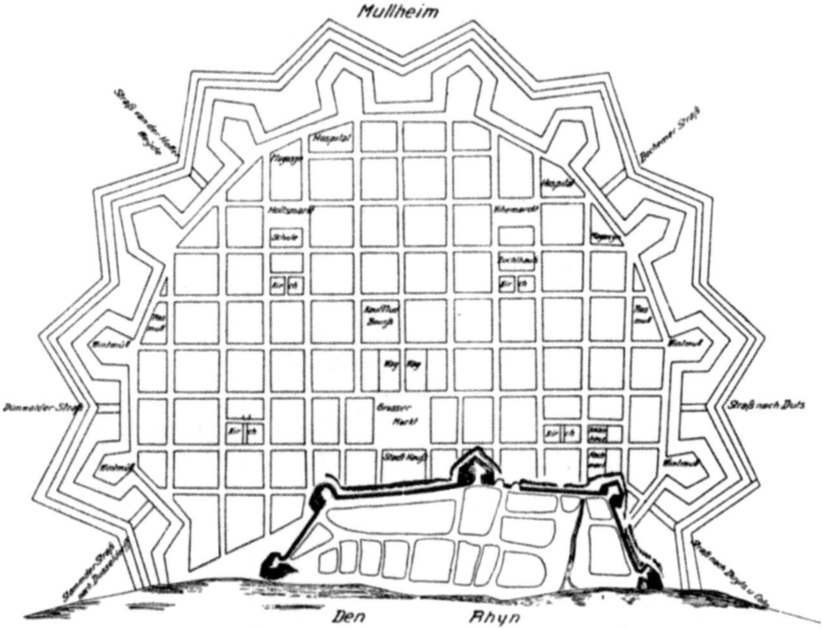

Abb. 82. Mülheim a/Rh. 1612. (Nach Heiligenthal, Städtebau.)

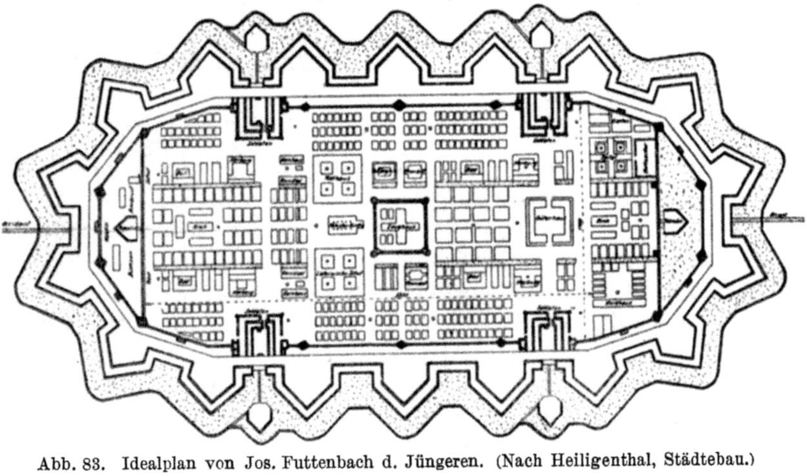

Abb. 83. Idealplan von Jos. Futtenbach d. Jüngeren. (Nach Heiligenthal, Städtebau.)

hat errichten dürfen, oder wenn man die Vorschrift findet, daß die Vorbauten der „Gemächer" nicht über die Grenze des Nachbarn hinüberragen durften.

Hinfort ließ man sich die Sorge angelegen sein, durch Straßenrinnen und weitere Vorflut für den Abfluß der Abwasser zu sorgen, und ordnete übrigens auch besondere Gangbahnen auf den Straßen an. Man schrieb nicht nur die Bauart der Häuser vor, sondern auch die Grundrisse. Daß man damit nicht nur seinem Bedürfnis frönte, zu regieren, sondern gute Siedlungsverhältnisse schaffen wollte, ersieht man daraus, daß es z. B. in einer Bruchsaler Anweisung an das bischöfliche Bauamt heißt: Seine Errichtung habe den Zweck, daß die Stadt nicht nur ordentlich, sauber und schön gebaut werde, sondern daß auch die Bürger zum Besten ihrer Nachkommenschaft mit dauerhaften, schönen und *nach eines jeden Stand und Hantierung bequem eingerichteten* Gebäuden versehen werde.

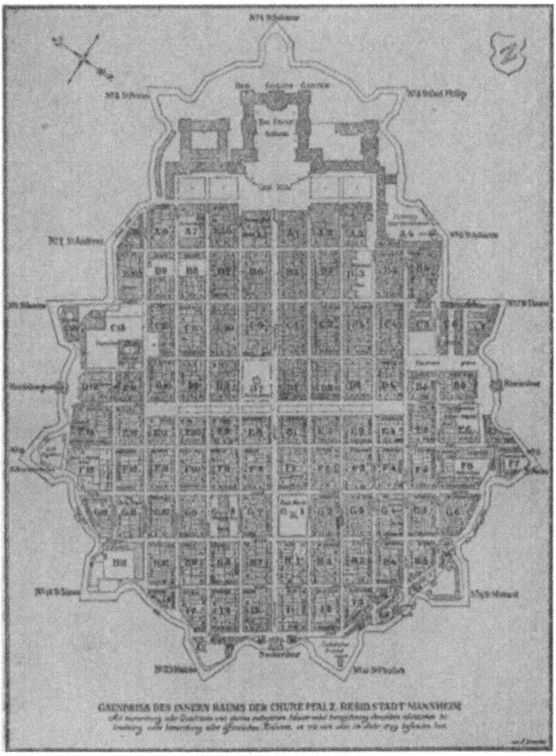

Abb. 84. Mannheim 1652. (Nach Hegemann, Amerikan. Architektur.)

Das in allen diesen Maßnahmen hervortretende Streben nach Fürsorge für die Bevölkerung kennzeichnet die zweite Linie, die wir in dem Ringen nach einer Idee für die Gestaltung des gesamten Stadtgrundrisses und der Stadt als Ganzes zu unterscheiden haben.

Ich nannte sie oben die „siedlungstechnische“ Linie. Sie ist holländisch-deutsch, also germanisch. Sie prägt sich aus in dem Entwurf für Mülheim a. Rh. (Abb. 82) aus dem Jahre 1612. Dieser zeigt zwar noch die alte, sehr primitive quadratische Blockaufteilung mit durchweg gleichen Straßenbreiten, deren Netz von der Befestigung einfach abgeschnitten wird. Aber er sucht immerhin schon den Bedarf der Stadt zu erfassen durch Anordnung verschiedener Plätze, als Großer Markt, Vieh-, Holz-, Fischmarkt. Ferner finden

Abb. 85. Plan von Karlsruhe i. B. um 1790.

Abb. 86. Kupferstich, darstellend die alte Planung und Anlage von Karlsruhe i. B.

wir etliche Kirchen, Rathaus, Kaufhaus und Börse, Zuchthaus, Wage, Stadthaus im Gesamtplan systematisch angeordnet.

Wesentlich besser durchgearbeitet und weiter durchgebildet ist der Idealplan von Joseph Futtenbach d. Jüngeren gegen 1650 (Abb. 83), der eine wohlüberlegte Gruppierung der Bauten anstrebt und außer Kasernen und sonstigen militärischen Bauten und Plätzen für den Bedarf der Bewohner vier Bäder und ebensoviel Herbergen, eine lateinische Schule, Kornhäuser, Weinstad u. a. vorsieht. Man

Abb. 87.

erkennt, wie er die Bedürfnisse der Bewohner an den bestgeeigneten Stellen zu befriedigen sucht.

Sehr ähnlich dem Entwurf für Mülheim wurde Mannheim (Abb. 84) 1652 wieder aufgebaut. Camillo Sitte sagt dazu: „Mannheim schreibt sich selbst die Erfindung dieses Systems zu. Volenti non fit injuria! Wer sich die Mühe nehmen wollte, all den Tadel, all den Hohn, der über diese Anlage in zahllosen Publikationen ausgeschüttet wurde, zu sammeln, der könnte Bände damit füllen!" Diese krasse Ablehnung ist verständlich für den, der Sittes Standpunkt kennt. Ob dieser aber in allem richtig ist, bleibt fraglich. Über ihn wird noch zu sprechen sein. Ohne den Fehler des nüchternen Schematismus irgendwie beschönigen zu wollen, möchte ich doch meinen, daß die rechteckige Blockgestaltung unter damaligen Verhältnissen die natürlichste Grundform des Stadtaufbaues lieferte. Sie wird freilich ungesund und ebenso unerträglich wie andere geometrische Schemata, wenn man sich heutzutage in übertriebener Weise stumpfsinnig oder aus Unfähigkeit zu organischem und freiem, aber dennoch der Zweckerfüllung im besten Sinne Rechnung tragenden Gestalten daran klammert und sie ohne Maß und Belebung und ohne Rücksicht auf die geänderten Bedürfnisse unserer Zeit fortsetzt und wiederholt. Man kann heute ganz allgemein sagen: Es ist falsch, den Aufbau des Gesamtkörpers einer Stadt nach irgend-

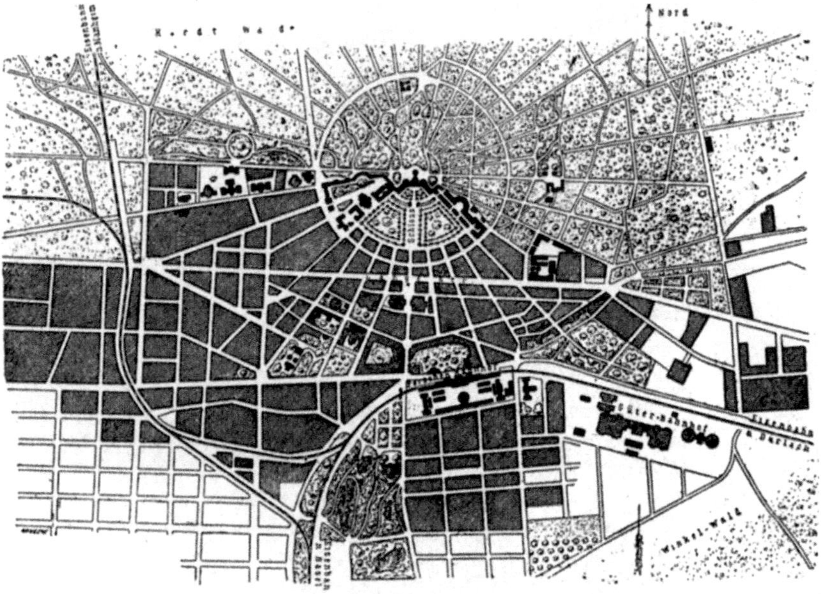

Abb. 88. Karlsruhe i. B. Spätere Erweiterungen nach Rechteckschema. (Nach Stübben, Städtebau.)

einem geometrischen Schema und in starrer Durchführung desselben vornehmen zu wollen, mag es aussehen und heißen, wie es will. Denn jeder geometrische Schematismus widerspricht dem Wesen der Stadt als Organismus. Hier sehen wir wieder den Beweis dafür, wie wichtig es ist, das Wesen des Organismus und die Tatsache klar zu durchschauen, daß die Stadt ein Organismus ist. Schemata sind nur geeignet für Idealpläne, nicht für Wirklichkeitslösungen, wie sie das praktische Leben verlangt.

Freilich soll damit nicht gesagt sein, daß man nicht hier oder dort im Stadtkörper einen Teilbezirk nach streng geometrischem Muster aufbauen dürfte. Nur soll dieses keinen zu breiten Raum im Gesamtkörper einnehmen.

Der Umfang, den das in einer solchen Gestaltungsform behandelte Gebiet einnehmen darf, läßt sich seiner absoluten Größe nach nicht festlegen. Es kommt vielmehr allein darauf an, welchen Raum sie im Verhältnis zur Größe des Gesamtkörpers beansprucht. Ein und dieselbe Anlage kann heute bei einer kleinen Stadt vollkommen falsch sein,

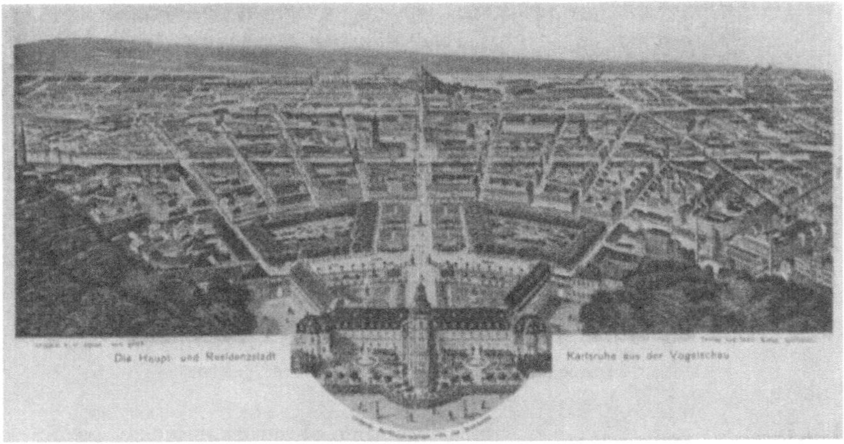

Abb. 89. Karlsruhe i. B. Schloßplatz.

weil sie in ihrer ganzen Anlage ungebührlich vorherrscht. Sie kann aber erträglich, also nebensächlich oder sogar als eine paradoxe Sehenswürdigkeit der Erhaltung wert sein, wenn die Stadt weit über den schematisch angelegten Umfang des Teiles hinauswächst und nunmehr die neuen Stadtteile als andersgeformte Bildungen und „Organe“ des

Ganzen in derjenigen Gestaltung hinzutreten, die ihrem andersgearteten Wesen entspricht. Man darf, mit anderen Worten, heute eine Stadt nicht

Abb. 91. Karlsruhe i. B. Schloßplatz. (Nach Unwin, Städtebau.)

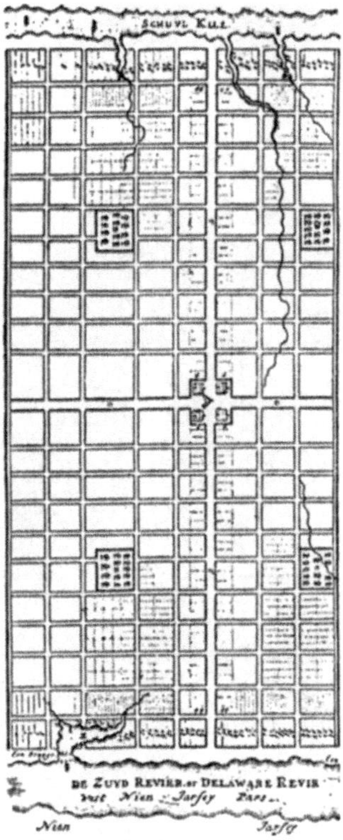

Abb. 92. Philadelphia. William Penn's Plan 1682. (Nach Unwin, Städtebau.)

mehr in allen ihren Teilbezirken gleichförmig bauen, sondern muß jeden von ihnen im Lageplan und den Gebäuden je nach seiner Bestimmung nach eigenen Regeln ausbilden.

Künftig in der Form von Alt-Mannheim eine ganze Stadt aufzubauen, bei dem ein Wachstum zu einer Großstadt von mindestens 200—300 000 Einwohnern mit allem Zubehör unserer Zeit nicht wahrscheinlich ist, würde falsch sein. Bildet die gleiche Stadtanlage beschränkten Umfangs aber — wie das im heutigen Mannheim der Fall ist — nur den Kern der Gesamtanlage und ist man bei allen Erweiterungen bestrebt, an die Stelle des geometrischen Schematismus, auf wohlüberlegten Grundgedanken fußend, aus den Bedürfnissen der Bürgerschaft und aus den inneren Lebens- und Verkehrsnotwendigkeiten heraus in gewissenhafter Wägung des Bedarfs und der Mittel zu seiner Befriedigung die sich ergebenden Neuanlagen organisch anzugliedern, so wird die schematische Struktur des Kernkörpers zu einer Belanglosigkeit.

Es mögen sich einige Unzuträglichkeiten und Hemmungen, besonders im Verkehr, ergeben, im Rahmen des Großen und Ganzen aber fällt alles dieses nicht gar schwer ins Gewicht, sofern das übrige gesund und vernünftig entworfen ist.

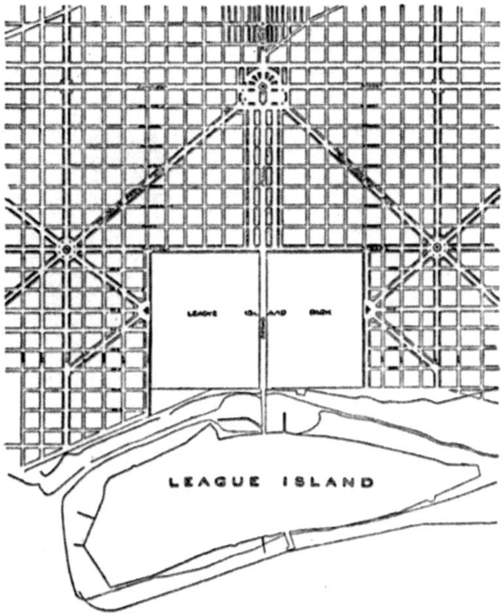

Abb. 93. Philadelphia. (Nach Unwin, Städtebau.)

Durch den geometrischen Schematismus der Anlage mit Alt-Mannheim verwandt ist der Strahlengrundriß von Alt-Karlsruhe i. B. Im Gegensatz zu den oben angeführten Scheltworten, mit denen Camillo Sitte den Plan von Mannheim im Übermaß geißelte, findet man in der Literatur den Plan von Karlsruhe vielfach ebenso übermäßig gepriesen (Abb. 85). Dieses erscheint mir ebenso unbegründet wie jenes. Der Stadtanlage Alt-Mannheims wohnte eine — entsprechend den Bedürfnissen seiner Entstehenszeit — einfache und ungekünstelte Zweckmäßigkeit inne. Die Anlage von Karlsruhe stellt, strenggenommen, eine liebenswürdige Spielerei dar. Schon an der Kaiserstraße lief sie sich tot (Abb. 86, 87).

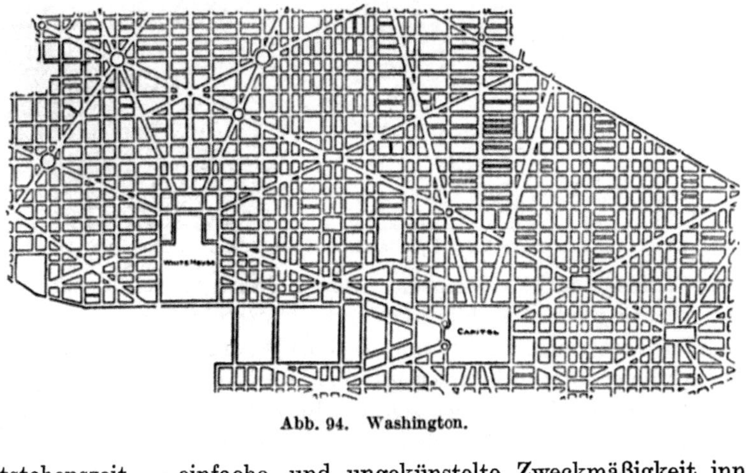
Abb. 94. Washington.

Es wäre klug gewesen, diesen Abschluß bestehen zu lassen und bei den südlichen und westlichen Erweiterungen das Spiel nicht fortzusetzen und nicht vom Rondellplatz und vom Mühlburger Tor ausgehend nochmals schwächliche Wiederholungen des Sternmotivs zu versuchen (Abb. 88). Manche loben zwar diese Konsequenz ungemein, die darin liegen soll, daß man immer wieder die alte Sternidee anzuwenden suchte. Aber ich kann

Abb. 95. Hauptteil von Philadelphia. (Nach Unwin, Städtebau.)

deren Vorzüge nicht entdecken. Lange Jahre hindurch wurde sogar von hervorragenden Architekten und mindestens einem vortrefflichen Kunsthistoriker mit äußerstem Nachdruck dafür gekämpft, daß man die herrliche Sternmusteranlage überhaupt niemals mehr verlassen dürfe, sondern sie den ganzen Stadterweiterungsplanungen unserer Jetztzeit zugrunde legen müsse. Mir ist es immer unverständlich gewesen, wie man so blind und sklavisch eine leicht hingeworfene Idee, die nur für eine ganz kleine Residenz berechnet war, durch Beibehaltung für eine werdende Großstadt zu Tode hetzen könne.

Karlsruhe wäre, soweit es nach dem Sternmuster aufgebaut ist, noch weniger schön als der alte Kern von Mannheim, wenn es nicht Weinbrenner als Architekt verstanden hätte, durch die Gestaltung des Schloßplatzes mit dem Schloß und des Marktplatzes mit Rathaus und Stadtkirche, und endlich mit den weit bescheideneren Schöpfungen des Rondellplatzes und der 4 Torbauten, welche letztere leider bis auf eines verschwunden sind, Teilkompositionen von überwältigender Schönheit zu schaffen und dadurch die vielen sonstigen Mängel der damaligen Gesamtanlage in den Hintergrund treten zu lassen.

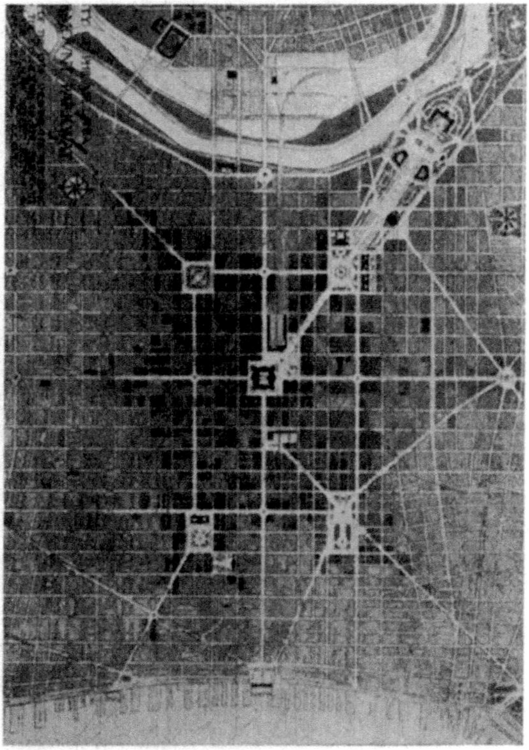

Abb. 96. Philadelphia. Spätere Diagonalstraßen. (Nach Hegemann, Amerikan. Architektur.)

Da ich nun einmal begonnen habe, mich hier über diesen Stadtplan etwas näher auszulassen, möchte ich im Anschluß an Früheres noch eines erwähnen: Der Schloßplatz zeigt in seiner Gesamtanlage gleiche Grundzüge, wie der Grand Circus in Detroit und der von Heinrich IV. geplante Torplatz (Abb. 77 und 78). Woher kommt es, daß die gleiche Idee in Karlsruhe zu einem vollkommenen Erfolge führte? Weil hier der Platz, in seiner Größe gebrochen durch das meisterhaft benutzte Mittel gewaltiger dreireihiger Lindenalleen, beherrscht ist von dem ausgedehnten Schloßbau mit hohem Turm. An die divergierenden Seitenflügel des Schlosses schließen sich die Stallungsbauten bzw. das Hoftheater an. Die zwei Kreiszwickel zwischen diesen und der breitgehaltenen Mittelachse, mit Blumen, Rasen, Brunnen und Denkmal, dem Vorhof des Schlosses und den die Kreisperipherie bildenden Ministerien sind mit mächtigen Baumreihen umrahmt und die so geschaffenen Innenflächen mit Baum- und Buschpflanzungen und Brunner ienflächen geschmückt und somit in eigener Weise genutzt. Daher kommt es, daß die gewaltige Ausdehnung des Gesamtplatzes nicht zu groß und langweilig wirkt. So erzielte man aber gleichzeitig den Erfolg, daß als Umrahmung der Kreis der Ministerien einen feinen und doch bescheiden sich einordnenden Abschluß bildet, überwältigend nur durch die Länge der gleichartigen, von einem rings durchlaufenden Laubengang unterschnittenen Fassaden. Die Gebäudehöhen dagegen sind auf zwei Stockwerke beschränkt, und die Durchbrechungen durch die Straßen treten nicht störend hervor. Die ganze Komposition ist auf das Schloß berechnet. Wer sie in ihrer ganzen Schönheit voll genießen will, muß sie vom Altan des Schlosses aus betrachten.

Abb. 97. Chikago.
(Nach Hegemann, Amerikan. Architektur.)

Jedenfalls erscheint mir der geometrische Schematismus, der aus ästhetischen Erwägungen hervorgegangenen Entwürfe von Idealstädten im Sternmuster nicht erstrebenswerter als der Schematismus des Rechtecksystems. Ersterer hatte das künstlerische Wollen, letzterer dagegen hatte in seiner Zeit manche praktische Werte für sich. Das Rechteckschema hat sich aus diesem Grunde auch in der Anwendung viel stärker durchgesetzt, — während nur wenige Städte in den auf romanischen Ideen fußenden Formen wirklich erbaut worden sind — und kam rein und in großem Maßstabe zur Anwendung in amerikanischen Städten (vgl. z. B. William Penns Plan für Philadelphia Abb. 92). Der Künstler wird diese nüchternen Planungen als banausisch mißachten. Aber man muß auch beachten, daß eine Stadt kein reines, freies Kunstwerk sein kann, wo nur das Streben nach Schönheit maßgebend sein darf. Wenn die Männer jener Zeit auch keine Künstler waren, so haben sie, wie über alles andere, was sie taten, doch sicherlich auch darüber nachgedacht, welches System sie wählen sollten. Und William Penn war sicher kein absoluter Dummkopf.

Abb. 98. San Franzisko. (Nach Hegemann, Amerikan. Architektur.)

Abb. 99. Philadelphia. (Nach Hegemann, Amerikan. Architektur.)

Mindestens hat das Rechteckschema eine größere Lebenskraft in sich gehabt.

Abb. 100. Philadelphia.

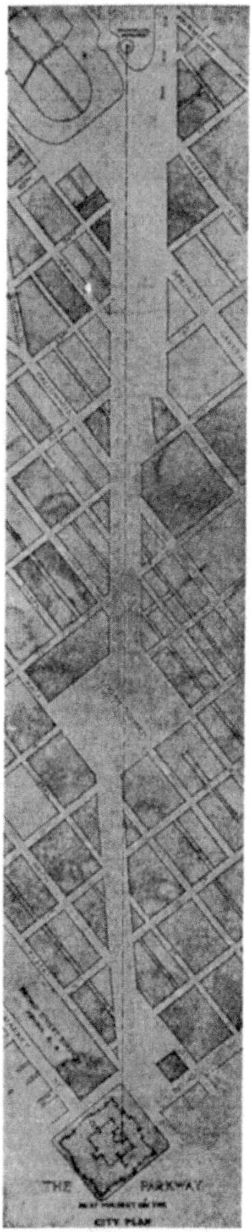

Abb. 101. Philadelphia.

(Nach Unwin, Städtebau.)

In der Übertreibung freilich ist es ebenfalls unerträglich geworden. Ohne Nachdenken und Besinnen hat man es in amerikanischen Großstädten immer weiter und weiter fortgesetzt, bis man sich neuerdings

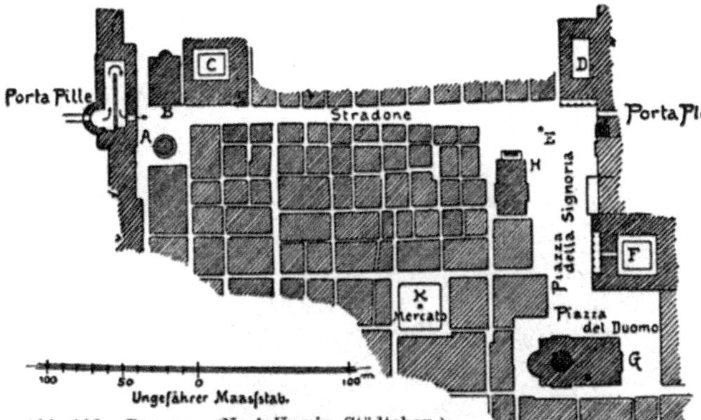

Abb. 102. Ragusa. (Nach Unwin, Städtebau.)

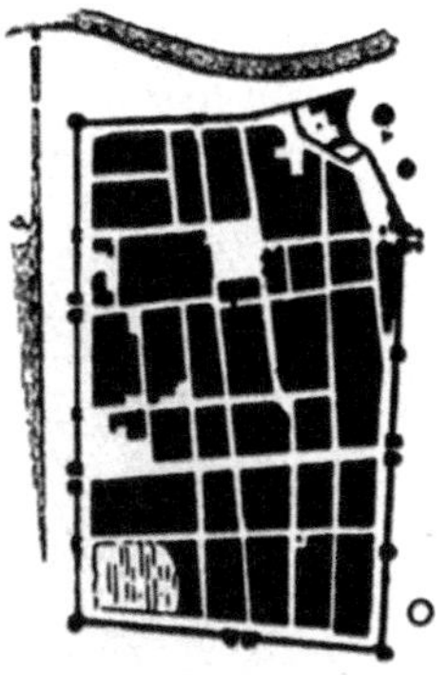

Abb. 103. Aigues Mortes. (Nach Unwin, Städtebau.)

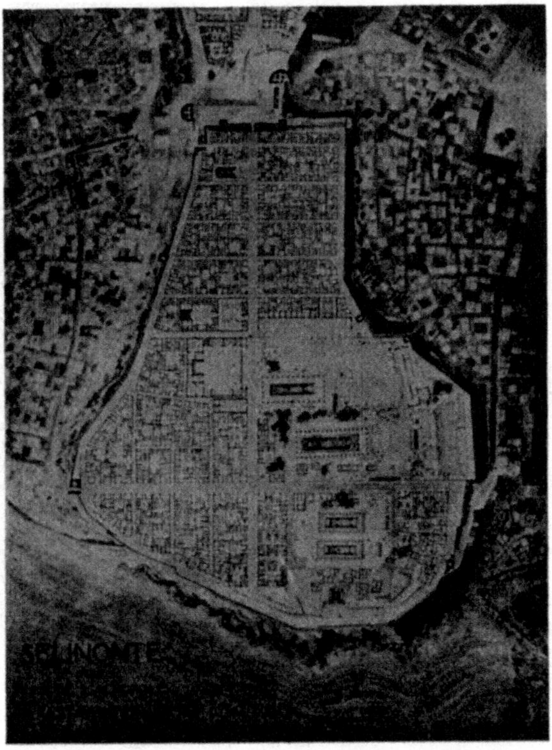

Abb. 104. Plan von Selinunt. (Nach Unwin, Städtebau.)

zu krampfhaften Versuchen entschließen mußte, durch ungeheuer kostspielige, tiefgreifende, aber trotzdem unorganische Sanierungen und Straßendurchbrüche wenigstens die Verkehrsverhältnisse und das äußere Bild dieser Städte zu ändern (Abb. 93—95) und durch große und

11*

aufwändige Prunkstraßen und Parks den Menschen eine Ablenkung von den unglücklichen Gesamtverhältnissen zu bieten (Abb. 96—101). Wie hart diese Eingriffe waren und wie wenig sie die sonstigen Mängel

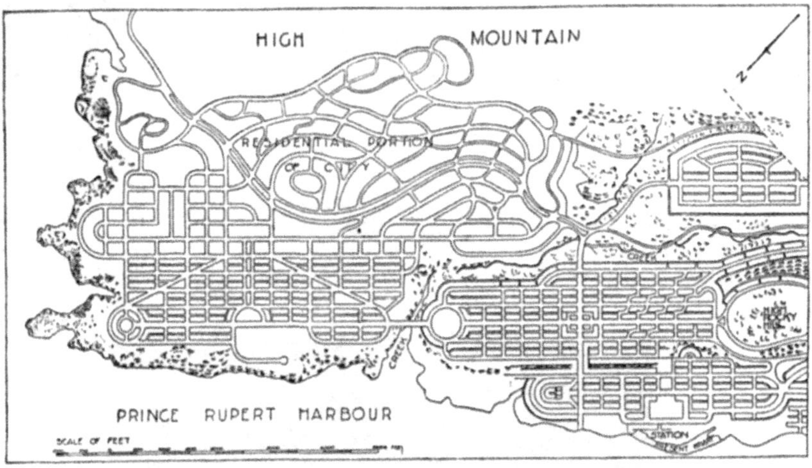

Abb. 105. Entwurf für Prince Rupert. (Nach Unwin, Städtebau.)

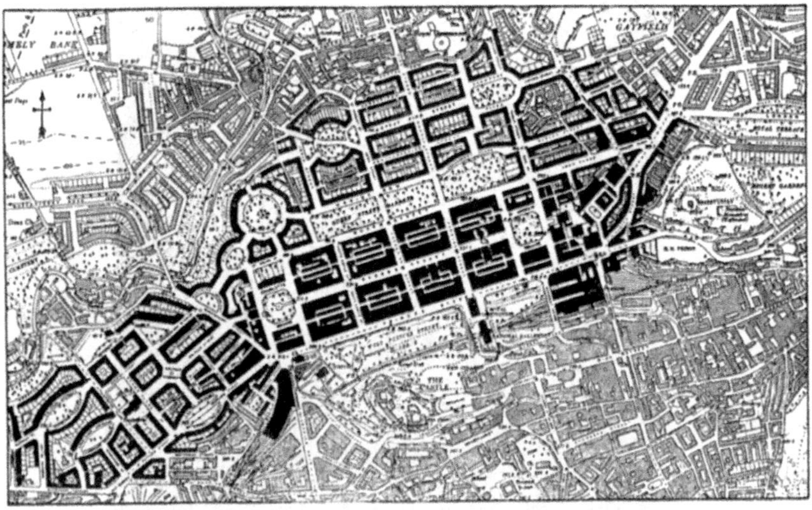

Abb. 106. Edinburgh. (Nach Unwin, Städtebau.)

der ganzen Stadtanlage zu beheben vermögen, sieht man an den vielfach rechts und links der Durchbrüche erhalten gebliebenen Blockresten.

Diese schematischen Stadtanlagen sind im Grunde genommen noch dasselbe wie die alten Stadtsiedlungen aus dem 11. und 12. Jahrhundert, nur in vielfach vergrößertem Maßstabe (Abb. 102—104).

In Reinkultur sind in Deutschland beide Grundrißschemata, sowohl das Stern- wie das Rechteckmuster, im 17. und 18. Jahrhundert nur in verhältnismäßig wenigen Fällen und bescheidenem Umfang zur Durchführung gekommen. Ich möchte noch einmal betonen, daß nicht die in ihnen zum sprechendsten Ausdruck kommende Stadtbautechnik jener Zeit dasjenige ist, was in erster Linie unser Interesse verdient, sondern das in ihnen sich ausdrückende Streben nach einer tieferen Idee, die der Stadtgestaltung zugrunde zu legen sei, und das Suchen dieser Idee in Stadtschönheit einerseits und in Befiiedigung der Bedürfnisse der Bürgerschaft durch Zweckmäßigkeit der Gesamtanlage andererseits.

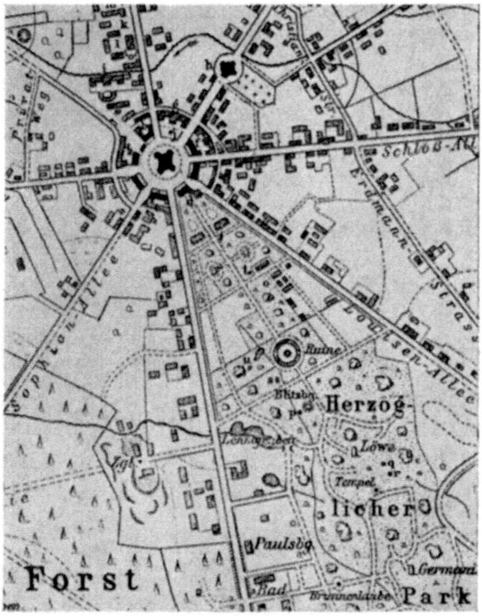

Abb. 107. Karlsruhe i. Schles.
(Nach Brinckmann, Städtebaul. Vorträge Bd. VII, Heft 1.)

Bedeutungsvoll ist diese geometrische Stadtbautechnik freilich insofern, als man in neuerer Zeit — im 19. Jahrhundert — nach ihrem Vorbild gestaltete Stadtteile nebeneinander legte und sie zu Rechteck-, Dreieck-, Diagonal- und Radialsystemen zu ergänzen suchte.

Man schuf auf diese Weise rein schematisch aufgeteilte und aufgebaute Stadtviertel, die man roh, hart und seelenlos aneinanderfügte, ohne organische, aus tieferen Zusammenhängen heraus entwickelte Gestaltung der Einzelteile und Formung des Ganzen. Der Erfolg war Häßlichkeit und Mangelhaftigkeit. Die Technik war falsch, weil sie der inzwischen eingetretenen Entwicklung der Städte zu Organismen nicht Rechnung trug. Was so entstand, war nicht viel besser als die Rechtecksysteme amerikanischer Städte. Nur wirrer!

Der Organismus einer Stadt läßt sich nicht als rein geometrische Form oder als Musterlager rein geometrisch geformter Teile gestalten, wenn man seinem Wesen nicht Gewalt antun und schwere Schäden heraufbeschwören will. Darauf muß ausdrücklich hingewiesen werden, weil auch heute noch manche „Städtebauer" an einer solchen falschen Technik festhalten und sie in großen Entwürfen zur Durchführung empfehlen.

Leider ist bis in neueste Zeit hinein auch der erbitterte Kampf beider Ideenrichtungen, der rein ästhetischen und formalistischen einerseits und der rein siedlungstechnischen, nur die nackte Zweckerfüllung erstrebenden andererseits, nebeneinander lebendig geblieben und beide Richtungen werden immer noch durch extreme Vertreter einseitig ge-

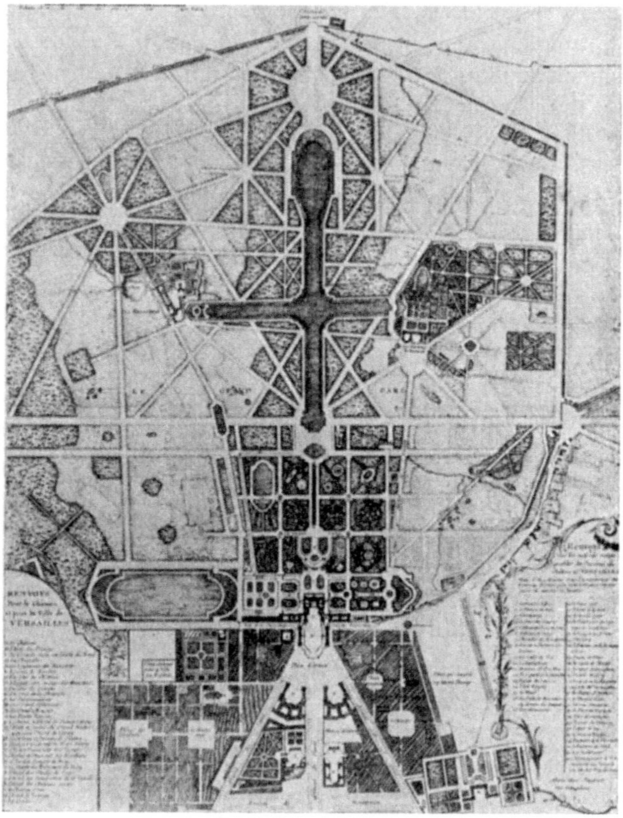

Abb. 108. Versailles. (Nach Brinckmann, Städtebaul. Vorträge Bd. VII, Heft 1.)

pflegt. Allmählich erst wurde nach vielfachen Abirrungen und Sackwegen die immer schärfer hervortretende Entwicklung der Städte als Organismen und die Notwendigkeit erkannt, jeden Teil seinem Wesen als Organ und seiner Aufgabe gemäß zu formen. Erst in neuester Zeit scheint sich ein gesunder Ausgleich anzubahnen, der der Betätigung beider Richtungen sein klar begrenztes Feld zuweist. Dabei scheinen sich allerdings die siedlungstechnischen Probleme und ihre Berücksichtigung an Masse und Bedeutung ganz besonders stark in den Vordergrund zu drängen und sich als Grundlage der Gesamtgestaltung zu behaupten. Es gilt erst einmal, das zu schaffen, was gemacht werden muß. Man möge aber nie versäumen, dieses Notwendige dann auch schön zu machen,

Abb. 109. Erlangen. (Nach Brinckmann, Städtebaul. Vorträge Bd. VII, Heft 1.)

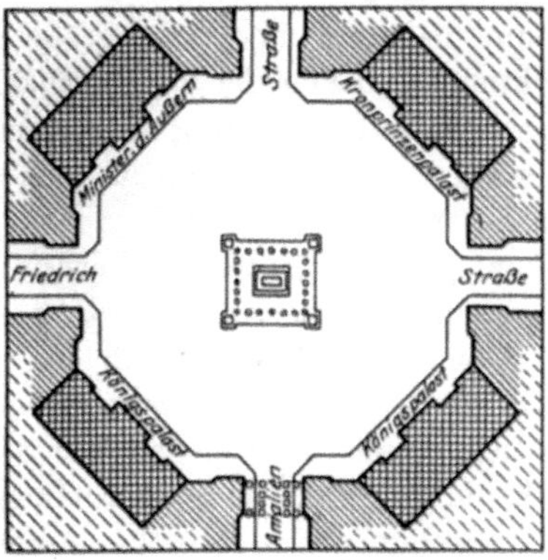

Abb. 110. Kopenhagen, Amalienborg-Platz.

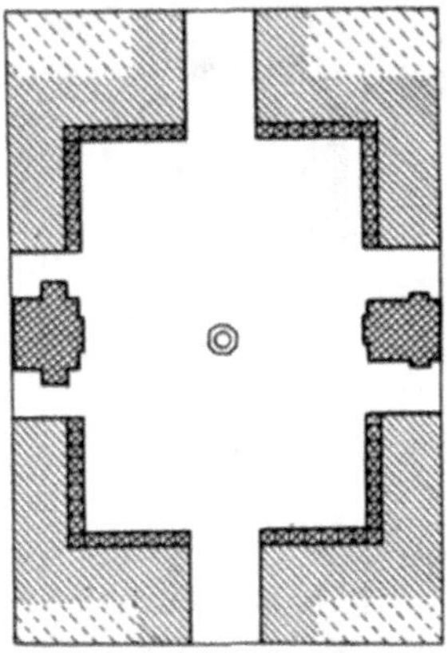

Abb. 111. Marktplatz in Ludwigsburg.

indem man jeden Punkt für sich sorgsam ausgestaltet und auf dem Untergrund der Zweckform die geschickte Hand und das Feingefühl des Künstlers die Veredlung vornehmen läßt, ohne die so große Werke, wie die Stadtkörper, stets unvollkommen bleiben müssen,

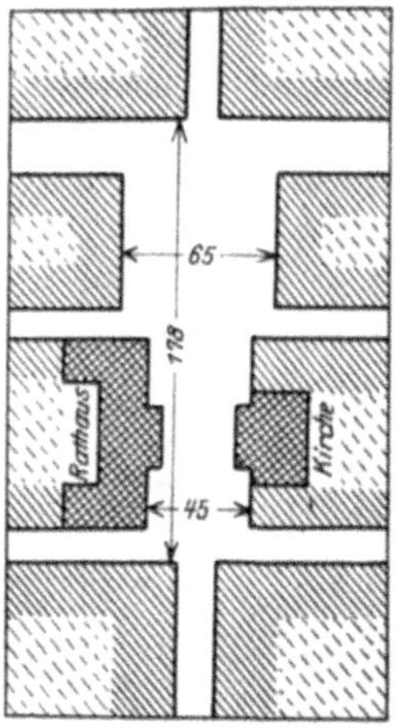

Abb. 112. Marktplatz Karlsruhe i. B.

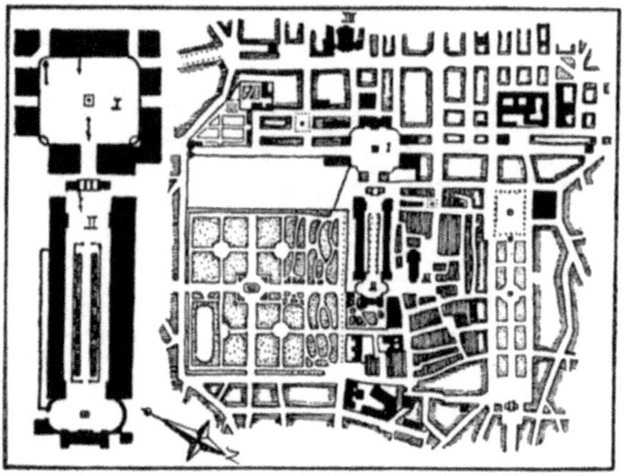

Abb. 113. Nancy. (Nach Unwin, Städtebau.)

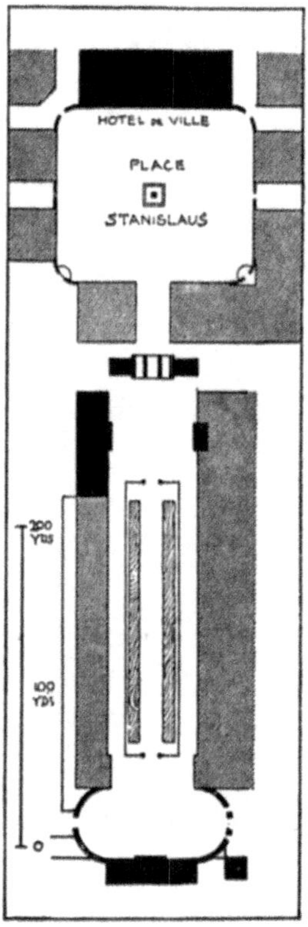

Abb. 114. Nancy, Stanislaus-Pl. und Plan de la Carrière. (Nach Stübben, Städtebaul. Vorträge Bd. VIII, Heft 2.)

und indem man die hervorragenden Punkte aus reiner Zweckform heraushebt, ohne auch einmal größeren Aufwand zu scheuen.

Die meisten deutschen Städte blieben im 17. und 18. Jahrhundert von den diese Zeit kennzeichnenden städtebaulichen Bestrebungen ganz unberührt. Teils fehlte überhaupt die Gelegenheit hierzu, da eine nennenswerte Entwicklung gar nicht eintrat, teils vollzog sich diese langsam und man ließ neue Elemente ohne bewußte und von größeren Gesichtspunkten als denen der Grundstücksparzellierung beeinflußte Leitung in gleicher Weise sich anlagern, wie es auch im Mittelalter geschehen war.

Wo aber größere Stadterweiterungen planvoll vorgenommen wurden, durchdrangen sich schon damals in den meisten Fällen beide Grundideen und die auf ihnen fußenden Gestaltungsschemata unter gewisser Abwandlung beider. Praktische Bedürfnisse setzten theoretischen und rein ästhetisierenden Bestrebungen bestimmte Grenzen. Die rechteckige Aufteilung, d. h. das nicht nur althergebrachte, sondern auch einfachere und zweckentsprechendere System herrscht vor. Zuweilen ist es stark stilisiert und mit Kreis- und Ovalplätzen und sternförmigen Straßenausstrahlungen durchsetzt (Abb. 105), freilich nur selten in so starkem Maße, wie es der Plan von Edinburgh zeigt (Abb. 106).

Abb. 115. Nancy, Stanislausplatz. (Nach Genzmer, Städtebaul. Vorträge Bd. II, Heft 1.)

Abb. 116. Nancy, Platz vor dem Gouvernementsgebäude. (Nach Foerster, Taschenbuch f. Bauing.)

Das Sternmotiv ist ferner besonders stark zum Durchbruch gekommen in großem Maßstab in dem Plan Wrens für den Wiederaufbau der abgebrannten Teile Londons (Abb. 65). Ferner suchte man es in kleinerem Maßstab als in Karlsruhe i. B. auch bei der Ausführung der Stadtanlagen von Neustrelitz und Karlsruhe i. Schl. (Abb. 107)

Abb. 117. Nancy, Plan de la Carrière. (Nach Unwin, Städtebau.)

anzuwenden. Seine klassische Anwendung aber fand dieses Motiv in der Gestaltung der Platzanlage in Versailles (Abb. 108).

Damit berühren wir die wichtigste Folgerung, welche das ästhetisch-formalistische Streben mittelbar nach sich zog: sie schaffte dem Grundsatz Geltung, daß zu einer guten und im tieferen Sinne zweckmäßigen Gestaltung einer Stadt auch die Pflege der Schönheit unmittelbar gehört. Man baute in dieser Zeit, in der die Architektur auf stolzer Höhe stand, nicht nur an sich schöne Gebäude, sondern wußte sie auch in vorbildlicher Weise auf den rechten Platz zu stellen und ohne Künstelei die Umgebung mit ihnen in Einklang zu bringen. Das Teilgebiet des Städtebaues, das wir als Stadtbau*kunst* bezeichnen, hat in diesen Zeiten einen Höhepunkt erreicht.

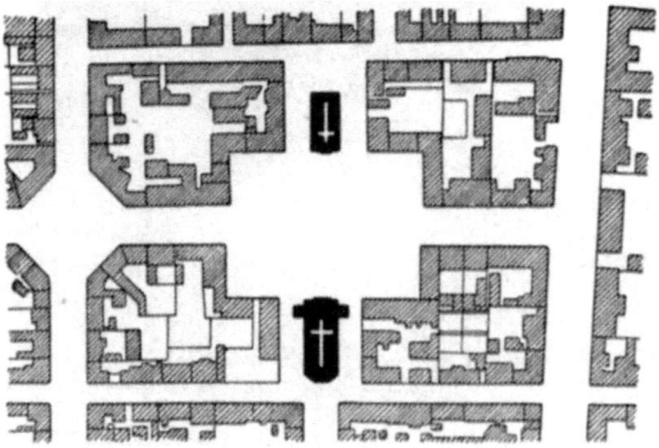

Abb. 118. Marktplatz in Ludwigsburg. (Nach Heiligenthal, Städtebau.)

Man lernte aber die Stadtbaukunst mit den Zielen und Bedürfnissen der Stadtplanung im Ganzen zu vereinen, indem man einzelne Straßen und Punkte betonte und so die wichtigen Teile aus der allgemeinen Masse heraushob. Hauptstraßen wurden verbreitert und ihre Wandungen sorgsam gestaltet, einzelne Punkte als Plätze geformt (Abb. 109). Beispiele streng formalistischer Lösungen sind der Amalienborgplatz in Kopenhagen, der Marktplatz in Ludwigsburg und in Karlsruhe (Abb. 110—112), desgl. der dortige Rondell- und die Torplätze, ferner der Opernplatz in Berlin und die Platzanlagen in Nancy (Abb. 113—117). Meist zeigen sie einfache, klare Grundformen ohne jegliche Künstelei. Wie einfach, ja geradezu primitiv, lagert sich der Marktplatz in Ludwigsburg ein! (Abb. 118.) Ihre unübertrefflich harmonische Wirkung beruht in der feinen Bemessung der Platzgröße zu den quadratischen Bauwandungen im ganzen und den beherrschenden Bauten im besonderen, in der feinfühligen, sicheren und starken Wahl der günstigen Stellung für die beherrschenden Bauten und der Harmonie, mit der sie sich in die Wandungen einfügen und doch durch sie gehoben werden und sie beherrschen.

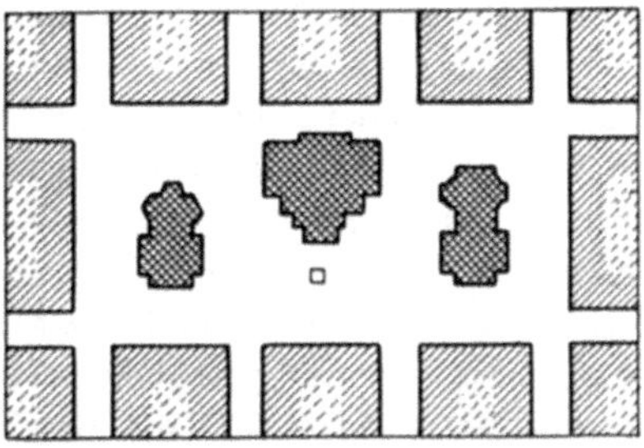

Abb. 119. Gendarmenmarkt in Berlin.

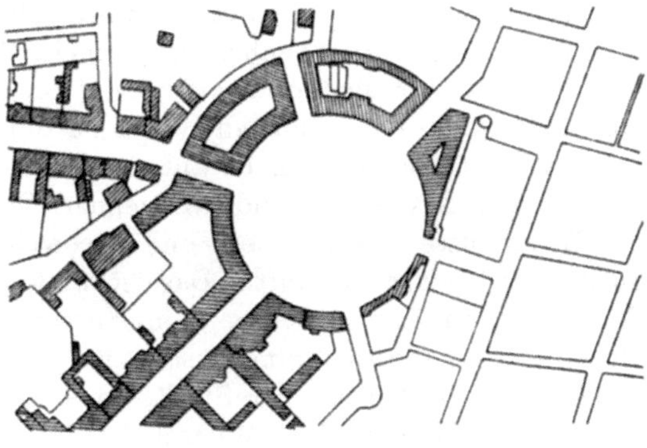

Abb. 120. Königsplatz in Kassel. (Nach Heiligenthal, Städtebau.)

Die Künstler der Architektur vermochten nicht nur die Schönheit einzelner Bauten, sondern ganzer Baukomplexe zu meistern.

Sie arbeiteten dabei mit den einfachsten Mitteln. Man wolle bitte beachten, wie auch Erlangen und selbst Nancy im allgemeinen aus rechtwinklig sich kreuzenden Straßenzügen bestanden. Die Schönheit beruht auf den Plätzen und Gruppierungen. Aber auch die Plätze zeigen zumeist einfachste rechteckige Grundform (vgl. auch den Gendarmenmarkt zu Berlin [Abb. 119]). Wo man kompliziertere Formen, wie z. B. beim Königsplatz in Kassel (Abb. 120) den Kreis, wählte, war das Ergebnis viele Jahrzehnte lang ein offenbarer Mißerfolg. Erst seit man in neuester Zeit in die Lage kam, ähnlich wie beim Amalienborgplatz in Kopenhagen, stark betonte, monumentale Gebäude in die Mitte jedes Kreisabschnittes zwischen zwei Straßen zu stellen mit säulengeschmückten Portalen und schweren Achsen, vermochte man aus ihm einen schönen Platz zu machen.

Wenn man nun nicht ganz sicher ist, ob genügende Geldmittel und ob geeignete Künstler zur Verfügung stehen werden, um einen Platz zu voller Auswirkung zu bringen, wird es stets besser sein, ihn in seinen Formen einfach zu halten. In einfachster Weise ausgestattet, wird er vielleicht nur bescheiden, aber wenigstens nicht häßlich wirken. Hat ein Platz aber eine gesuchtere Form und vermag man seine Wandungen nicht mit starkem Aufwand und hoher Kunst auszustatten, so fühlt jeder Beschauer die Halbheit, und an Stelle des Hohen, das man erstrebte, wird in recht vielen Fällen nur Unvollkommenes erreicht.

So interessant und unterhaltend es auch sein mag, sich weiter und breiter in die Verhältnisse und Werke der Vergangenheit zu vertiefen, als es im vorstehenden geschah, so mußte ich mir dieses doch versagen. Wir Ingenieure dürfen auf die Beschäftigung mit Werken und Wesen der Vergangenheit nicht mehr Zeit verwenden, als eben notwendig ist, um die Verhältnisse jener Zeiten und deren Einwirkung auf die damalig entstandenen Werke zu durchschauen. Unsere vornehmste Aufgabe liegt nicht auf dem Gebiet historischen Wissens, sondern der Erkenntnis und zwingenden Erfassung des Wesens und der Bedürfnisse unserer Zeit und — soweit dieses vorausschauend möglich ist — der Zukunft. Das ist weit schwerer. Aber nur aus diesen Erkenntnissen heraus können wir eine feste und richtige Grundlage für die Erfüllung unseres Berufes finden, der uns die Aufgabe stellt, die Körper der Städte in solchen Formen zu gestalten, wie es die Menschen, die Wirtschaft und die Kultur zu ihrem Gedeihen und ihrer Entwicklung nötig haben. Hat man aus diesen Erkenntnissen heraus erst einmal einen festen und untrüglichen Untergrund gefunden, von dem aus man mit klarem Urteil um sich zu blicken vermag, so mag die Zeit gekommen sein, noch einmal rückschauend die Vergangenheit in breiterem Rahmen zu durchforschen, feinere Linien und Einzelheiten zu verfolgen und bloßzulegen und zu untersuchen, was man daraus als Rüstzeug für die Bewältigung der Aufgabe unternehmen kann, die uns gestellt sind.

Überblickt man noch einmal kurz die Ergebnisse, die sich aus einer Betrachtung der städtebaulichen Entwicklung des 17. und 18. Jahrhunderts als der Einprägung wert herausschälen lassen, so kommt man etwa zu folgenden Feststellungen:

1. Man hat die Bedeutung erkannt, welche einer sachgemäßen Durchbildung der Stadtkörper und der Schaffung günstiger Siedlungsverhältnisse für das Gedeihen der Bürgerschaft und Wirtschaft zukommt. Leitend in dem Bestreben, dieser Erkenntnis praktisch Rechnung zu tragen, ist die Staatsregierung. Sie sucht die Städte planvoll aufzubauen und sucht durch geeignete Maßnahmen günstige Siedlungsverhältnisse zu schaffen.

2. Zwingende Gesichtspunkte für die Stadtform im ganzen sind auch in dieser Periode nur wenige vorhanden. Deshalb können auch jetzt noch schematische Pläne in Anwendung kommen, die teils auf ästhetischen, teils auf primitiven Gesichtspunkten günstiger Geländeaufschließung beruhen. Im großen und ganzen setzen sich die Stadtkörper noch immer aus gleichartigen Baulichkeiten zusammen, zu denen freilich schon eine größere Zahl öffentlicher Bauten hinzutreten, die man unter gleichzeitiger Befriedigung des Bedarfs an Plätzen verschiedener Bestimmung in geeigneter Lage anzuordnen sucht. Auch sonst ist man bestrebt, durch Gruppierung der Bauten, Betonung einzelner Straßen, Schaffung von Blickpunkten, einheitliche Bauweise und schöne Bauten den Städten eine wohldurchdachte Formung und Gepräge zu geben.

3. Die Bedürfnisse, die es zu befriedigen galt, waren aber immer noch einfach und gleichartig, die Städte klein und die Wechselwirkung zwischen Stadtform und der Wirtschaft sowie der Verkehrsabwicklung im Vergleich mit unseren heutigen Verhältnissen unbedeutend. Die Aufgaben zielbewußten Städtebaues waren deshalb verhältnismäßig einfach zu erfüllen, fanden aber in den Städten selbst in den meisten Fällen noch wenig Beachtung, teils weil deren Entwicklung nur langsam vonstatten ging, teils weil in breiteren Volks- und Verwaltungskreisen die Bedeutung der Aufgabe noch nicht genügend gewürdigt wurde.

4. Die Ziele und angewandten Mittel und Wege dieser Zeit hätten immerhin eine geeignete Grundlage geboten, um auf ihnen weiter zu bauen. Sie waren aber noch nicht zu genügend starker Würdigung in breiten Volks- und Selbstverwaltungsschichten gelangt, als eine erneute Unterbrechung der Entwicklung eintrat. Deshalb gingen die guten Ansätze und Erkenntnisgrundlagen zu zielbewußtem und sachgemäßem Städtebau zunächst noch einmal wieder verloren.

5. Die Entwicklung der Probleme des deutschen Städtebaues im 19. Jahrhundert.

Wie gestaltete sich nun die Entwicklung des Städtebaues und seiner Aufgaben in neuerer Zeit?

In der französischen Revolution waren neue Ideen gewaltsam zum Durchbruch gekommen, deren Ausbreitung fortan das Leben und Wirken aller Volksschichten in neue Bahnen gelenkt und neue Wirtschaftsformen geschaffen hat. Die erste äußere Wirkung dieser Entwicklung auf Deutschland bestand in dessen Unterjochung und Aussaugung durch die Franzosen. Nach der Wiederbefreiung nahm sodann zunächst jahrzehntelang der schwere Kampf ums Dasein alle Kräfte unseres Volkes in Anspruch und unter diesen Umständen kam jede Entwicklung der Städte für noch längere Dauer zum Stillstand. Aber in dieser äußerlich stillen Zeit brachen sich nach und nach tiefgreifende Änderungen sowohl der rechtlichen und verwaltungstechnischen, wie auch der wirtschaftlichen, zivilisatorischen und kulturellen, sowie endlich der gesamten sozialen Verhältnisse und Anschauungen Bahn, die dann plötzlich zu einer vollständigen Wandlung aller Grundlagen unseres Daseins und unserer Anforderungen an dessen Gestaltung führte. Mindestens in der Auswirkung dieser tiefgreifenden Änderungen, wahrscheinlich sogar in deren Entwicklung stehen wir noch heute mitten darin. Denn es ist anzunehmen, daß die große Entladung ungenügend beachteter Spannungen, als die der große Weltkrieg aufzufassen ist, in ihren weiteren Folgen, daß z. B. Vorgänge und Umwälzungen, wie sie die Bildung des Sowjetstaates in Rußland bedeutet, und manche andere Geschehnisse auch in Zukunft noch weiter in unserem Volks-, Wirtschafts- und Rechtsleben ähnlich große Änderungen zur Folge haben werden, wie sie bisher bereits hinter uns liegen.

Diese Umwälzung aller Daseinsgrundlagen ist naturgemäß auch für die Städte, was die Formung sowohl der Einzelzellen wie auch des Gesamtaufbaues und seiner gesamten Struktur anlangt, von großer Wirkung gewesen, und sie wird es auch noch fernerhin sein. Nur wenn man diese Wandlung und das Wesen der neuen und künftigen Verhältnisse und die daraus sich ergebenden Bedürfnisse so klar und restlos als irgend möglich zu überblicken sucht, wird man fähig werden, für die künftige Stadtgestaltung klare und zielsichere Leitlinien zu finden.

Weil eben alle Verhältnisse und Bedürfnisse andere geworden sind, können wir aber im Städtebau nicht nach überkommenen Schematen oder einer althergebrachten Technik und ebensowenig auf Grund alter Anschauungen arbeiten. Um neuem Bedarf zu genügen, müssen wir neue Formen und Methoden entwickeln.

Städtebau ist eine Aufgabe schöpferischer Gestaltung erster Ordnung geworden.

Wenn aber die Städte und ihre Formbildung mit der Entwicklung der allgemeinen rechtlichen, wirtschaftlichen und aller sonstigen Lebensverhältnisse der Menschen tatsächlich in so engem Zusammenhang und Wechselwirkung stehen, wie behauptet wird und wie es durch die Ergebnisse der Betrachtung früherer Zeiten erwiesen ist, wird man den Unterschied der Aufgaben, die der Städtebau der Gegenwart und Zukunft gegenüber dem Städtebau von vor 100 Jahren stellt, nur recht erfassen können, wenn man sich zunächst klarmacht, welche Änderungen und Neuerungen seit dem Beginn des 19. Jahrhunderts eingetreten sind.

Suchen wir zunächst nach den Ursachen, die zu der im letzten Jahrhundert eingetretenen Entwicklung und zur Wandlung nahezu aller Verhältnisse geführt haben, so möchte ich als deren Urgrund betrachten das Erwachen des Volkes in seiner breitesten Masse aus willig geduldeter Abhängigkeit von Naturverhältnissen, Kirche und Herren aller Art zum Streben nach Freiheit, d. h. nach Selbständigkeit und Selbstbestimmung und freiem Gestalten der Lebensverhältnisse jedes einzelnen nach seinem Sinn, sowie die Erkenntnis der Bedeutung der Mitarbeit aller Volksgenossen in freier, denkender und verantwortungsbewußter Weise an allem Werden und Wirken im Volks-, Staats- und Wirtschaftsleben.

Dieses Aufsichselbststellen aller Menschen, dieses millionenfältige Suchen, Streben und Sinnen aller Einzelnen nach neuen Mitteln und Wegen, die zu besserer Daseinsgestaltung führen sollen, zieht die großen Umwälzungen und die gewaltigen Fortschritte nach sich, die alles Frühere als überwunden oder mindestens wandelbar und verbesserungsbedürftig erscheinen lassen und uns zwingen, in allem und jedem neue Formen und Gestaltungen zu suchen.

Es wird sich freilich schwer eine unanfechtbare Scheidung finden lassen, was Frucht und was Samen, was Wirkung und was Ursache gewesen ist. Indessen läßt es sich gewiß rechtfertigen, wenn man sowohl als den letzten Grund aller Geschehnisse wie auch als das letzte Ziel alles Wirkens die Menschen selbst ansieht und wenn wir somit auch in unseren Untersuchungen mit ihnen beginnen und enden.

Außerdem sagte ich bereits im vorigen Abschnitt, daß die großen welterschütternden Ereignisse des letzten Jahrhunderts, die großen Revolutionen und Kriege in diesem Gären und Drängen, das die Menschen aller Volksschichten ergriffen hat, seine letzte und innerste Ursache und Erklärung findet. Die Menschen sind anders geworden und sehen ihr Leben und ganzes Sein mit anderen Augen an. Sie haben deshalb auch andere Bedürfnisse und Forderungen, warfen und werfen alles

Überlieferte fort und wollen anderes an dessen Stelle setzen. Wo starre Überlieferung nicht willig weicht, wüten sie zerstörend dagegen an.

Den damit verbundenen Verlusten an Werten materieller und ideeller Art wird man nur vorzubeugen vermögen, und umgekehrt wird man die Schaffung neuer Werte, zu der diese Entwicklung führen kann, nur dann zu höchstem Nutzeffekt bringen können, wenn man aus dem, was in dumpfen Empfindungen und unklarem Drängen im Volke gärt und arbeitet, den wahren und berechtigten Kern herauszuschälen und, auf dieser Grundlage fußend, die Entwicklung vernunftgemäß in klare und möglichst reibungslose Bahnen zu leiten, zu erleichtern und auf große Ziele hinzulenken sucht. Wir müssen auch im Städtebau den hier sich vollziehenden Formprozeß, um nochmals auf Brinkmanns Sentenz zurückzukommen (S. 87), nicht nur miterleben, wir müssen, ihn ganz erkennend und erfassend, fördern und leiten.

Das 19. Jahrhundert ist in der Tat auf allen Gebieten gekennzeichnet durch das Streben aller nach Freiheit des Willens, Freiheit des Besitzes und der Persönlichkeit, Selbstbestimmung und Selbstverwaltung und dem Recht aller, in allem mitzusprechen und mitzubestimmen, sowie durch die tatsächliche Gewährung dieser Freiheiten und Rechte an alle, soweit theoretische Wünsche im Widerstreit mit den harten Gesetzen und Fesseln der Wirklichkeit sich überhaupt durchsetzen lassen und in diesem Falle zuweilen über den Rahmen des dauernd Möglichen hinaus bis in das Gebiet theoretischer Experimente hinein.

So bringt unter anderem das 19. Jahrhundert die Lösung der Bauern von der Dienstbarkeit und deren Einsetzung in freien, eigenen Besitz, Gewerbefreiheit, Aufhebung aller Vorrechte des Adels oder sonstiger Stände, Freizügigkeit der Arbeiter, Lohnbestimmung auf Grund freier gegenseitiger Vereinbarung und die Selbstverwaltung sowohl der Provinzen, Kreise, Städte und Gemeinden als auch des ganzen Volkes in seiner Gesamtheit in der Form des Parlamentarismus.

Um nun aber jedermann auch tatsächlich zu befähigen, eine möglichst ergiebige, aus eigener Initiative hervorgehende Tätigkeit zu entfalten und ihn für den freien Lebenskampf zu rüsten, wird die allgemeine Volksbildung geschaffen und gepflegt und — vielleicht in mancher Hinsicht bis zum Übermaß — gesteigert. Die allgemeine Schulpflicht vermittelt jedermann eine weitreichende Grundlage an Kenntnissen und Rüstzeug, durch dessen Nutzung und weiteren Ausbau sich nicht wenige aus einfachsten Berufen heraus zu führenden Stellungen im öffentlichen Leben und in der Wirtschaft emporringen, z. B. Fritz Ebert vom Handwerker zum ersten Präsidenten des Deutschen Reiches. Aber auch nach der Schulzeit sorgen Fortbildungs- und Gewerbeschulen u. dgl. für Ergänzung der Ausbildung, Mittelschulen aller Art sollen eine gehobenere, auf die verschiedensten Berufe vorbereitende Ausbildung und Geisteserziehung vermitteln. Darüber stehen wieder die Fachschulen, Akademien vielfacher Art und die Hochschulen. Büchereien werden zu jedermanns Nutzung geschaffen, das Kinowesen der Bildung nutzbar gemacht, alle Arten von Kursen abgehalten, unzählbare Ausstellungen und Kongresse verschiedenster Gattung veranstaltet, Volkskonzerte und Theater gepflegt usw. usw.

Alles das findet seine letzte und tiefste Begründung — das muß man sich gegenwärtig halten — in dem Bestreben, jeden zu befähigen, auf dem von ihm frei zu wählenden Gebiet und in der von ihm frei gewählten Art der Betätigung höchste Leistung zu zeitigen.

Stellt sich nun aber jeder oder stellt ihn das Leben und Schicksal auf seinen Platz, den er, sei es führend oder dienend, nach bestem Können auszufüllen streben und in dem er sich selbst eine möglichst günstige Daseinsgrundlage schaffen soll und bildet somit jeder ein Glied oder Rädchen im allgemeinen Gebilde oder Mechanismus des Volkslebens und der Volkswirtschaft und hat demnach auch seine Funktion und Bedeutung, so soll er auch bei allem, was ihn selbst oder das Getriebe, dem er angehört, oder was schließlich die Allgemeinheit des Volkes angeht, mitzusprechen, mitzuraten und mitzubestimmen haben. Deshalb ist ihm in den Selbstverwaltungskörpern und in der Gesamtverwaltung des Staats durch Einführung von Berufsvertretungen, Gewerkschaften, Kammern und aller jener Einrichtungen des parlamentarischen Systems allenthalben Anteilnahme und tätiger Einfluß gesichert.

Das ist die hohe, edle und — richtige Idee. D. h. richtig ist diese Idee nur, soweit es gelingt, im praktischen Ablauf des Lebens und Daseins der Menschen alle erforderlichen Voraussetzungen zu schaffen, damit das gewünschte Ergebnis auch tatsächlich einzutreten vermag. Je höher und je feiner erdacht Ziel und Methode aber ist, desto größer ist auch die Gefahr, daß in der harten Welt der Wirklichkeit irgendein nicht vorher überlegter Umstand statt des erstrebten Nutzens einen Schaden zeugt.

Auch der Städtebau wird sich zu fragen haben, ob ihm nicht ebenfalls aus dieser Entwicklung Aufgaben erwachsen, an die man vielleicht immer noch zu wenig denkt und deren Nichtbeachtung zur Umkehr der erwünschten Erfolge aus Gutem in Böses oder mindestens aus Ganzem in Halbes Anlaß geben kann. Die Wissenschaft vom „Städtebau" hat daher die Aufgabe, klare und unanfechtbare Richtlinien für die Anordnung der Stadtkörper und für ihre Gestaltung im Ganzen und in den Einzelteilen zu finden. Sie muß prüfen, wo und inwiefern die Formung der Stadtkörper in Beziehung und — beeinflußter oder beeinflussender — Wechselwirkung mit den großen Kräften und Strömungen steht, die im Volks- und Wirtschaftsleben am Werke sind. Es mag zunächst scheinen, als ob alle die obengenannten Dinge, die ich unter dem Gesamtbegriff der „Freiung" der Menschen zusammenfassen will, mit der Gestaltung der Stadtkörper recht wenig zu schaffen hätte. Es verlohnt sich aber doch, dieser Frage etwas näher nachzugehen. Es scheint mir doch, als ob sich dabei viel zahlreichere und wichtigere Beziehungen ergeben, als man anfangs erwarten mochte, und als ob gerade diese Forschungen und Überlegungen geeignet sind, endlich feste Grundsätze für die Stadtgestaltung der Neuzeit zu finden und Wesentliches von weniger Wesentlichem zu scheiden:

Zunächst eine mehr äußerliche Folge der Freiung und ihrer Nebenerscheinungen:

Alle die Schulen, Büchereien, Museen und sonstigen Kulturanstalten und -stätten, Verwaltungsgebäude, Parlamente, Ausstellungs- und Kongreßräume usw. müssen geschaffen werden. Es kommt so eine ganze Anzahl neuer Typen von Zellen oder Organen von verschiedenster Form und oft recht großem Ausmaß neu in die Stadtkörper hinein, die früher an Bauten und Anlagen solcher Art meist nur Kirchen und — im Vergleich zu heute — kleine Rathäuser in sich bargen.

Alle diese neuartigen Bauanlagen sind nun aber ferner nicht nur harmonisch in die anders geartete Menge der sonstigen Bauten einzugliedern, die die große Masse der Einzelzellen bilden, aus denen sich der ganze Stadtkörper zusammensetzt. Es gilt vielmehr, die neuartigen Einzelbauten stets auch an die rechte Stelle zu setzen, und an diesen Stellen Raum für spätere Erweiterungen und Ergänzungen frei zu halten. Es ist falsch, solche Anlagen einfach hierhin und dorthin zu stopfen, wo gerade ein Stück Land zufällig frei ist. Es ist auch falsch, nur den heutigen oder nächstliegenden Bedarf in sofort ausgeführten Bauten zu befriedigen, spätere Vergrößerungen und Erweiterungen aber an andere Plätze zu verweisen, oft weit ab und ohne Zusammenhang. Es ist falsch, Behörden und öffentliche Bauten aller Art, die zusammengehören, irgendwo im Stadtganzen zu verstreuen. Der Städtebauer muß Lösungen finden, bei denen genügende Freistellen erhalten bleiben, zunächst als Anlagen oder dgl. ausgenutzt, um künftig notwendige Bauten dort unterbringen zu können, wo sie organisch hingehören. Es muß sich eine Lösung finden, die sowohl heute befriedigt, als auch für die Zukunft Vorsorge trifft. Diese Arbeit für künftige Zeiten, weitschauend, geschickt und oft nur in hartem Kampf mit der Kurzsichtigkeit der Bürger durchführbar, ist eine der wichtigsten Aufgaben des modernen Städtebauers.

Alle Bauten müssen heute und müssen künftig da stehen, wo sie für ihre Benutzer und Besucher am schnellsten, leichtesten und bequemsten zu erreichen sind.

Ich bitte einmal daran zu denken, welche große Zahl derartiger Gebäude und Einrichtungen in jeder Stadt vorhanden sind. Würde man sich einmal die Mühe machen, die Gesamtzahl in deutschen Städten zusammenzustellen, so würde eine überraschend hohe und eindrucksvolle Ziffer herauskommen. Würde man weiter aber die Summe reiner Geldaufwendung ansetzen, die die Schaffung und Ausstattung aller dieser Räume, Bauten und Einrichtungen verschlungen hat und ständig in neuen Anlagen verschlingt, so würden ganz gewaltige Summen vor uns stehen. Vor allen Dingen sollte man sich aber einmal vergegenwärtigen, welche Massen von Menschen in diesen Gebäuden arbeiten und verkehren und wieviel Leerlauf und unnütze Arbeit der Menschen und Dinge, wieviel Energieverbrauch und Hemmungen hinsichtlich der Leistung glatter, freudiger und hochwertiger Arbeit und Geschäftserledigung entstehen, wenn diese Bauten nicht zweckmäßig in ihrem Inneren gestaltet und wenn sie andererseits nicht richtig zueinander und zum Stadtganzen gelagert sind. Umgerechnet in Mark geht eine riesige Summe an Energie, Frische, Produktivität und Zeit verloren allein auf den Wegen zum Bureau, zur Schule usw. für die darin Beschäftigten und ebenso für das mit den verschiedenen Stellen verkehrende Publikum. Man wende nicht die alte Phrase ein, diese Wege seien gesund für die Menschen. Das ist nicht wahr. Diese Wege sind keine Erholung von wirklichem Wert. Sie fressen unsere Freizeit auf, so daß für wahre, kräftigende und rationell betriebene Erholung nichts mehr übrigbleibt, die Menschen abstumpfen und vertrotteln, und die Leistungsfähigkeit zu intensiver Arbeit schwindet. Bauten, die so gewaltige Summen kosten, und in denen so unermeßliche Summen an Menschen, Kraft und Kapital aller Art arbeiten, müssen nicht nur auf das rationellste gestaltet, sondern auch ihrer Bedeutung entsprechend und zweckmäßig gelegen sein. Soll tatsächlich die Nutzung der mit allen diesen Einrichtungen und in allen diesen Bauten geschaffenen Möglichkeiten in höchstem Ausmaß und mit bestem Nutzeffekt erfolgen, so darf sie wenig unproduktiv aufgewandte Zeit erfordern. Denn der Mensch, der in allem eigene Wege gehen und in allem mitbestimmen will, hat außerordentlich wenig Zeit.

Diese Bauten und Anstalten müssen aber auch in ganz bestimmten Lagen zueinander angeordnet sein. Die Freiheit und die Mitbestimmung aller Menschen würde zum Chaos führen, wenn nicht eine überaus feine, eng verknüpfte und doch wieder weitverzweigte Organisation ihr gegenüberstände. Alle Stellen und Zweige dieser Organisation aber müssen leicht und glatt ineinandergreifen. Deshalb müssen bestimmte Gruppen von Verwaltungsgebäuden zu Komplexen zusammengefaßt werden und zu anderen Gruppen sowie für das in ihnen verkehrende Publikum auch wieder nach wohlüberlegtem Plan in ganz bestimmter Lage in dem Stadtkörper angeordnet sein. Unordnung und Unvollkommenheit auch in dieser Hinsicht kostet nicht nur Arbeit, Zeit und

Kräfte, d. h. Geld, sondern gefährdet das Funktionieren der Organisation und schädigt das Gedeihen des Ganzen.

Weil aber alle Menschen durch Schulung und alle Arten von Bildungsanstalten, durch freie Selbstbestimmung, durch das Recht und — wohlgemerkt — infolgedessen auch durch die Pflicht zur Mitbestimmung und Mitwirkung in allen möglichen Dingen und nicht minder durch den mit Freiheit untrennbar verbundenen Zwang, sich selbst zu behaupten, in ihrer Zeit und Kraft ungemein stark in Anspruch genommen sind, müssen sie auch unter anderen Umweltverhältnissen leben. Denn folgendes ist doch klar: Wenn gesagt wird, wir hätten Schulen und Bildungsstätten aller Art und Richtung in endloser Zahl und Vielseitigkeit und damit die Möglichkeit, nach jeder beliebigen Richtung hin uns weiterzubilden und zu lernen, so kann man dem mit gleicher Berechtigung den anderen Folgesatz entgegenstellen: Wir haben somit einen furchtbaren Zwang, uns weiterzubilden und immer wieder zu lernen. Denn wer hierin etwas unterläßt und eine der Lern- und Bildungschancen nicht ausnutzt, muß fürchten, im freien und rücksichtslosen Kampf der Menschen untereinander in Rückstand zu kommen und heute, wo das Abitur, wo weitere Nachweise, Zeugnisse und Diplome bald von jedem Straßenkehrer verlangt werden, mindestens aber von jedem Schalterbeamten bei Banken und Post, in das Proletariat und schlimmeres Elend herabzusinken als je in früheren Zeiten.

So herrlich sich desgleichen das Wort von Freiheit und freier Selbstbestimmung anhören mag, so bedeutet es andererseits ebenso auch: Zwang zur Sorge für sich selbst und zur Selbstverteidigung, stete Gefahr, von anderen aus der Stellung und aus der Bahn geworfen zu werden. Freiheit und freie Selbstbestimmung bedeutet somit auch: Kampf unter Einsatz aller Kräfte. Wie hart der freie Mann in Industrie, Handel und Gewerbe diesen Kampf empfindet, sieht man unter anderem daran, daß er den Beamten um sein viel kärglicheres Dasein beneidet, nur weil er diesem Kampf etwas mehr entzogen ist als die Angehörigen der freien Berufe.

Selbstverwaltung und Mitwirkung aller in allen Dingen sind gewiß ein herrliches Becht. Wie aber sind die Folgen, wenn die Masse der mit diesen Rechten Begabten nicht Zeit und Muße hat, um die Richtung zu überdenken, in der sie ihre Mitwirkung zur Geltung bringen wollen, wenn sie aus unerfreulichen Lebensverhältnissen heraus verbittert und verärgert sind und zu Menschen wurden, denen Rechtlichkeit, der gerade und ordentliche Sinn, der Überblick über das, was wichtig ist, und die ethische Grundlage verloren ging, deren Hoch und Niedrig bedürfen, um die rechten Ziele zu verfolgen, richtig zu führen und die richtigen Führer zu wählen und sich von ihnen führen zu lassen.

Bereits früher habe ich bei dem Kapitel über die Bedeutung der Aufgaben des Ingenieurs auf dem Gebiet des Siedlungswesens darauf hingewiesen, wie wichtig die Gestaltung der Wohnungs- und Siedlungsverhältnisse für die körperliche, geistige und ethische Verfassung der Menschen ist. Wir sehen also, wie auch aus vorstehenden Betrachtungen grundlegende Forderungen und Richtlinien für die Sorge um gute Wohnungen in der Stadt und um die Anordnung der Stadt selbst und ihre Ausstattung mit allen Anlagen und Einrichtungen erwachsen, die den Menschen in seinem Dasein stützen, fördern und heben.

Es handelt sich in diesen Dingen nicht allein um den Kampf der Volksgenossen unter sich um Behauptung der sozialen Stellung, Auf- oder Abstieg, sondern um den Kampf der Völker untereinander um Gedeih oder Verderb.

Die Wohnung muß viel mehr bieten als früher. Sie darf nicht mehr nur ein Unterschlupf, ein Dach über dem Kopfe sein. Die Menschen müssen sich in ihr erholen, bilden, nachdenken und müssen sich auf sich selbst sowie auf ihre Stellungnahme in allen Fragen eigenen und öffentlichen Interesses besinnen können. Denn jeder ist es selbst, von dem sein eigenes und das Wohl der Allgemeinheit abhängt. Die große Bedeutung der Wohnfrage und der gesamten Wohnverhältnisse in weitestem Sinne und ihrer guten Lösung liegt darin, daß nur dadurch die neuen Rechte und Freiheiten zu segensvoller Wirkung gebracht werden können. Bei kranken Wohnverhältnissen krankt der Mensch nicht nur körperlich, sondern auch geistig und vor allen Dingen ethisch. Er wird nicht fähig sein zu hoher und segensreicher produktiver Arbeit im Wirtschaftsleben wie in öffentlichen Angelegenheiten.

Die Wohnungen aber und die Anlagen, welche zur Hebung der gesamten Wohnverhältnisse in der Stadt nötig sind, machen auch der Masse nach den größten Teil des Stadtkörpers aus. Man sieht also, wie groß und wichtig die Aufgaben sind, die der Städtebau auch auf diesem Gebiet zu meistern hat.

Was nun insonderheit die Wohnungen selbst anlangt, so hat ebenfalls im allgemeinen Rahmen der Freiung der Menschheit das neue Recht der Freizügigkeit ganz neue Probleme mit sich gebracht, die sich verkörpern in den Worten: Wohnungsmarkt, Mietwohnung, Mietkaserne, Wohnungsmangel und Wohnungselend, Großstadt und Bodenspekulation. Seit dem Bestehen der Freizügigkeit stellt nicht mehr der Arbeitgeber seinen Angestellten und Arbeitern die Wohnung, sondern jedermann kann — und muß — sie sich wählen nach eigenem Geschmack, sie beschaffen und bezahlen. Ein ungezügelter Andrang tritt ein. Die Massen sind gezwungen, wenigstens ein zeitweiliges Obdach zu erhaschen zu suchen, eine glänzende Konjunktur für die Vermieter, Massenzellen werden gebaut, jeder Keller und Dachboden, jeder Hofwinkel ausgenutzt,

Preise verlangt, bei denen für Nahrung und Kleidung oder gar Kindererziehung vom Lohn bald nichts mehr übrigbleibt, die Bodenrente steigt, die Bodenpreise folgen und wo das größte Reservoir derartiger freizügiger armer Schlucker sich findet und in Angst und Elend nach neuen Erwerbsmöglichkeiten sucht, da lassen sich die Industrien nieder, die den Zulauf von Arbeitern und Angestellten benötigen.

Hätte, wie früher, der Brotherr die Aufgabe behalten, für die Wohnung seiner Arbeitnehmer zu sorgen, wir hätten nie den Wohnungsmangel von heute, die Mietkasernen und die Großstädte in ihrer heutigen Art erhalten.

Die ganzen Städte hätten eine andere Lagerung und eine andere Körperbildung erhalten.

Je mehr man sich hineindenkt, desto klarer erkennt man, wie eng mit selbst scheinbar der Technik so fernliegenden Vorgängen wie mit der Freiung der Menschen die Probleme des Städtebaues zusammenhängen. Möge die künftige Entwicklung diese Beziehungen besser beachten als in den vergangenen Jahrzehnten.

Neben der Freiung der Menschen ging her die Freiung der Gewerbe. Auch mit ihr hängen die Schwierigkeiten und Fehlschläge des Städtebaues in der Vergangenheit und seine heutigen und künftigen Probleme eng zusammen. Überall in den Städten entstehen aus kleinen Anfängen Werkstätten, Betriebe, kleine Verkaufsläden. Ein Teil von ihnen wächst. Höfe und Gärten werden zu Hilfe genommen, mit Lagerschuppen, Werkstätten, Geräten besetzt. Es riecht, es lärmt, es stört. Ein Durcheinander tritt ein. Wohnlichkeit und Ruhe gehen verloren. Fabriken, Brauereien, große Warenlager u. dgl. entstehen überall in der Stadt verstreut, suchen Anschluß an andere Stellen, das „Chaos" beginnt, welches das Kennzeichen der Stadtentwicklung bis zur Jahrhundertwende bildet. Erst als man sah, wie unerträglich und wie kostspielig diese Verwirrung sich auswirkte, begann man allmählich zu trennen, zu ordnen und die Entwicklung der Städte zu leiten und zu organisieren.

Aber vielleicht noch wichtiger und größer in ihren Auswirkungen war die Freiung und staatliche Förderung von Wirtschaft und Handel.

Seit das Volk in allen Schichten und Gliedern sich zur Geltung drängte und kritisch die Maßnahmen und Verhältnisse prüfte und seit die Regierenden und Führer erkannten, daß in diesem freien Voranstreben aller regsamen und tatkräftigen Menschen und in dieser willigen, denkenden und aus eigener Initiative am gemeinsamen Werk mitschaffenden Anteilnahme aller Volksgenossen die stärkste Quelle der Kraft und der Stärke liegt, traten viele kleinliche Interessen, trat die Kirchtumspolitik, der Hang, alles nur im Gesichtskreis des Ländchens und der staatlichen Steuereinnahmen zu betrachten, traten endlich manche kleinlichen dynastischen Empfindlichkeiten und die Neigung, einen Stachelpelz nach außen zu kehren, jeden fremden Einfluß und die von außerhalb zuwandernden Menschen abzuwehren oder mindestens gründlich zu schröpfen, allmählich mehr und mehr zurück. Über den Zollverein 1833 kam man allmählich in weiteren Etappen zum Deutschen Reich. Im Laufe dieser Entwicklung entstand nach und nach das einheitliche deutsche Wirtschaftsgebiet, in dem jede Gegend das gewinnen, produzieren und arbeiten kann, was nach Art seiner Bevölkerung, Lage, Fruchtbarkeit und Bodenschätzen des betreffenden Landesteiles, Anlagen und überlieferter oder sorgsam gepflegter Fertigkeit seiner Bewohner und unter dem Einfluß sonstiger Umstände ihm angemessen ist. Handel und Wandel, Arbeit und Verkehr konnten sich dabei frei entwickeln und ihre Kräfte entfalten.

Wie im Großen, so fielen auch im Kleinen die Schranken, z. B. die städtischen Akzisen.

Aber nicht nur die Zollschranken und anderen Hemmnisse wurden beseitigt. Man suchte durch positive Maßnahmen jeder Betätigung der Hand, des Geistes und der Unternehmungslust günstige materielle Voraussetzungen zu starker Auswirkung zu geben. In dem großen, einheitlichen Wirtschaftsgebiet konnten nun die größten Verkehrsanlagen und leistungsfähigsten Verkehrsmittel geschaffen werden und sich entwickeln. Erst Straßen und dann Eisenbahnen, Kanäle und Häfen wurden aus öffentlichen Mitteln erbaut, Flüsse reguliert und schiffbar gemacht, Dampfer- und Luftlinien subventioniert, Post-, Telegraphen- und Fernsprecheinrichtungen geschaffen, der Geldverkehr staatlich geregelt, durch Zölle die heimische Arbeit geschützt und gekräftigt und vieles andere mehr.

Das gewaltige Ausmaß aber, das diese Entwicklung nahm, hat seinen Grund und seine Ursache in der Fülle geistiger Erkenntnisse und Fortschritte und umwälzender Erfindungen, die auf dem Boden geistiger, persönlicher und wirtschaftlicher Freiung in einer Überfülle und Üppigkeit hervorquollen, die zu geradezu tragischen Folgen führen können, wenn es nicht gelingt, die innere Entwicklung der Menschen und ihrer Einrichtungen in Staat und Wirtschaft gleichzeitig so zu fördern, daß sie Herren der Situation bleiben und die Probleme meistern.

Es entwickelte sich die Gewinnung und Ausnutzung mechanischer Kräfte. Dampfmaschine und Elektrizität setzt uns instand, Verkehrsmittel aller Art von ungeahnter Schnelligkeit und Leistungsfähigkeit zu schaffen, gleichzeitig aber nicht nur eine endlose Zahl und Menge von Arbeitsverrichtungen den Menschen abzubürden und durch Maschinen zu verrichten, die früher menschliche Körperkraft in Anspruch nahmen, sondern auch scheinbar fast spielend ein Maß an Menge und Feinheit der Arbeit zu vollbringen, die früher kaum im Bereich der Fabelmärchen denkbar gewesen wäre. Nichts erscheint mehr unmöglich, alles erreichbar, das größte Hindernis überwindbar.

Die Wissenschaft der Chemie fand Mittel und Wege, um viele Stoffe, die früher mühselig aus der Pflanzen- und Tierwelt gewonnen werden mußten, aus massenhaft in der Natur vorhandenen Boden- oder Luftvorkommen oder aus Reststoffen herzustellen, die in bislang vollkommen wertlos erscheinenden Abfällen und deren Halden enthalten sind. Indem sie diese Stoffe ausnutzt, spaltet und verwandelt, mit irgendwelchen anderen Stoffen verbindet, erzeugt sie aus Schutt und Giften Heilmittel, Farben, Textilien, Kraftquellen und bereichert unsere Daseins- und Wirkungsmöglichkeiten in unerhörter Weise.

Gleichzeitig beobachten wir umwälzende und vor allen Dingen bahnbrechende Erkenntnisse auf dem Gebiet der medizinischen und hygienischen Wissenschaften, die es ermöglichen, nicht nur die Geißel der Seuchen abzuwenden, sondern die Menschen körperlich und geistig vor allen Schäden zu bewahren und vielmehr in ihrer Leistungsfähigkeit zu steigern und zu pflegen. Es ist gerade auch dieses eine für den Städtebauer sehr folgenschwere Tatsache. Denn für uns entsteht daraus die Pflicht, in den Städten, den Siedlungs- und Wohnstätten von 40 Millionen Menschen durch Wasserversorgung, Städtereinigung, Sport- und Erholungsanlagen, Behandlung der Straßen und alle jene Maßnahmen zur wahren und tiefsterfaßten Verschönerung eine Umwelt zu schaffen, in der unsere Volksgenossen physisch, psychisch und ethisch in jeder Weise gefördert und gehoben werden und jede Möglichkeit in dieser Hinsicht, die in den fortgeschrittenen Erkenntnissen zunächst theoretisch schlummern, auch praktisch zur Ausnutzung und Auswirkung zu bringen.

Endlich möchte ich auch die großen Rüstungen in Heer und Flotte, die große Kasernenbauten und sonstige Anlagen im Gefolge hatten und ganze Industrien ernährten, sowie die Umwälzungen im Verteidigungswesen nicht unerwähnt lassen. Die engen, starren Befestigungswälle fielen und vielen Städten ergab sich daraus die Möglichkeit, in ganz neuen Formen und Anordnungen ihren Körperaufbau zu entwickeln.

Aber ich kann hier nicht im einzelnen auf alle Umwälzungen eingehen, die das verflossene Jahrhundert mit sich brachte. Ich möchte nur noch einige Zahlen und Daten anfügen, an Hand deren besonders die jüngere Generation sich vergegenwärtigen kann, wie gewaltig die Entwicklung war, die alles das schaffte, was sie heute vielfach als etwas Selbstverständliches achtlos hinnimmt. Diese Entwicklung muß man aber erfaßt haben, um Mängel und Fehler der Vergangenheit gerecht zu beurteilen und um andererseits auch zu erkennen, wieviel geschehen und mit welchem Ernste unsere Aufgabe aufgefaßt werden muß, die größten Ingenieurwerke, die Städte, dieser Entwicklung anzupassen.

1851 zieht Friedrich Krupp auf der Londoner Weltausstellung ein aus seinem Stahl geschmiedetes Taschenmesser und schneidet mit leichter Hand einen Span aus einem englischen Stahlblock. Die deutsche Industrie wird überlegen. Die tiefliegenden Kohlenflöze werden abbauwürdig, Hüttenwerke, chemische und Maschinenfabriken mächtigsten Ausmaßes entstehen (besonders seit 1880). Die Textilorte wachsen durch den Aufschwung dieser Industrie schnell. Allerorts lassen sich große Maschinenfabriken nieder, besonders in den Handels- und Verkehrszentren, wie Köln und Berlin, andere nahe den Eisen- und Kohlenbezirken wie Düsseldorf, Spezialwerke für Arbeitsmaschinen nahe den Textil- und anderen Industrien. Im Eisenbahnzentrum Berlin entstehen die beiden größten elektrotechnischen Konzerne. Allerorten, selbst in Kleinstädten, die günstig liegen, wachsen riesige Werke heran.

1835 wird die erste Eisenbahnlinie Nürnberg—Fürth eröffnet.

1860 11000 km Eisenbahnen, heute 62000 km.

1877 der Durchstich des Gotthard-Tunnels leitet den durch den Suezkanal wieder hergestellten Orientverkehr über Deutschland.

1847 wird die Hamburg-Amerika-Linie,

1857 der Norddeutsche Lloyd gegründet. Welthandel! Das Entstehen gewaltiger Werften in Bremen, Hamburg, Stettin, Elbing und Danzig. Mittellandkanal, Rhein-Donau-Verbindung, Anschluß von Elbe und Oder an die Donau, Mosel- und Saarkanalisation werden teils ausgeführt, teils sind es große Projekte. Dortmund-Emskanal. Binnenschiffahrt.

1900 über 1 Milliarde wird jährlich allein für Einfuhr von Nahrungs- und Genußmitteln an das Ausland bezahlt.

Wolle, ausländische Hölzer, Erze und Metalle werden in großer Menge eingeführt, demgegenüber gewaltige Ausfuhr; zu 70 vH des Wertes in Fabrikaten, 25 vH Kohle, 10 vH Nahrungs- und Genußmittel, besonders auch Bier.

Deutschlands Anteil am Welthandel 12 vH, an Tonnengehalt seiner Dampfschiffe folgt er gleich hinter England.

Alle Maßstäbe wachsen eruptiv. Was noch unlängst als Großbetrieb galt, bleibt bald nur im Range der Kleinbetriebe stehen, sofern es die Entwicklung nicht mitmacht.

1842 hat ein Steinkohlenbergwerk durchschnittlich 40 Arbeiter,

1900 deren 1224.

1842 hat ein Hochofen 13 Arbeiter,

1900 deren bereits 322.

1882 sind in Betrieben mit 50—1000 Arbeitern bereits 1350000 Menschen beschäftigt und deren 205000 in Riesenbetrieben mit über 1000 Arbeitern.

1905 ist letztere Zahl (Arbeiter und Beamte) auf 403000 angewachsen.

Bei diesen Zahlen muß man aber daran denken, daß nebenher eine gewaltig intensivierte Ausnutzung der menschlichen Arbeit durchgeführt war und daß durch Einführung der Maschinen eine Herabsetzung des Menschenbedarfs für die Einheitsleistung an Arbeit oder Herstellung gleicher Produktionsmengen auf einen Bruchteil gegen früher erfolgt war.

Man muß einmal Betriebe gesehen haben, wo, wie von Geisterhand gelenkt und getrieben, fast alle Arbeiten sich automatisch vollziehen, wo auf Grundstücken von vielen Hektar Größe und in den darauf stehenden Gebäuden von 4—6 Geschossen kaum ein Mensch zu erblicken ist, wo die Rohstoffe ergriffen, befördert, gemahlen, verarbeitet und die fertige Ware gestapelt und verladen wird, fast ohne daß sich ein Finger rührt, wo Tausende von Tonnen täglich produziert werden mit 50—60 Arbeitern. Erst wer Derartiges erlebte, hat den Pulsschlag moderner Arbeit gespürt und kann recht ermessen, was obige Zahlen sagen (dieselben sind größtenteils dem Buch von Heiligenthal: Deutscher Städtebau entnommen).

Noch eindrucksvoller als aus ihnen, tritt uns aber meines Erachtens die Art und Schnelligkeit der Entwicklung entgegen, wenn man die Geschichte einer jener Familien und ihrer Werke liest, wie Thießen, Klöckner, Stinnes, Rathenau, Siemens oder anderer Industrieherzöge. Mir wenigstens hat ein Buch über Stinnes nachhaltigen Eindruck gemacht, aus dem ich mir die folgenden Notizen machte, dessen Titel und Verfasser mir aber entfallen ist.

1808 macht sich der Schiffersohn Matthias Stinnes, selbst Ruhrschiffer, 18 Jahre alt, selbständig, durch Einrichtung eines Kohlengeschäfts. Er besitzt einige Kähne (Ruderchen) von 200 t Tragfähigkeit, 1810 kauft er für 1240 Thaler einen Kohlenhock, 1820 betreibt er mit 66 eigenen Kohlenschiffen den Handel bis Bonn und Koblenz und rheinabwärts nach Holland. Von Bingen bis Bonn überschreitet der Kaufmann acht Landesgrenzen und muß von Germersheim bis Rotterdam an 32 Stellen Zoll zahlen. Der Zollverein beseitigt diese Hemmungen. Der erste Schleppdampfer 1848 wird bei Weißenturm gegenüber Neuwied von Bauern und Pferdetreibern unter ohrenbetäubendem Lärm beschossen, da diese ihren Erwerb zu verlieren fürchten.

Heute schleppen zahlreiche Stinnesdampfer je vier Kähne mit zusammen 6000 t = 400 Eisenbahnwaggons Ladung mit 5 km/Std. rheinaufwärts. Duisburg-Ruhrort hat einen Güterverkehr von über 20 Millionen Tonnen, mehrere Millionen mehr als die Häfen in Hamburg und Rotterdam.

So weit wie Amerika sind wir freilich nicht gekommen, wo nach Berechnungen des Economist Rockefeller, Harrymann, Vanderbilt, Morgan u. Gould mit einem Besitz von zusammen 3 Milliarden ein Kapital von 30 Milliarden, den Großteil des in Banken, Eisenbahnen und Industriegesellschaften angelegten Gesamtkapitals beherrschen.

Aber betrachten wir z. B. die rapide Entwicklung der Deutsch-Luxemburgischen Bergwerks- und Hütten A. G.

1901 mit 1 Million Kapital gegründet.

1901 Angliederung der Differdinger-Dannenbaum A. G. unter Erhöhung des Kapitals auf 25 Millionen.

1910 Erhöhung des Kapitals auf 60 Millionen.

Bald darauf Angliederung der Dortmunder Union A. G. für Bergbau, Eisen- und Stahlindustrie, Erhöhung des Kapitals auf 100 Millionen. Angliederung von Zechen und Hütten. Die Mülheimer Hütte erzeugt 220000 t Eisen im Jahr. Das Werk „Deutsch-Luxemburg" hat 40000 Arbeiter. Berlin im Jahr 1719 hatte 55000 Einwohner. Errichtung eines Elektrizitätswerkes, das den ganzen rheinisch-westfälischen Industriebezirk mit elektr. Energie versorgt vom Ahrtal bis zur holländischen Grenze.

1912 Gasfernversorgung von 25 Städten und Gemeinden des bergischen Landes. Ebenso Großwasserversorgung.

1917 A. G. Hugo Stinnes für Seeschiffahrt und Überseehandel.

1918 Beteiligung an der deutsch-amerikanischen Petroleumgesellschaft.

1914 erzeugt „Deutsch-Luxemburg" 750000 t Roheisen und fördert 1 Mill. Tonnen Kohle.

1873 Gelsenkirchener Bergwerks A. G. von Emil und Adolph Kirdorf als Zechenbetrieb mit 1000 Mann gegründet.

1914 55000 Arbeiter, 10 Mill. Tonnen Förderung. Kosten des inneren Aufbaues 60000 Mill. Mark.

1920 Zusammenschluß mit Stinnes in Rhein-Elbe Union G. m. b. H.
Produktion der Rohstoffe: Kohle, Erz, Kalkstein;
Zwischenerzeugnisse: Eisen und Stahl.
Halbfabrikate: Schmiedeeisen, Formeisen, Bleche, Walzdraht, Rohre.
Fertigwaren: Werkzeuge, Schrauben, Nieten, Federn, Beschlagteile, Eisenbahnmaterial, Land- und Wasserfahrzeuge.
Räumliche Zusammenfassung notwendig, um die Produktion zu verbilligen und kostspielige Lagerhaltung zu ersparen.
An die Rhein-Elbe Union der Bochumer Verein für Bergbau und Gußstahlfabrikation angegliedert. 18000 Arbeiter.
Eine ganz knappe Parallele sollen folgende Zeilen geben:

1920 Der 1847 von Werner v. Siemens in einer kleinen Werkstatt im Hinterhaus der Schöneberger Straße in Berlin errichtete elektrotechnische Betrieb hat sich bald darauf mit Halske zusammen dem

Telegraphenbau gewidmet, Tiefseekabel konstruiert, das gesamte russische Telegraphennetz gebaut. Heute liegt der riesenhafte Betrieb in der Siemensstadt bei Berlin.

Es ließen sich noch viele Parallelen ähnlicher Entwicklung anführen. Aber das Angeführte möge genügen, um Tempo und Ausmaß der Wandlungen wenigstens anzudeuten, die im Volks- und Wirtschaftsleben vor sich gingen.

Wo liegen nun in diesem Falle die Beziehungen zwischen der vorstehend skizzierten Entwicklung und dem Städtebau und seinen Problemen?

Vor dem Krieg nahm die Bevölkerungszahl Deutschlands jährlich um mehr als $^1/_2$ Million Menschen zu, d. h. jedes Jahr um mehr, als die Einwohnerzahl von Großstädten wie Köln oder Leipzig beträgt.

Im Jahr	hatte Deutschland Einwohner.	Davon in Großstädten
1816	24 833 400	307 000
1855	36 113 650	1 095 000
1905	60 641 280	11 509 000

Infolgedessen wachsen die Städte. Davon sprach ich bereits im 1. Kapitel des II. Teiles. Aber ich sagte auch schon dort, daß dieses Wachstum, trotz seiner Stärke und Schnelligkeit nicht das wesentlichste für uns ist. Viel wichtiger ist die Wandlung im Wesen der Städte und in ihrer Struktur und die Wandlung der Anforderungen an die Ausbildung der Stadtkörper, die sich aus dieser Entwicklung ergibt.

Weit, weit schneller als die Bevölkerungszahl in Deutschland steigt die Produktion an Rohstoffen und fertiger Ware. Neben der beträchtlichen Zahl von Riesen- und Großbetrieben ist eine endlose Menge mittlerer und kleiner Unternehmungen entstanden. Auch der kleine Betrieb schafft ein Vielfaches gegen früher. Alle Produktion aber muß Absatz finden. Denn Stockung im Absatz bedeutet Arbeits- und Brotlosigkeit von Menschen. Gleichzeitig aber zieht sie auch Verteuerung der Ware und damit sowohl Herabdrückung der Lebenshaltung und Behinderung der Unternehmungslust aller, die zwar noch gleich viel verdienen, aber die verteuerte Ware nicht mehr kaufen können, als auch Minderung der Wettbewerbsfähigkeit auf dem Weltmarkt, damit aber wieder alles in allem neue Absatzstockung nach sich. So schließt sich der Ring.

Nach einer Statistik in der Zeitschrift „Neue Gesellschaft" waren Ende 1920 in Industrie und Bergbau etwa 7890000 männliche und 1860000 weibliche, zusammen etwa 9840000 Arbeiter tätig. In Handel, Verkehr und Gastwirtschaft etwa 1530000 männliche, 716000 weibliche, zusammen 2250000. Im ganzen also über 12 Millionen Arbeiter mit mehr als 11 Millionen Angehörigen.

Verbilligung der Produktion und Steigerung des Absatzes heißt also die Zauberformel, von der es abhängt, ob alle Volksgenossen Arbeit und Brot finden, ob der Standard der Lebenshaltung in Deutschland immer weiter sinkt oder ob er und ob damit die Kraft und Tüchtigkeit des Volkes steigen wird.

Die Herstellungskosten der Ware und ihr Absatz stehen nun aber stark in Wechselwirkung mit der Gestaltung des Stadtkörpers in dreierlei Hinsicht. Sie hängen eng zusammen mit:

der Lage und freien Entwicklungsfähigkeit der Werke und Handelsstätten;

den Verkehrsmitteln und ihrer Benutzbarkeit und

der Leistungsfähigkeit der Arbeiter und Angestellten.

Ich empfehle jedem Städtebauer, Henry Fords Buch: „Mein Leben und mein Werk" zu lesen. Unter vielem anderen wird er daraus lernen, wieviel eine bis ins kleinste durchdachte Betriebsführung und — als deren Folge — bei bester Konstruktion und bestem Material die Verbilligung der Ware für Absatz und Vorwärtskommen zu bedeuten hat. Rationalisierung ist die Forderung unserer Zeit und wird es bleiben. Dieses Wort bedeutet, daß man auf Grund schärfster Beobachtung und Durchdenken aller Arbeitsvorgänge deren Maß und Aufwand auf ein Mindestmaß herabsetzen muß, um die Güter, die das Dasein fördern und erleichtern, die die Kräfte der Menschen heben, seinen Mitmenschen zu möglichst geringem Preise zur Verfügung stellen zu können. Sie fußt auf der Betriebsbuchführung. Diese hat jeden Weg und jeden Arbeitsvorgang, den die Ware vom Rohstoff bis zur Fertigstellung durchzumachen hat, auf ihre Kosten zu kontrollieren und nachzuspüren, wo eine Verbilligung durchführbar ist. Mag diese auf die Einheit auch nur Hundertstel eines Pfennigs betragen, so wird eine wohlberatene Industrie nicht Rast und Ruhe kennen, ehe diese Verbilligung durchgeführt ist.

Es sind heutzutage nur noch Ausnahmefälle, in denen, wie in früheren Zeiten, bei irgendwelchen Rohstoffen oder Waren die Nachfrage den Vorrat übersteigt. Und es wird künftig so bleiben. Soweit zum mindesten es sich um die Produktion handelt, hat allein schon der Ersatz der Menschenarbeit durch Maschinen also die Minderung der Gelegenheit für die Menschen, Arbeit zu finden, zur Folge, daß sich auf jeden Erwerbszweig mit guter Konjunktur eine Menge von Leuten stürzt, so daß bald ein heftiger Wettbewerb entsteht, in dem nur der bestehen kann, der bei gleicher Güte ein klein wenig billiger liefern kann als die anderen.

Einen zumeist sehr beträchtlichen Teil der Herstellungskosten einer Ware machen aber die Transportkosten über kürzere oder weitere Wegstrecken aus, häufiges Ein-, Aus- oder Umladen und der Zins für das in Rohstoffen und Halb- und Fertigwaren steckende Kapital, der aufzuwenden ist für die Zeit, in der die an sich verwendungsreifen Rohstoffe, Halb- oder Fertigwaren nutzlos sind, weil sie transportiert werden müssen und ihr Verwender sie eben noch nicht greifbar hat. Der Höhe der hierin liegenden Kosten entsprechen naturgemäß auch die Möglichkeiten, Ersparnisse und Verbilligungen zu erzielen. Diese gilt es also zu nutzen.

Für den Städtebauer ergibt sich daraus die Forderung: Er hat dafür zu sorgen, daß alle produzierenden Werke in der Lage sich anzusiedeln vermögen, wo sie allen Bedarf auf kürzestem, billigstem und schnellstem Wege greifbar erhalten und jede Lieferung auf kürzestem, billigstem und schnellstem Wege dem Empfänger greifbar zustellen können. Es müssen sich daraus ganz fest umreißbare Richtlinien für die Lage der Produktionsstätten innerhalb des Stadtkörpers und zu den Wasserwegen und Häfen, Eisenbahnlinien und Bahnhöfen, sowie zu den Durchgangs- und Ortsverkehrsstraßen ergeben.

Es ist aber weiter auch dafür Sorge zu tragen, daß die Werke genügend große Flächen für heutigen und künftigen Bedarf leicht und schnell zu billigem Preise und günstigen finanziellen Bedingungen zu erwerben oder zu belegen vermögen. Nicht nur der An- und Abtransport von oder nach außerhalb des Werks gelegenen Stellen verteuert die Ware. Eine oft gleich wichtige Rolle spielt der innere Transport, und es ist notwendig, daß auch das klein anfangende Werk stets seinen Betrieb und seine Anlagen in zweckmäßigster Weise erweitern und innerhalb des neuen Rahmens auf das rationellste anordnen kann. Hier kann großzügige Planung und städtische Bodenpolitik viel leisten. Der Städtebauer hat Vorsorge zu treffen, daß Gelände für die Industrie in reichem Ausmaß zur Verfügung steht, daß es nicht im Privatwege in jahrelanger Verhandlung mit einzelnen Bodenbesitzern mühselig zusammengekauft zu werden braucht, sondern in Hand der Stadt verfügbar gehalten wird und daß möglichst das Werk keine großen Kapitalien gleich zu Beginn darin anzulegen gezwungen ist, sondern die Möglichkeit hat, es gegen geringe Jahresabgabe zu pachten oder sich sonstwie für künftigen Bedarf zu sichern.

Die Lage spielt aber eine gleich wichtige Rolle wie für die Produktionsstätten auch für die Verkaufsstellen, Bureaus und Verwaltungsbauten.

Ebenso wichtig wie die Verbilligung der Herstellung ist es, daß Rohstoffe, Halb- und Fertigwaren mit möglichst geringem Unkostenaufschlag in die Hand ihrer Käufer kommen und daß jedermann in der Lage ist, die Spezialität zu erfassen, die er für seine besonderen Zwecke braucht. Die gewaltigen Massen, die ständig erzeugt werden, müssen in die Hand der Verbraucher gespielt werden. Die zahllosen Ausstellungen und Messen und der jährliche Aufwand Hunderter von Millionen oder gar von mehreren Milliarden für Reklame beweist dieses Bedürfnis. Ob freilich dieser Aufwand dem damit erzielten Effekt entspricht, kann hier nicht untersucht werden. Rechnet man zur Reklame, von der unzählige Zeitungen und Zeitschriften sich nähren, die Transporte und Unkosten der Produzenten für Beschickung der Messen und Ausstellungen hinzu und überschlägt man ferner, welche Ausgaben dem kaufenden und schauenden Publikum durch Reisen und Aufenthalt zu und auf diesen Veranstaltungen entstehen, bringt man endlich aber die Aufwendungen für „Reisende" in Ansatz, so wird man an eine Gesamtbelastung von mehreren Milliarden im Jahr herankommen. Das alles stellt letzthin eine sehr hohe Belastung des Warenpreises dar. Hierzu tritt aber schließlich noch der Zeitaufwand derer, die bestimmte Ware suchen und kaufen wollen, für Wege zu den Verkaufsstellen und Vermittlern.

Daraus ist zu schließen: Auch Vertrieb und Handel muß rationalisiert, d. h. nach Richtlinien organisiert werden, die sich aus angestrengtem Nachdenken und nüchternen Vernunftsüberlegungen ergeben. Der Städtebau aber hat daraus wichtige Folgerungen zu ziehen.

Die Verkaufsläden, Lager, Bureaus der Vermittler usw. müssen dort liegen, wo das Publikum sie ohne unnötigen Wegaufwand, und zwar leicht und selbstverständlich findet. Sie müssen nahe gedrängt beieinander liegen. Sie sind ferner ebenso wie die Werke an ganz bestimmte Lagen innerhalb des Stadtorganismus gebunden. Eine Tatsache, die ihren Ausdruck in dem Drang nach Citybildung findet.

Der Städtebauer darf nicht in tatenlosem Zuschauen mit ansehen, wie sich diese Entwicklung in mühseligem Ringen langsam selbst vollzieht. Er hat in seinen Planungen die Flächen, die sich künftig zu Geschäftsgegenden entwickeln werden, vorausschauend festzustellen und im Fluchtlinienplan und in der Bauordnung so zu behandeln, daß die Grundstücks- und Blockabmessungen, Straßenführungen und Straßenbreiten sowie die Bauweise ganz dem künftigen Zweck angepaßt sind. Wenn aber eine Gegend zwar zunächst nur z. B. für Wohnzwecke ausnutzbar ist, aber vorauszusehen ist, daß ihre Entwicklung zu einer Geschäftslage und weiter zu einem Geschäftszentrum dermaleinst eintreten wird, so ist es seine Aufgabe, beide Zwecke miteinander in Einklang zu bringen, z. B. die Blocks und Straßenführung der dereinstigen Zweckbestimmung gemäß zu planen und die näherliegende Nutzung für Wohnzwecke so hineinzukomponieren, daß auch hier einwandfreie Verhältnisse entstehen und die Umwandlung sich später leicht und gefällig zu vollziehen vermag. Er wird z. B. eine solche Gegend zunächst mit niedrigen Bauten in offener Bauweise ganz locker besiedeln und dann nach und nach einen Straßenzug nach dem anderen für ihre eigentliche Verwendung als Geschäftslage mit höherer und geschlossener Bebauung freigeben. Ich werde dafür im nächsten Bande ein kleines Beispiel zeigen, wenn ich von der Theorie, die ich hier behandeln muß, zur Praxis überzugehen das Vergnügen habe.

An bestimmte Lagen, Block- und Grundstücksmaße sind endlich auch die Bureaus und Verwaltungsgebäude aller Werke und großen Unternehmungen in Industrie, Handel und Privatwirtschaft gebunden. Genau wie im öffentlichen Leben, über das ich früher schon sprach, sind hier gewaltige Organisationen an der Arbeit, die einem überall zusammenhängenden und einem wie das komplizierteste Räderwerk ineinandergreifenden Getriebe gleichen und deren Bauten auf das geschickteste angeordnet und in sich selbst durchgebildet sein müssen. Man sage nicht: Unsere Verkehrsmittel, Auto, Fernsprecher usw. machten uns von bestimmter Lage unabhängig. Das ist Unsinn! Wieviel Zeit, Energie, Nerven kostet dieser Verkehr von Stelle zu Stelle? Wieviel unproduktives Kapital ist hier festgelegt, das keine Werte zu zeugen vermag. Ein gutes Teil unseres Verkehrs, der immer riesenhafter anwächst, entstammt der Quelle, daß die Bauten unrationell ausgebaut und im Stadtganzen gelagert sind. Sie entstammen den auch in dieser Hinsicht chaotischen Zuständen, die in unseren Städten herrschen.

Hier hat durch Planung (town planning) der Städtebauer Abhilfe zu schaffen und künftige bessere Entwicklung vorzubereiten. Besonderes Augenmerk ist hierbei darauf zu richten, daß aus kleineren Anfängen heraus für späteres Wachstum der einzelnen Bauten und Anlagen Raum verfügbar bleibt und die zweckentsprechendste Formbildung nicht behindert wird.

Faßt man die vorstehenden Ausführungen zusammen, so ergibt sich: Der Städtebauer hat Vorsorge zu treffen, daß die Werke unter günstigen Bedingungen dort liegen, wo Empfang und Ablieferung aller Stoffe und Waren am billigsten und schnellstens zu bewerkstelligen ist. Die Lager und Verkaufsstellen dort, wo die Ware am bequemsten in die Hand der Interessenten hinüberzuleiten ist. Bureaus und Verwaltungsbauten dort, wo der Verkehr mit allen Stellen am wenigsten Hilfskräfte und Verkehrsmittel beansprucht.

Bestimmend nun für die Lage der Werke, Handelsstätten, Lager, Bureaus, Verwaltungsgebäude usw. ist der Verkehr.

Ohne die neuzeitlichen Verkehrseinrichtungen und Verkehrsmittel für Menschen in Güter wäre die ganze Entwicklung der Rohstoffgewinnung von Industrie und Gewerbe, Wirtschaft und Handel usw., wäre auch die rasende Entwicklung unserer Städte und die in ihnen sich vollziehende Umwälzung nicht möglich gewesen. Sie sind durch die

Verkehrsanlagen bedingt und erzeugen umgekehrt den Verkehr. Eine stete Wechselwirkung! Aus ihr erkennen wir den engen Zusammenhang.

Und so sahen wir, wie im letzten Jahrhundert zuerst das Straßennetz ausgebaut wurde, dann Eisenbahnlinien, gewaltige Bahnhofsanlagen, Kanäle, Häfen, Flugplätze, Großgaragen, und wir sehen, wie neuerdings auch hier der Ring sich wieder schließt und wie gegenwärtig wieder der neuzeitliche Ausbau alter Straßenzüge betrieben und — in ihrer Großzügigkeit dem Ausbau des Eisenbahn- und Kanalnetzes nicht nachstehend — die Anlage von Großstraßen für Automobile geplant wird.

Mit diesen Anlagen und Planungen ist also durch städtebauliche Arbeit die Lage der obengenannten Betriebe und Bauten in engste organische Verbindung zu bringen, d. h.: nicht die Lage der Betriebe und Bauten hat sich nach den Verkehrslinien und Verkehrsanlagen, wie Bahnhöfen, Häfen usw. zu richten. Das war ein lange herrschender und verderblicher Irrtum der betreffenden Verwaltungen, den der Städtebauer bekämpfen muß. Es darf ebensowenig umgekehrt heißen, die Verkehrsanlagen haben sich nach der Lage der Betriebe und Wirtschaftsbauten u. dgl. zu richten. Beide müssen aufeinander eingestellt und so geplant werden, daß beide zu vollem Recht kommen und aus der Gesamtheit ihrer Beziehungen zueinander die beste Lösung gezogen wird.

Alles in allem: Die Produktion und Wirtschaft, die soziale Frage, Fürsorge für Arbeit und Brot, das Problem unserer Volkserhaltung und Volksgeltung, sowie der Steigerung unserer Volkskraft, kurz, fast, alle großen Probleme unserer Zeit stehen in engster Wechselwirkung mit der Gestaltung unserer Städte und mit dem „Städtebau“. Aufbau, Anordnung und Struktur der Städte, vom Gesamtorganismus bis herab zur Formung der Einzelzelle und bis zu dem Programm, nach welchem die Teile und einzelnen Zellen des Ganzen sich zeitlich nach und nach zu entwickeln haben, müssen bis ins Kleine sorgsam durchdacht, rationalisiert und planmäßig entwickelt werden.

Städtebau bedeutet Stadtkonstruktion. Dem Wesen nach sind die Aufgaben, die er uns stellt, nichts anderes als diejenigen Aufgaben, die eine große und verwickelte Maschinenanlage bietet, bei der 1000 Glieder ineinandergreifen und alles reibungslos zusammenwirken muß. Nur sind die Aufgaben des Städtebaues noch viel gewaltiger. Sie lassen sich ferner nur innerhalb der Spanne von Jahrzehnten lösen. Und drittens werden sie dadurch erschwert, daß unser Arbeiten und Planen nicht an einer nach feststehenden Naturgesetzen wirkenden und mathematisch berechenbaren Maschine, sondern an einem Organismus und unter Einsetzung von Bedürfnissen, Willen und Widerstreben zahlloser

Menschen zu erfolgen hat und deshalb ein weit höheres Maß an Weisheit, Geschick und Zähigkeit erfordert.

Trotzdem: es ist und bleibt eine reine Konstruktionsaufgabe, deren Lösung abhängig ist vom Zweck und von gesetzmäßigen Beziehungen zwischen Ursache und Wirkung, Form und Anordnung einerseits und Ergehen von Mensch und Wirtschaft andererseits. Deshalb muß alles und jedes sorgsam durchdacht, sachgemäß durchgebildet und alles zum Ganzen gefügt sein.

Im vorstehenden habe ich diesmal nicht so sehr den Menschen in den Mittelpunkt meiner Betrachtungen gestellt, als vielmehr Produktion und Wirtschaft. Es mag wohl für die Erkenntnis der Wichtigkeit des Städtebaues und seines Wesens nützlich sein, wenn einmal hervorgehoben wird, wie enge und unmittelbare Beziehungen zwischen seinen Problemen und denen der Produktion und Wirtschaft bestehen. Erst wenn diese Beziehungen überall erkannt und genügend gewürdigt werden, wird man große Kreise unseres Volkes für städtebauliche Fragen erwärmen und als Mitkämpfer gewinnen können, die nur platonische Sympathie für ihn aufbringen, solange lediglich die ästhetische Seite zu sehr in den Vordergrund gerückt wird.

Alle die Hilfen freilich, die der Städtebau für Produktion und Wirtschaft zu leisten vermag, können nicht ausschlaggebend wirken, wenn nicht letzten Endes die Menschen vom untersten Arbeiter bis zum ersten Direktor gesund, frisch, arbeitsfreudig, klug und ethisch hochstehend genug sind, um beste Leistungen hervorzubringen. Also auch hier sehen wir, wie das Interesse an richtiger Anordnung der Wohnstätten im Aufbau der Städte und bester Vorsorge für deren Gestaltung und Ergänzung im Ausbau und in der Ausstattung der Städte ebenfalls eine Vorbedingung für das Gedeihen von Produktion und Wirtschaft ist. Ein kleiner Schritt ist es also nur, der uns von den Forderungen von Produktion und Wirtschaft an den Städtebau doch wieder zum Menschen und zu dem Satz zurückführt: Daß in erster Linie die Bedürfnisse der Menschen für die Lösungen maßgebend sind, die es im Städtebau zu finden gilt. Davon ist früher genug gesagt.

Dagegen bedarf es noch eines besonders dringenden Hinweises, daß an sorgsamster Gestaltung der Städte gerade vom Standpunkt der Forderungen von Produktion und Wirtschaft aus jeder einzelne und das Volksganze das höchste Interesse hat.

Die Erzeugung von Rohstoff und Ware ist im letzten halben Jahrhundert ungeheuer gestiegen. Wie kam es, daß diese gewaltigen Massen Aufnahme fanden, daß ihr Absatz folglich den gleichzeitig stark wachsenden Menschenmassen Arbeit und Brot finden ließ, daß sich die Menschenmassen also von diesen nicht eßbaren Mengen ernähren konnten, obwohl der Bedarf an Menschenkraft für die Herstellung der einzelnen Stoffe und Gegenstände sehr eingeschränkt wurde.

Nun, ein Teil der Produktion fand Aufnahme in der Befriedigung der Wohn-, Kleidungs- und sonstigen Bedürfnisse des Volkszuwachses. Aber um ein mehrfaches stärker als diese Bedürfnisse stieg die Leistungsfähigkeit der Produktion und die Einschränkung des Bedarfs an Menschenkräften.

Ein weiterer Teil der Produktion an Rohstoff und Ware diente dazu, die großen Neuerungen und Ausstattungen für Heer und Marine, die gewaltigen Verkehrsanlagen, wie Bahnen und Bahnhöfe, Kanäle, Häfen, die Krafterzeugungsstätten, die Maschinen und alle jene technischen Neuerungen herzustellen, die häufig an sich noch durchaus brauchbares Gerät durch Neues zu ersetzen geraten erscheinen ließen. So fanden viele, viele Menschen Arbeit durch den Fortschritt.

Weitere Massen des Volkes nahmen der Apparat und die Organisation von Verwaltung und von Warenverkehr und Handel auf. Ab und zu zwar erfaßte die Angst gewisse Berufsschichten, wenn Maschinen ihre Arbeit übernahmen (die Weber und andere). Aber lange Zeit glich sich die zeitweilige Not durch Abwanderung und neue Arbeitsgelegenheit wieder aus.

Allmählich aber zeigt sich, daß jene Angst doch richtigen Empfindungen entsprangen. Sobald der Bevölkerungszuwachs im eigenen Lande einmal abebbt, die großen Neuschöpfungen öffentlicher Anlagen und Bauten aufhören, weniger Rohstoffe gebraucht werden, weil z. B. Wasser an Stelle von Kohle die Kraft erzeugt, Vereinfachung und Rationalisierung in Verwaltung, Handel und Produktion, sowie selbsttätige Regelung der Maschinen und Betriebe immer weiter getrieben und bis zu einem gewissen Abschluß gebracht sind, werden und müssen zahllose Hände frei werden und können kein Brot, kein Verdienst mehr finden. Sehen wir doch schon heute, wie wir gezwungen sind, unter dem Namen der produktiven Arbeitsfürsorge allerhand Werke in Angriff zu nehmen, nur um Arbeit zu schaffen, wie der Ruf nach dem „Recht auf Arbeit" ertönt, wie zahllose Menschen in allen Ländern ohne Beschäftigung hungern und moralisch und ethisch leiden.

Alle Völker — wir Deutschen vielleicht am meisten, aber auch die anderen in empfindlicher Weise — sind arm geworden. Nicht erst durch den Krieg! Deutet man den Begriff der Armut dahin, daß für sie kennzeichnend ist das Unvermögen, die Dinge zu beschaffen, die der Mensch zur vollen Entfaltung seiner Leistungsfähigkeit und somit zum Bestehen und Vorankommen im Lebenskampf braucht, so steht es für mich außer Frage, daß die große Masse der Menschen schon vor dem Kriege immer „ärmer" wurde. Nach meiner Ansicht ist der Krieg aus dem Druck entstanden, den diese „Verarmung" und die aus ihr hervorgehende Unruhe und Angst erzeugte. Geben wir meinethalben zu, daß in der Volksmenge der einzelne mehr Geld und Güter sein eigen nannte als in früheren Zeiten, obwohl mir auch dieses fraglich erscheint. Aber nicht die absolute Menge dessen, was er sein eigen nennt, macht den Wohlstand aus. Vielmehr das Verhältnis dessen, was technischer und hygienischer Fortschritt an Notwendigem und Begehrenswertem bietet, zu dem, was er sich beschaffen und nutzen kann. Erst dieses Verhältnis ist entscheidend dafür, ob er sich arm oder wohlhabend fühlt und es ist. Denn der Daseinskampf zwingt ihn, Besitz und Nutzung dieser Güter zu erstreben. Wer sich dazu als unfähig erkennt, fühlt, wie er von seinem Niveau tiefer und tiefer herabsinkt ins Proletariat und Elend, wie er ein Paria wird.

Wir stehen in einer Zeit, wo der Kampf aller gegen alle und der Völker untereinander begonnen hat, ausgefochten mit Waffen weit grausamer als alle bisherigen Kriegsmittel, weil sie hoffnungslosen Niedergang, Not, Elend und Hunger bringen, schlimmer als Wunden des Leibes und Tod.

In diesem Kampf werden nur die Menschengruppen, die Orte im Lande, die Völker auf der Erde sich behaupten können, die aus ihrer Arbeit beste Ware zu billigstem Preise den anderen zum Kauf zu bieten vermögen.

Alle Zollsysteme, sozialen Maßnahmen, sozialistischen, kommunistischen und sowjetistischen Kampforganisationen und was man sonst versuchen mag, werden uns nicht die Lösung des Problems bringen, wie man die Arbeitskraft aller Menschen so begehrenswert machen kann, daß ihnen zum Tausch dafür Brot, Kleidung und Wohnung geboten wird in einer Zeit, wo die Kräfte der Hände und Arme durch billigere Maschinen ersetzbar sind. Nur Geistesarbeit, Klugheit und Findigkeit, Willenskraft und jene moralischen und ethischen Kräfte, aus denen heraus Leistungen höchster Qualität hervorgehen, kann keine Maschine ersetzen. Diese Kräfte muß der Städtebau pflegen, indem er Siedlungsstätten höchster Vollkommenheit für das Gedeihen hochstehender Menschen schafft. Die Billigkeit der Ware aber und damit den Sieg im Kampf von Volk gegen Volk vermag er zu fördern, indem er die Städte durchkonstruiert bis zum äußersten, jeden Teil durchbildet und jeden Teil an „seinen Platz" setzt, Verkehrswege und Verkehrsanlagen, Bildungsstätten, öffentliche und private Verwaltungsgebäude, Fabriken, Werkstätten und Geschäftsgebäude, die Wohnstätten und deren Ergänzungen, Grünstreifen, Spiel- und Sportanlagen, Bäder usf.

Die Städte bergen nicht nur den größten Teil unseres Volkes in ihren Mauern, sie sind vor allen Dingen die großen Arbeitsstätten. Sie müssen nicht nur Organismen feinster und vollkommenster Art sein, sondern aus dem gesamten Volks-, Wirtschafts- und Kulturleben heraus auch wieder je in ihrer Eigenart organisch entwickelt sein.

Glaubt jemand, daß dieses geschehen kann, indem die Städtebautechnik alter Städte einfach übernommen oder irgendein Schema mechanisch angewandt wird? Ich will hier jetzt nicht mehr darauf eingehen, inwieweit der Städtebau des 19. Jahrhunderts gezeigt hat, daß er seine Aufgaben zu meistern wußte. Mir scheint, daß er viel zu lange an alter Technik und am Schema klebte.

Wir müssen uns fragen: Genügt die alte Art der Städte, genügt die alte Art der Wohnstätten noch den Anforderungen, die die Menschen und die Wirtschaft stellen müssen, um unter den neuen Ansprüchen und geänderten Verhältnissen dauernd zu höchster Leistung befähigt zu sein?

Die Aufgaben lassen sich nur lösen durch schöpferisch-gestaltende Tat, durch Ingenieurarbeit im höchsten Sinne und bester Form. Mir scheint: nur dann wird ein Volk der kommenden Not wehren können, wenn es von langer Hand alles auf das beste vorbereitet und alle seine Anlagen und Einrichtungen möglichst zweckmäßig getroffen hat und wenn es dafür gesorgt hat, daß seine Menschen am tüchtigsten und leistungsfähigsten sind.

Nun ist gar nicht zu verkennen, daß wir in den letzten zwei Jahrzehnten unter Führung wahrer Ingenieure wesentliche Fortschritte gemacht haben. Aber, wie ich schon früher einmal sagte: Wir brauchen viel mehr Kräfte, die an allen Orten und in allen Städten, großen und kleinen, Städtebau im besten Sinne zu treiben verstehen. Dazu brauchen wir eine Lehre und Wissenschaft vom Städtebau, die nicht Wissen vermittelt, sondern Können, die ihre Schüler befähigt, schaffend tätig zu sein, ihnen feste, klare und beweisbare Richtlinien gibt. Diese muß meiner Ansicht nach zerfallen in:

1. Die Grundbegriffe des Städtebaues. Hierin ist Klarheit zu schaffen darüber, was gebraucht wird und anzustreben ist.
2. Die Konstruktionslehre. Sie hat anzugeben, wie man die Formbildungen findet, die dem Bedarf am weitgehendsten entsprechen.
3. Die Städtebaupolitik. Sie hat Klarheit zu schaffen, was von dem Erstrebenswerten ausführbar ist und welche Mittel und Wege zu bahnen und einzuschlagen sind, um das tatsächlich zu erreichen, was nach Zweck und Form als erstrebenswert erkannt ist.

Alle drei Gebiete ergänzen und bedingen sich gegenseitig und bilden eine Einheit.

Um diese Einheit, nämlich die Wissenschaft vom Städtebau zu schaffen, schien es mir aber nötig, daß zunächst der Grundbegriff aller Grundbegriffe klargestellt wurde: Was ist das Wesen des Städtebaues und welches ist seine Bedeutung? Was ist sein Inhalt, und wo liegen seine Grenzen?

Auf diese Fragen wünschte ich in vorstehenden Ausführungen eine klare und weit vordringende Antwort zu finden. Vieles ist mir erst während meiner Arbeit klarer und klarer geworden. Ich fühle, daß ich im Ringen mit der Klarheit noch oft nicht alles so auszusprechen vermochte, wie es vor mir stand. Möge aber immerhin das, was ich niederschrieb, auch anderen einigen Nutzen geben und das Unvollkommene von geschickteren und klügeren Fachgenossen in besserer Form weiter ausgestaltet werden.

Druck von C. G. Röder G. m. b. H., Leipzig.

Der Eingelenkbogen für massive Straßenbrücken. Eine statisch-wirtschaftliche Untersuchung. Von Dipl.-Ing. Dr. sc.-techn. **Ernst Burgdorfer.** Mit 51 Abbildungen im Text und 10 Tafeln. VII, 160 Seiten. 1924. RM 7.50

Theorie und Berechnung der eisernen Brücken. Von Dr.-Ing. **Friedrich Bleich.** Mit 486 Textabbildungen. XI, 581 Seiten. 1924. Gebunden RM 37.50

Amerikanischer Eisenbau in Bureau und Werkstatt. Von **F. W. Dencer,** C. E., Oberingenieur im Werk Gary der „American Bridge Company", Mitglied der „American Society of Civil Engineers" und der „Western Society of Engineers". Deutsche Übersetzung von Dipl.-Ing. **R. Mitzkat,** Hörde. Mit 328 Textabbildungen. XII, 366 Seiten. 1928. Gebunden RM 32.—

Eisen im Hochbau. Ein Taschenbuch mit Abbildungen, Zusammenstellungen, Tragfähigkeitstafeln, amtlichen und sonstigen technischen Vorschriften, Berechnungen und Angaben über die Verwendung von Eisen im Hochbau. Begründet vom **Stahlwerks-Verband, A.-G.,** Düsseldorf. Siebente, völlig neubearbeitete und wesentlich erweiterte Auflage. Herausgegeben vom Verein deutscher Eisenhüttenleute, Düsseldorf. XX, 762 Seiten. 1928. Gebunden RM 12.—

Die Eisenkonstruktionen. Ein Lehrbuch für Schule und Zeichentisch nebst einem Anhang mit Zahlentafeln zum Gebrauch beim Berechnen und Entwerfen eiserner Bauwerke. Von Dipl.-Ing. Professor **L. Geusen,** Dortmund. Vierte, vermehrte und verbesserte Auflage. Mit 529 Abbildungen im Text und auf 2 farbigen Tafeln. VII, 310 Seiten. 1925. Gebunden RM 21.—

Die Grundzüge des Eisenbetonbaues. Von Geh. Hofrat Professor Dr.-Ing. e. h. **Max Foerster,** Dresden. Dritte, verbesserte und vermehrte Auflage. Mit 183 Textabbildungen. XII, 570 Seiten. 1926. Gebunden RM 25.50

Der Massivbau (Stein-, Beton- und Eisenbetonbau). Von Geh. Reg.-Rat Prof. **Robert Otzen,** Hannover. Mit 497 Textabbildungen. (Handbibliothek für Bauingenieure. IV. Teil, 3. Band.) XII, 492 Seiten. 1926. Gebunden RM 37.50

Die Sicherheit der Bauwerke und ihre Berechnung nach Grenzkräften anstatt nach zulässigen Spannungen. Von Dr.-Ing. **Max Mayer,** Duisburg. Mit 3 Textabbildungen. VI, 66 Seiten. 1926. RM 2.70

GPSR Compliance

The European Union's (EU) General Product Safety Regulation (GPSR) is a set of rules that requires consumer products to be safe and our obligations to ensure this.

If you have any concerns about our products, you can contact us on ProductSafety@springernature.com

In case Publisher is established outside the EU, the EU authorized representative is:

Springer Nature Customer Service Center GmbH
Europaplatz 3
69115 Heidelberg, Germany

Batch number: 10682323

Printed by Printforce, the Netherlands